W0379609

E-Book inside.

Mit folgendem persönlichen Code
können Sie die E-Book-Ausgabe
dieses Buches downloaden.

9r65p-6xzi6-
01800-vv1d1

Registrieren Sie sich unter
www.hanser-fachbuch.de/ebookinside
und nutzen Sie das E-Book
auf Ihrem Rechner*, Tablet-PC
und E-Book-Reader.

Der Download dieses Buches als E-Book unterliegt gesetzlichen Bestimmungen bzw. steuerrechtlichen Regelungen, die Sie unter www.hanser-fachbuch.de/ebookinside nachlesen können.

* Systemvoraussetzungen: Internet-Verbindung und Adobe® Reader®

Andresen

Retrospektiven in agilen Projekten

Judith Andresen

Retrospektiven in agilen Projekten

Ablauf, Regeln & Methodenbausteine

2., aktualisierte Auflage

HANSER

Die Autorin:
Judith Andresen, Hamburg

FSC
www.fsc.org
MIX
Papier aus verantwortungsvollen Quellen
FSC® C013736

Bibliografische Information der Deutschen Nationalbibliothek:
Die Deutsche Nationalbibliothek verzeichnet diese Publikation in der Deutschen Nationalbibliografie; detaillierte bibliografische Daten sind im Internet über http://dnb.d-nb.de abrufbar.

Lektorat: Brigitte Bauer-Schiewek
Copy editing: Petra Kienle, Fürstenfeldbruck
Herstellung: Irene Weilhart
Umschlagdesign: Marc Müller-Bremer, www.rebranding.de, München
Umschlagrealisation: Stephan Rönigk
Gesamtherstellung: Kösel, Krugzell
Ausstattung patentrechtlich geschützt. Kösel FD 351, Patent-Nr. 0748702
Printed in Germany

Print-ISBN: 978-3-446-45167-4
E-Book-ISBN: 978-3-446-45262-6

für Boris

Inhalt

Vorwort

Zur zweiten Auflage

Wer Judith Andresen trifft, merkt, dass sie für Retrospektiven brennt – für erfolgreiche Retrospektiven, solche, die echte Veränderungen bewirken.

> *„Ich kann freilich nicht sagen, ob es besser werden wird, wenn es anders wird; aber so viel kann ich sagen: es muss anders werden, wenn es gut werden soll."*
>
> Georg Christoph Lichtenberg

Judith vermittelt dafür das passende Handwerkszeug. Für eine erfolgreiche Retrospektive stellt sie schon lange vor dem eigentlichen Meeting die Weichen, durch genaues Hinsehen auf das Team und seine Situation:

- Ist es ein junges Team, das erst noch die „Spielregeln" verhandeln muss, oder ein reifes Team?
- Hat das Team Dysfunktionen, die aufgelöst werden können?
- In welchem Projektumfeld bewegt sich das Team momentan?

Nach dieser Analyse kann jeder aus Judiths großem Schatz an Methodenbausteinen genau die passende Retrospektive zusammenstellen. Die Auswahl folgt der Grundfrage:

„Welche Methodenbausteine sind für die Team- und Projektentwicklung jetzt besonders dienlich?"

Sobald die Retrospektive begonnen hat, nimmt sie das Team in die Pflicht, mit dem vorgeschalteten Intro inklusive Beschlusskontrolle.

Judith trägt im deutschsprachigen Raum maßgeblich dazu bei, dass es erfolgreiche Retrospektiven gibt, die zu den Teams passen – mit begeisternden Workshops und mit diesem Buch. Dieses Buch ist daher einer der Hauptideengeber für den Retromat.

Ich freue mich sehr, dass Judith eine zweite Auflage dieses Texts formuliert hat, in der sie ihre langjährige Erfahrung und ihre Erfolgsgeheimnisse mit uns teilt – jetzt mit noch mehr Hintergrundinfos, noch schöneren Illustrationen und noch mehr tollen Methoden!

Viele Erkenntnisse beim Lesen!

Corinna Baldauf, im Januar 2017

Erfinderin des Retromat (*http://plans-for-retrospectives.com/*)

Zur ersten Auflage

„Erfahrung ist die Fähigkeit, einen Fehler zu erkennen, wenn man ihn ein zweites Mal macht."
Bekannte Zynikerweisheit

Dieser Erkenntnis liegt die seinfeldeske[1] Anschauung zugrunde, dass es in der Welt kein Lernen und keine Verbesserung gibt. Wäre die Welt wie „Seinfeld", wäre unsere Existenz nur eine endlose Wiederholung derselben dysfunktionalen Formen. Einer der Gründe, warum ich „Seinfeld" als Serie nicht viel abgewinnen konnte ...

Das Problem, das die Charaktere in „Seinfeld" nicht lösen konnten, ist aber sehr real und durchaus schwierig. Es ist die Frage, wer sich mit wem wann worüber unterhalten muss, damit eine Gruppe von Leuten beim Lösen von Problemen Erfolg hat.

In Firmen heißt so eine Verabredung *„Prozess"*. Manchmal ist der Prozess von oben herab verordnet worden. In anderen Fällen sind die Gründe für seine Etablierung seit langem vergessen oder hinfällig geworden. Wenn ein sinnloser Prozess weiter Bestand hat, sind seinfeldeske Zustände erreicht und die Zyniker mit ihren Weisheiten bei der Hand.

Die Idee von *„agil"* ist simpel:

> *„Gebt den Teams die Prozesse zurück!"*

Oder noch einfacher gesprochen:

> *„Behandle erwachsene Menschen wie erwachsene Menschen!"*

Denn diese können selbst verabreden, wie sie ihre Zusammenarbeit organisieren. Wenn Teams ihre Prozesse selbst organisieren beziehungsweise die Teammitglieder neue Prozesse definieren, werden ihnen Fehler passieren. Hier helfen regelmäßige Retrospektiven. Sie schaffen den Zugang zur Metaebene – und ermöglichen so Lernen und Verbesserung. In einer simpleren Welt könnte man das alles mit einer einzigen Frage abfeiern, wenn man denn nur die Betonung immer wieder anpasst:

> *Warum* tun wir das eigentlich so?
>
> Warum *tun* wir das eigentlich so?
>
> Warum tun *wir* das eigentlich so?
>
> Warum tun wir das eigentlich *so*?

Das klingt sehr einfach – und wenn man Judith einmal bei der Arbeit mit einem Team erlebt hat, dann sieht das auch sehr einfach aus. Doch hinter einer erfolgreichen Veränderung und Verbesserung liegen viel Erfahrung und Wissen, die erst auf den zweiten Blick sichtbar werden. In diesem Buch erklärt Judith diese Dinge:

Sie gibt den Dynamiken in Teams, in Projekten und Veränderungsprozessen Namen.

Sie zeigt eine Reihe von Methoden und Vorgehensweisen, mit denen wir diese Dynamiken einer Verbesserung zugänglich machen können.

---

[1] *http://articles.baltimoresun.com/*

Damit gibt Judith uns eine Sprache der Veränderung, mit der wir uns und unseren Umgang miteinander in einem Team verbessern können. Und wenn man lernt, sich in dieser Sprache fließend auszudrücken, dann wird das, was sie da macht, in der Tat ganz einfach.

Kristian Köhntopp, im Juli 2013

Zum Einstieg

Die Teilnehmer und Teilnehmerinnen der Retrospektive werden mit einem Flipchart begrüßt.

„Einfach gut liefern“, das ist für viele Software-Entwickler und -Entwicklerinnen die Antriebsfeder und das Ziel jeder Projektarbeit. Dieses Liefern umfasst dabei sowohl „Liefern zum richtigen Zeitpunkt im Projekt“ als auch „Liefern in einer den Geschäftszielen angemessenen Qualität“.

Um dies zu gewährleisten, müssen Software-Teams im Gesamtgefüge eines Unternehmens mehrere grundsätzliche Aufgaben erledigen:

- Die Teams müssen die fachlichen Anforderungen verstehen und in eine technische Lösung überführen – und diese Lösung in ein Gesamtsystem integrieren.
- Die Teams müssen mit allen anderen Projektbeteiligten kommunizieren, um Anforderungen, Projektbedingungen und weitere Parameter zu erfassen und zu bewerten. Diese Erkenntnisse müssen in den Teams geteilt und verarbeitet werden.
- Diese Bewertung erfolgt als fachlich-technische Diskussion und als Diskussion über Geschäftsziele und Projektbedingungen.

Robert C. Martin fasst diese Aufgabenfelder in seinem Buch *„The Clean Coder“* wie folgt zusammen [Martin 2011]:

> *„The role of the professional developer is a communications role as well as a development role.“*

Diese Aufgaben sind nicht leicht zu bewerkstelligen. Im Schnitt scheitern 30 % aller Software-Projekte. Diese Zahl entstammt der „Projektmanagement Studie 2007“, die Stefan Hagen wie folgt zusammenfasst [Hagen 2007]:

> *„Über den Erfolg entscheidet oft das Beherrschen der „weichen Faktoren“ beim Projektstart. [...] Hohe technische Anforderungen sind hingegen selten der Grund fürs Scheitern.“*

Konkret werden aus Sicht der Befragten unklare Ziele und Anforderungen (von 38 % der Befragten), fehlende Managementunterstützung (20 %) und mangelndes Wissen um Projektmanagement (das heißt um Wissen über Methode und Technik des Projektmanagements, 15 %) als Gründe für das Scheitern von Projekten benannt.

Mangelnde Kommunikation, politische Ränkespiele in Firmen, Inkompetenzen und die Projektmethode SWBLM[2] stehen dem Team und damit dem Projekterfolg im Weg.

Neben der notwendigen technischen Klärung ist vor allem die Veränderung von Projektmethoden und Kommunikation *der* Weg, um Projektarbeit zu optimieren.

Gute Retrospektiven bringen das Team voran

Schritt für Schritt (also Retrospektive für Retrospektive) reflektieren die Teams ihre Prozesse, Regeln und Verhaltensweisen. Sie vereinbaren in jeder Retrospektive kleine Änderungen, die hoffentlich zu Verbesserungen führen.

Retrospektiven[3] fordern und fördern einen offenen, interdisziplinären Umgang. Dies führt zu einer guten Arbeitsatmosphäre in einem positiven Klima, das ich euch allen in der täglichen Arbeit wünsche. Möglich wird dieser Erfolg der Retrospektiven durch zwei Punkte:

- Für jede Retrospektive werden nur wenige Vereinbarungen getroffen.
- Diese Vereinbarungen werden von allen Beteiligten getragen.

---

[2] SWBLM ist ein Akronym für „So wie beim letzten Mal“. SWBLM beschreibt das Phänomen, dass viele Regeln, Rituale und Projektmethoden unreflektiert von Mitarbeitern und Mitarbeiterinnen in der täglichen Arbeit genutzt werden. [Andresen 2012-A] SWBLM geht über den Begriff des Cargo-Cults hinaus, der das leere Kopieren von vermeintlichem Erfolgsverhalten beschreibt.

[3] Ich stelle alle Methodenbausteine sowohl textlich als auch grafisch vor. Dafür habe ich comicartige Zeichnungen der Flipcharts erstellt. Die Flipchart-Comics entsprechen im Maßstab handelsüblichen Flipcharts und können so übernommen werden. Wo notwendig, habe ich in Flipchart-Comics beispielhaft Moderationskarten eingefügt. Tipps & Tricks zur Nutzung von Moderationsmaterialien wie Visualisierungen, Flipcharts, Poster, Moderationstexten und Flipchart-Stifte findet ihr in Kapitel 13.

Schlechte Retros demotivieren

In vielen Teams wird dieses Ziel nicht eingelöst. Die Retrospektiven liefern keine Ergebnisse. Sie sind nicht packend, die Ergebnisse werden nicht geteilt[4].

Schlimmer noch: Schlecht moderierte, nicht zielgerichtete Retrospektiven verderben regelmäßig allen Teilnehmern und Teilnehmerinnen die Laune – und stehlen damit die Teammotivation. Schlechte Moderation wirkt nicht nur demotivierend. Schlecht moderierte Retrospektiven werden als Zeitfresser wahrgenommen. Ebenfalls Zeitfresser sind ergebnislose Arbeitstreffen.

Ein Indiz für diese Nicht-Qualität von Retrospektiven ist es, wenn Teams diese ständig kürzen möchten – beziehungsweise diese Sitzungen gerne zu Gunsten der konkreten Projektarbeit ausfallen lassen.

Die Auswahl geeigneter Methodenbausteine – mehr Zielorientierung und Abwechslung – bringt Schwung in die regelmäßigen Retrospektiven. Gleichzeitig könnt ihr durch geeignete Methodenbausteine die aktuellen Team- und Projektprozesse positiv unterstützen. Gelingt dies, sind Retrospektiven ein einfacher und effizienter Weg, um die tägliche Arbeit zu verbessern.

Ziel des Buchs

Retrospektiven machen es uns möglich, in kleinen, für alle Beteiligten verdaulichen Schritten eine Verbesserung der Zusammenarbeit herbeizuführen. Das vorliegende Buch ist eine Werbung für gut vorbereitete und klar moderierte Retrospektiven. Wirkliche Prozessoptimierung entsteht nur im direkten Austausch zwischen den Projektbeteiligten. Dafür gibt es einen Ort und eine Zeit: die Retrospektive.

Dreh- und Angelpunkt einer gelungenen Retrospektive ist eine gelungene Moderation. Wenn Retrospektiven gelingen, kann sich das Team der Projektarbeit erfolgreich widmen.

Gleichzeitig sind gute Retrospektiven der Start in eine offene Unternehmenskultur. Mit diesem Methodenbaustein könnt ihr den Startpunkt für einen Wechsel eurer Unternehmenskultur setzen, sofern dies notwendig ist.

Ich wünsche euch viel Erfolg bei der Optimierung eurer Retrospektiven – und damit bei der Optimierung eurer Arbeitsabläufe!

Judith Andresen, im Juli 2013

[4] Typische Beschreibungen für Retrospektiven sind deswegen auch „Kuschel-Retros“, „konzertierte Jammer-Runden“, „regelmäßige Auskotzmeetings ohne Ergebnis“.

Zur zweiten Auflage

Zweite Version ;-)

2013 formulierte ich 70 Methodenbausteine für Retrospektiven. Aus der Leanpub-Variante dieses Texts entstand das bei Hanser erschienene Buch *„Retrospektiven in agilen Projekten“*.

Die Methodenbausteine der ersten Auflage habe ich ergänzt und erweitert. Nun liegen euch 95 Methodenbausteine für agile Retrospektiven vor. Und dort, wo mehr Klärung notwendig war, habe ich Veränderungen und Ergänzungen im ersten theoretischen Teil des Texts vorgenommen.

Arbeiten in agilen Methoden weist heute weit über die IT hinaus. Nur wenige Methodenbausteine sind nur für die IT ausgelegt. Retrospektiven bieten das Lernmoment für Teams – egal, wo diese im Unternehmen sich befinden, und egal, welche Spannweite an Disziplinen sie aufgenommen haben.

Alle Methodenbausteine sind mit Beispielillustrationen unterlegt. Dabei habe ich die Größenverhältnisse typischer Flipcharts genutzt, so dass ihr diese Beispiele 1 : 1 in euren Retrospektivenvorbereitungen übernehmen könnt.

Den Lesern und Leserinnen dieses Texts wünsche ich viel Erfolg beim Begleiten und Entwickeln von Teams in agilen Kontexten. Ich hoffe, dass ihr die Methodenbausteine gut und gewinnbringend einsetzen könnt.

Für Anmerkungen und Kritik bin ich immer offen. Nutzt das Kontaktformular auf der Website *http://www.judithandresen.com*, um mir Nachrichten zu diesem Text zukommen zu lassen. Gerne nehme ich auch Anregungen für weitere Methodenbausteine an.

Judith Andresen, im Januar 2017

1 Erfolgreiche Veränderungen

In komplexen Umfeldern ist ein iterativ-inkrementelles Vorgehen der Schlüssel zum Projekterfolg.

Regelmäßige Retrospektiven sind das Mittel, um eine stete Optimierung der Zusammenarbeit voranzutreiben. Veränderungen, die von Retrospektiven ausgehen, verlaufen iterativ und inkrementell. Diese Veränderungen schließen alle Projektprozesse, im- sowie expliziten Regeln und alle Verhaltensweisen im Team ein.

Erfolgreiche Retrospektiven spiegeln in der Auswahl der Methodenbausteine die aktuellen Team- und Projektprozesse. Diese werden in den kommenden Kapiteln vorgestellt. Gleichzeitig wird die Retrospektive als Instrument von Veränderungsprozessen im Unternehmen näher beleuchtet.

Die Einordnung der genannten Prozesse in den Arbeitsalltag lohnt sich für alle Leser und Leserinnen – ermöglicht sie doch eine professionelle und zielgerichtete Moderation beziehungsweise Durchführung der Retrospektiven.

Alle, die sich in diesem Stoff sicher fühlen, können direkt in die Vorstellung der Methodenbausteine wechseln (beginnend mit den Intros in Kapitel 7).

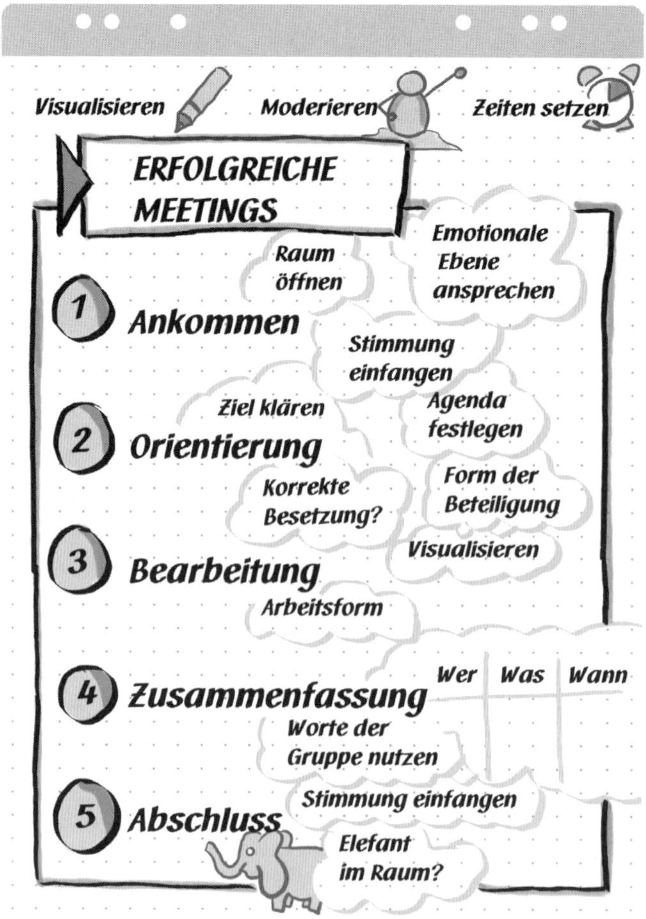

Bild 1.1 Was wichtig ist: Moderation, Visualisierung + Zeiten nehmen

1.1 Veränderungen nach Dilt

Die klassisch-hierarchische Managementsicht ist geprägt vom Modell der logischen Ebenen der Veränderung. Dieses Modell wurde von Robert Dilt entwickelt [Goodman 2012]. Durch eine klare Vorgabe einer Vision entwickelt sich eine kulturelle Veränderung nach und nach von oben nach unten. Veränderungen sind zeitgleich auf jeder Ebene unabhängig voneinander möglich.

Agile Veränderung beginnt dagegen meist im Kleinen – ein oder mehrere Teams beziehungsweise Arbeitsgruppen verändern ihr Verhalten. Durch diese Verhaltensänderung ändern sich zum einen die Erwartungshaltung und das Verhalten der Umgebung – zum anderen entwickeln sich im Unternehmen daraus neue Fähigkeiten und Standards. Dies kann zu einer Veränderung der explizit geäußerten Wertvorstellungen sowie der implizit vorhandenen Glaubenssätze der Mitarbeiter und Mitarbeiterinnen führen. Dieser Umschwung könnte aber auch eine Begründung für das veränderte Verhalten sein.

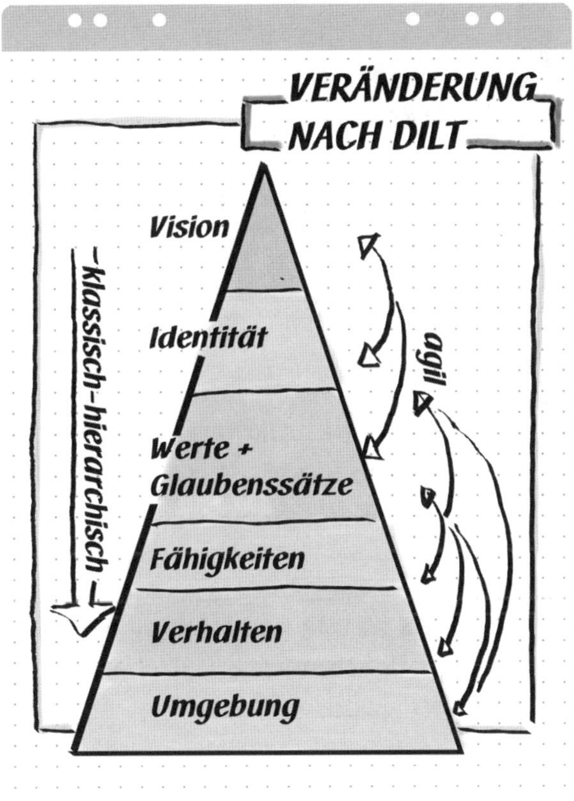

Bild 1.2 Von der Vision zur Veränderung der Umgebung in Unternehmen

Die Summe der impliziten Grundannahmen über Mitmenschen, das Firmengefüge und das Wirtschaftsgeschehen prägen die Unternehmenskultur aus. Veränderung, die über Retrospektiven im Kleinen startet, ist in diesem Bereich ein bewusster Prozess. Die Ein- und Durchführung von Retrospektiven – und insgesamt von agilen Projektmethoden – führt zu mehr Wissen über die eigene Unternehmenskultur und bringt häufig auch eine Kulturveränderung mit sich.

Dies geschieht, weil viele veränderte Grundannahmen der Mitarbeiter und Mitarbeiterinnen Einfluss auf die Identität des Unternehmens haben. Dies kann wiederum Einfluss auf die Unternehmensvision haben.

Die Vision – und die daraus abgeleiteten Zielsetzungen – sind die Richtschnüre für alle Projektentscheidungen.

Insofern ist jede Retrospektive ein kleiner Schritt zur Verbesserung und Optimierung der Arbeitsumgebung – und ein kleiner Schritt zur Veränderung der Unternehmensvision und -identität.

1.2 Komfort-, Lern- und Panikzone

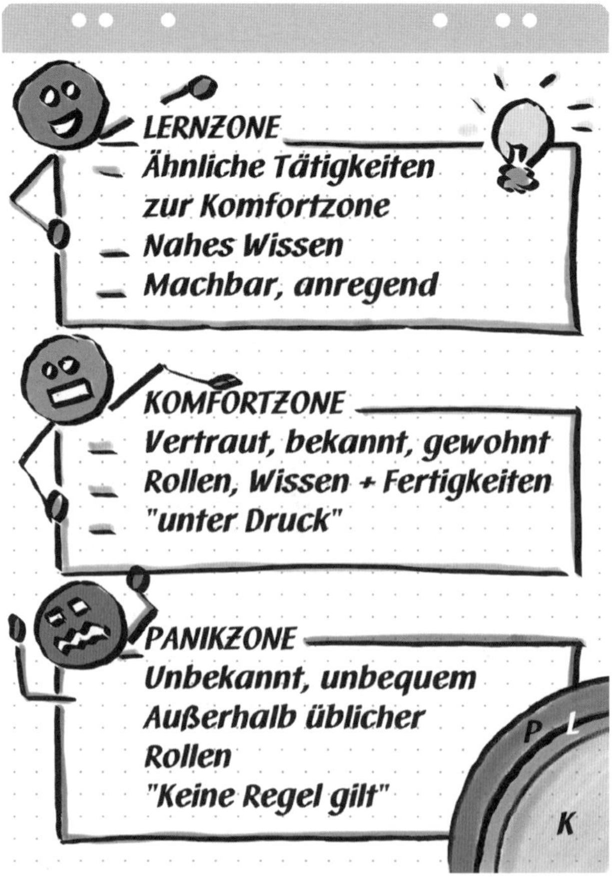

Bild 1.3 Wir neigen dazu, die Komfortzone nicht verlassen zu wollen.

Die Komfortzone ist der Bereich von Wissen und Fähigkeiten, in dem wir uns wohlfühlen, weil uns alles vertraut ist. Wir können alles in der Komfortzone gut leisten, weil wir alle benötigten Fähigkeiten sicher beherrschen. Auch ist uns klar, was wir mit wem besprechen müssen, um eine Leistung in der Komfortzone abschließen zu können.

Wir wissen, was sie von den Beteiligten in der Komfortzone erwarten können. Niemand muss darüber nachdenken, wie sich Personen oder Dinge verhalten werden - in der Komfortzone gibt es keine Überraschungen. Angenehm ist auch, dass alle Beteiligten nicht darüber nachdenken müssen, wie sie sich verhalten sollten. In der Komfortzone bin ich mir als Person total sicher. Im täglichen Miteinander versuchen Mitarbeiter und Mitarbeiterinnen, die Komfortzone nicht verlassen zu müssen [Sandler 2011].

Tatsächlich tun wir in der Komfortzone auch Dinge, die im Prinzip unangenehm sind. Es ist aber bequem, die Abläufe nicht in Frage zu stellen. Konflikte zu benennen und zu lösen, meiden wir häufig. In der Komfortzone zu bleiben, heißt häufig auch, notwendige Konflikte nicht zu gehen.

In der Panikzone laufen Dinge schief und erzwingen sofortige Handlungen. Befinden sich Mitarbeiter und Mitarbeiterinnen in der Panikzone, reflektieren sie einen Großteil ihrer Handlungen nicht. Dafür fehlt ihnen auf Grund des als hoch empfundenen Drucks die Zeit und die Muße. Die Mitarbeiter und Mitarbeiterinnen agieren hektisch und bedienen neue Anforderungen mit alten Mustern. In der Panikzone zeigt sich, welche Mechanismen tief in ihnen verwurzelt sind. In dieser Arbeitssituation handeln sie angstgetrieben und meist auf eigene Faust: Sie wollen zurück in die Komfortzone.

In der Panikzone ist jeder sich selbst am Nächsten. Größtes Motiv ist die Sicherung der eigenen Integrität und der eigenen Reputation. Möglichst schnell versuchen Personen, die sich aktuell in der Panikzone befinden, in ihre Komfortzone zurückzugelangen. In der Panikzone werden Schuldvorwürfe laut – ohne dass es eine gemeinsame Lösung geben kann.

Die Diskussion über geänderte Verhaltensweisen eskaliert zu diesem Zeitpunkt, da allen Beteiligten die Wahrnehmung anderer Meinungen und Modelle in der Panikzone schwerfällt. Das eigene (meist nicht nachhaltig überdachte) Modell erscheint als das einzig Wahre. Eine nachgelagerte Reflexion dieser Handlungen ist ebenfalls schwierig. Daraus positiv abzuleiten, wie in einer kommenden Situation sinnvollerweise agiert werden sollte, können nur wenige.

In der Panikzone besitzen wir nicht genügend Wissen und Fähigkeiten. Das ist in der Komfortzone komplett anders. Dennoch ist die Komfortzone beständig unter Druck. Aus Angst vor Fehlern und Reputationsverlust beschneiden sich viele Mitarbeiter und Mitarbeiterinnen im Laufe der Zeit in ihren Möglichkeiten. Sie führen nur diejenigen Tätigkeiten durch, in denen sie sich vollständig sicher fühlen. Die Komfortzone verkleinert sich so ständig. Damit verlieren die betroffenen Mitarbeiter und Mitarbeiterinnen zunehmend Sicherheit in Tätigkeiten, die ihnen vorher in der Komfortzone möglich waren.

Damit das Unternehmen einen erfolgreichen, zukunftsweisenden Weg gehen kann, sind das Wissen und die Fertigkeiten aller Mitarbeiter und Mitarbeiterinnen ständig zu erweitern. Eine Vergrößerung des Wissens und der Fertigkeiten gelingt in der Lernzone.

Im Bereich der Lernzone begegnen den Mitarbeitern und Mitarbeiterinnen Aufgaben, die sie noch nicht kennen, die aber so nahe an ihrem bisherigen Wissen und ihren Fähigkeiten liegen, dass sie diese meistern können. Die Aufgabe erscheint – obwohl unbekannt – lösbar. Zur Lösung bedarf es Nachdenkens und der Kombination bekannten Wissens.

Die Lernzone betreten die Beteiligten durch kleine Schritte.

1.3 Mit Retrospektiven in die Lernzone

In Retrospektiven diskutieren die Teilnehmer und Teilnehmerinnen gemeinschaftliche Wahrnehmungen und neue Erkenntnisse. Daraus abgeleitete Teamregeln und Maßnahmen können in der Komfortzone liegen – sollten aber darüber hinausgehen.

Diese Maßnahmen und Teamregeln entstehen aus den diskutierten Handlungsoptionen – diese sollten außerhalb der Komfortzone, aber noch nicht in der Panikzone liegt.

Retrospektiven fordern die Verabschiedung klarer Teamregeln und Maßnahmen. Dabei gilt „Weniger ist mehr“. Das iterativ-inkrementelle Vorgehen unterstützt die Beteiligten, ihre Fähigkeiten (in der Lernzone!) auszubauen.

Schafft es ein Team, sich ständig in der Lernzone aufzuhalten, ist dies gewinnbringend für die Mitarbeiter und Mitarbeiterinnen, das Projekt und insbesondere für das Unternehmen. Daher gilt für die Phase *Decide What to Do*:

Tipp

Damit das Team nicht in die Panikzone abstürzt, ist sicherzustellen, dass die vereinbarten Maßnahmen und Teamregeln von allen getragen werden.

Durch die Etablierung der sechs Phasen einer Retrospektive verlasst ihr den Bereich der unprofessionellen Arbeitstreffen. Vielleicht ist dies ja auch eine Anregung für euch, alle anderen Arbeitstreffen in Gestaltung und Durchführung zu überdenken.

Hinweis

Für jedes Arbeitstreffen im Unternehmen - insbesondere für alle Retrospektiven - bereiten sich alle Teilnehmerinnen und Teilnehmer vor. Alle Arbeitstreffen werden moderiert. Alle Arbeitstreffen folgen einer klaren Zielsetzung.

Wird das Ziel von Projektartefakten nicht geklärt, sind die entsprechenden Arbeitstreffen leer und ermüdend. Manche Teams setzen zu Beginn ihrer Projekte ein Backlog-Refinement-, ein Estimation- und ein Planning-Arbeitstreffen an.

„Das gehört sich doch so, wenn man diese Projektmethode macht!“

heißt es dann zur Begründung der drei Arbeitstreffen. Wenn dann die drei Treffen nicht sauber in ihrer Zielsetzung beschrieben sind, sind drei nervende Arbeitstreffen vorprogrammiert. In insgesamt drei Arbeitstreffen öden sich die Teilnehmer und Teilnehmerinnen an. Dabei wäre es leichter gewesen, mit einem Planning zu starten und Schritt für Schritt herauszubekommen, wie das Verfahren für dieses Team und dieses Projekt besser gestaltet werden kann.

Für die Einführung von agilen Projektmethoden empfiehlt sich das Vorgehen „Weniger ist mehr“. Startet mit wenigen Artefakten und bekommt im Sinne von „Inspect + Adapt“ heraus, was ihr wirklich benötigt.

Genau dieses Vorgehen unterstützen agile Retrospektiven:

- „Weniger ist Mehr“ folgen,
- Schritt für Schritt Veränderungen herbeiführen.

1.4 Weniger ist mehr

Wissensaufbau im Unternehmen und Effizienzsteigerung im Team finden dann statt, wenn ein Großteil der beteiligten Personen sich jeweils in ihren Lernzonen befinden. Regelmäßige Retrospektiven unterstützen dies durch inkrementelle und iterative Veränderungen. Die während der Retrospektive vereinbarten Maßnahmen sind klein und überschaubar. Sie sind nah genug an der Komfortzone der Beteiligten und daher annehmbar – und durchführbar!

Retrospektiven bauen auf einer definierten Abfolge von Fragestellungen auf. Sie gehen zurück auf das zwölfte Prinzip des agilen Manifests [Beck 2001]

> *„At regular intervals, the team reflects on how to become more effective, then tunes and adjusts its behavior accordingly."*

In vielen Unternehmen sind Arbeitstreffen ineffizient. Sie sind langatmig, nicht konkret genug und ohne Ergebnisse. Insbesondere gilt dies dann auch für die Retrospektiven, die in dem entsprechenden Unternehmen durchgeführt werden. Teams, die agile Methoden einführen, legen daher häufig den Fokus bei der Einführung auf die statischen Methodenbausteine der jeweiligen agilen Projektmethode. Die in der Methode beschriebenen Artefakte werden genutzt. Die vorgeschlagenen Arbeitstreffen werden weniger stark beleuchtet. Es heißt dann:

> „Im Prinzip arbeiten wir agil. Nur für die Retros haben wir keine Zeit."

Mit diesem Satz zeigt sich ein großes Missverständnis agiler Projektmethoden. Agilität entsteht aus einer lernenden Verbesserung der täglichen Arbeit durch ein selbstorganisiertes Team. Ziel der iterativ-inkrementellen Vorgehensweise ist eine funktionierende Methode, welche stark auf den direkten Kundennutzen ausgerichtet ist. Der Scrum Guide [Schwaber 2016] fasst die Scrum-Werte wie folgt zusammen:

> *„Three pillars uphold every implementation of empirical process control: transparency, inspection, and adaptation."*

Wenn Teams trotz der Einführung einer agilen Projektmethode auf Retrospektiven verzichten, kann dies auch auf andere Hindernisse im Team beziehungsweise im Unternehmen hinweisen:

- Manche Mitarbeiter und Mitarbeiterinnen fühlen sich wirkungslos und glauben nicht daran, dass sie etwas bewegen können. Die Einführung von Retrospektiven wird dann als Pseudoangebot abgelehnt.
- Vielleicht gibt es im Team oder im Umfeld des Teams eingeschliffene Verhaltensweisen, die niemand in Frage stellen mag. Findet die agile Einführung in einem klassisch-hierarchischen Kontext statt, gibt es häufig „heilige Kühe" – diese mag niemand „einfach schlachten". (Dabei würde es manchmal schon genügen, man würde die Kühe einfach nur auf eine andere Wiese bringen.)
- In wieder anderen Fällen überwiegt die Angst vor dem Versagen. Und für den Moment sieht es für das Team so aus, als würden sie Zeit gewinnen, wenn sie sich auf die direkte Projektarbeit konzentrieren – und die Meta-Betrachtung der Projektarbeit außen vor lassen. Handelt ein Projektteam so, wird die Grundidee agiler Projekte nicht gelebt. Wenn ein Team für Retrospektiven keine Zeit hat, dann sucht das Team nicht nach einer stetigen Verbesserung der eigenen Projektprozesse.

Jeder dieser Gründe erhält den aktuellen Zustand. Vor dem Gewinn an Effizienz und Prozessgeschwindigkeit liegt das Moment der Veränderung. Veränderungen bringen Unruhe. Veränderungen bringen immer Arbeit mit sich. Keine Veränderung „geht einfach". Es ist für uns daher leichter, die aktuellen Umstände zu bejammern, als eine Veränderung herbeizuführen. Die Angst vor Veränderung und die Unfähigkeit, große Änderungen sofort herbeizuführen, werden in *Veränderungen im Team* (siehe Abschnitt 1.7) thematisiert. Daraus ergeben sich einfache Regeln für die Retrospektive, mit denen das Team sicherstellt, dass vereinbarte Maßnahmen und Teamregeln in der Lernzone stattfinden.

1.5 Retrospektiven sind der Schlüssel zum Erfolg

Kernelemente agiler Methoden sind eine offene Kommunikation und der ständige Antrieb zum Lernen. Im Selbstverständnis agiler Projekte ist deren Umfeld chaotisch oder komplex. Mit einem zu Projektbeginn erstellten Projektplan wird man nach agiler Sichtweise nicht weit kommen.

Mit Retrospektiven werden Veränderungen im Team definiert. Diese Veränderungen sind wichtig und gewollt. Denn das Ergebnis – eure Projektmethode – muss in euren Kontext passen. Agile Methoden sind nicht dann gut, wenn sie ohne Berücksichtigung des Umfelds sklavisch nach Lehrbuch umgesetzt werden. Agile Methoden werden dann richtig gelebt, wenn sie auf die jeweiligen Arbeitsumfelder, Teams und Bedürfnisse von intern wie extern angepasst werden. David Anderson erläutert dies am Beispiel Kanban wie folgt [Anderson 2010]:

> *„You have the permission to try Kanban. You have the permission to modify your process. You have permission to be different. Your situation is unique and you deserve to develop a unique process definition tailored and optimized to your domain, your value stream, the risks that you manage, the skills of your team, and the demands of your customers."*

Alle Veränderungen ordnen sich dem Ziel des Projekts beziehungsweise der Vision des Unternehmens unter. Dieses Ziel wird zu Projektbeginn definiert (im Sinne des *„Purpose"* von Daniel H. Pink (siehe Kapitel 2)). Das Team vereinbart erste Maßnahmen und Teamregeln zum Erreichen dieses Ziels. Durch eine stetige Beobachtung der Arbeitsabläufe und eine Anpassung an geänderte Anforderungen reagiert das agile Team auf alles, was sich neu beziehungsweise geändert darstellt. Retrospektiven sind dabei der Methodenbaustein, der die Reflexion und bewusste Auseinandersetzung mit dem Ist-Stand im Projekt fordert und fördert. Ziel ist die Veränderung von Prozessen und Arbeitsabläufen, die im Team verankert sind. Dies ist das grundlegende Thema von Kapitel 3, *Projektarbeit optimieren*.

Um nicht in der Symptombekämpfung zu verharren, untersuchen Retrospektiven die Ursachen der während der Retrospektive erkannten und benannten Phänomene. Die entsprechende Phase in der Retrospektive heißt *Generate Insights*. Diese und alle anderen Retrospektivenphasen werden mit Zielsetzung und Kernelementen in Kapitel 4, *Ablauf der Retrospektive*, vorgestellt. Das Team braucht Sicherheit für eine offene Kommunikation. Hier helfen die *Vegas-Regel* (siehe Abschnitt 4.2.2) und die *oberste Direktive* (siehe Abschnitt

4.2.3) allen Teammitgliedern, transparent und in Sicherheit miteinander zu agieren. Weitere Regeln für Retrospektiven sind in Kapitel 5 aufgeführt.

1.6 Retrospektiven bringen Klarheit

Durch Retrospektiven wird Ungesagtes artikuliert. Durch das explizite Aussprechen werden zum Teil Verhaltensweisen offen gelegt, die jeder Einzelne beziehungsweise jede Einzelne vor der Retrospektive nicht hätte exakt benennen können. Das macht manchen Beteiligten Angst. Manchmal ist die Scheu vor dieser Klarheit so groß, dass die Retrospektiven unterlaufen werden. Dies geschieht in unterschiedlichen Ausprägungen:

- „Wir machen regelmäßig Retros. Dabei versuchen wir, unsere Meetingzeit immer weiter runterzuschrauben. Wir können das jetzt auch schon in 15 Minuten!"
- „Wir machen Retros. Aber unsere Projektgeschwindigkeit steigt dennoch nicht an."
- „Unsere Retrospektiven sind total langweilig. Mad – Sad – Glad. Jedes Mal. Dabei kommt doch nichts Neues heraus!"

Gut moderierte Retrospektiven sind ein Mittel, Denkblockaden aufzulösen, nicht Erkanntes zu benennen und bisher Ungesagtes auszusprechen, mögliche Veränderungen zu vereinbaren und so Schritt für Schritt die eigene Arbeit zu optimieren. Wenn das Team mit kleinen und wenigen Schritten beginnt, hat jeder beziehungsweise jede im Team die Möglichkeit, sich mit den Veränderungen anzufreunden. Mit jeder Retrospektive verändert sich die Zusammenarbeit – insgesamt zum Besseren.

Damit die Retrospektiven abwechslungsreich und spannend sind und bleiben, werden in diesem Buch für das Intro und die fünf Retrospektiven viele verschiedene Methodenbausteine – beginnend mit dem Intro (siehe Kapitel 7) – vorgestellt. Je nach Teamsituation sind die passenden Bausteine auszuwählen.

Eine Retrospektive ist kein Theaterstück, in dem möglichst neue und spektakuläre Methodenbausteine aufgeführt werden. Eine Retrospektive ist ein Hilfsmittel, das Team- oder Unternehmensverhalten zu erkennen und zu verändern. Dieses gründet in der Unternehmenskultur, der aktuellen Team- und Projektphase.

Damit Retrospektiven gelingen, sind Methodenbausteine auszuwählen, die den Beteiligten das Erkennen des Projektumfelds und des aktuellen Teamgeschehens erleichtern.

1.7 Veränderungen im Team

Retrospektiven ermöglichen Veränderungsprozesse in Teams. Dies schafft die Grundlage für Veränderungen in Unternehmen. Veränderungen gelingen uns nur, wenn wir offen und motiviert auf das Neue zugehen. Dieser Bewegung stehen Ängste und Unsicherheit entgegen, die in der Komfortzone des oder der Einzelnen und der allgemeinen Unternehmenskultur gründen. Wie sich Motivation, Veränderungsprozesse und Unternehmenskultur in Retrospektiven zeigen, löst das nachfolgende Kapitel auf.

Veränderungsprozesse brauchen Zeit. Umwege und Rücksprünge gehören dazu. Durch das regelmäßige Durchführen von Retrospektiven wird die beständige und konzentrierte Reflexion des eigenen Verhaltens gefördert. Dies ist eine gute Grundlage für einen gesunden Veränderungsprozess.

Tipp

Die Autorin dieses Buchs begreift Veränderung in Unternehmen als einen stetigen Prozess, der durch Retrospektiven (siehe Kapitel 4) und Post-Mortem-Analysen (siehe Kapitel 6) angetrieben wird.

Teamverhalten und Veränderungen

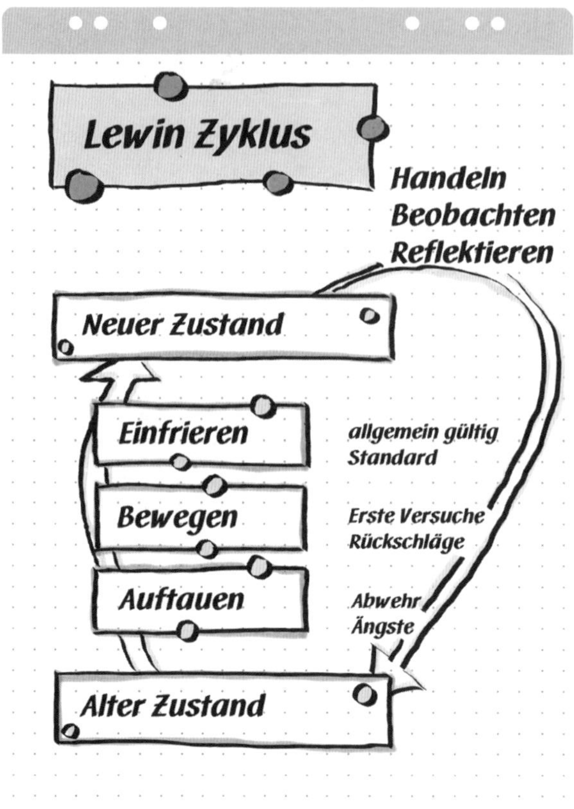

Bild 1.4
Veränderungsprozesse verlaufen über drei Stufen.

Veränderungen fallen uns nicht leicht. Das alte Verhalten, sei es noch so kontraproduktiv, ist vertraut. Veränderungen hingegen bedeuten das Betreten von Neuland. Eine Änderung umzusetzen, heißt also, Vertrautes hinter sich zu lassen – und sich auf ein neues Verhalten einzulassen.

Kurt Lewin beschrieb erstmals 1951 Veränderungsprozesse in vier Stufen [Wikipedia B]. Nach diesem Modell verlaufen Änderungsprozesse in Organisationen, die durch einen „äußeren" Impuls ausgelöst werden, in mehreren Phasen.

Lewins Modell ist nur bedingt auf agile Prozesse anzuwenden, weil es davon ausgeht, dass eine Änderung „von außen" (meist also „von oben") induziert wird. Dennoch lohnt sich ein Blick auf dieses Modell, macht es doch klar, wie durch den Rückfall „in altes Denken" gute Absichten konterkariert werden können.

Wird ein Änderungsimpuls nicht von allen Teilnehmern und Teilnehmerinnen der Retrospektive getragen, werden diese den Lewinschen Zyklus durchleben.

Soll eine *alte Struktur* (zum Beispiel ein bestimmtes Gruppenverhalten, eine Teamregel oder ein Methodenbaustein im Projektvorgehen) geändert werden, erfolgt eine „Ansage" aus der Hierarchie an das Unternehmen beziehungsweise an eine Gruppe im Unternehmen. Diese ist im idealen Fall eingebettet in einen strategischen Blick auf das Unternehmen und mit den Geschäftszielen begründet. Durch diese Einbettung soll es den Mitarbeitern und Mitarbeiterinnen erleichtert werden, die Änderungen anzunehmen und die neuen, geforderten Verhaltensweisen zu zeigen.

Dennoch ist diese *Phase des Auftauens* geprägt von negativen Gefühlen. Neben einer offenen Begrüßung und dem Versuch, das neue Verhalten sofort zu zeigen, gibt es genauso häufig Ablehnung und mehr oder minder laut artikulierte Ängste. Die Abwehr kann so groß sein, dass der Änderungsimpuls von der Organisation nicht angenommen wird - und das Änderungsvorhaben scheitert.

Denn das alte Verhalten ist trotz aller Nachteile allen Beteiligten vertraut. Die Mitarbeiter und Mitarbeiterinnen tun ihren Teil dazu, diese Vertrautheit zu bewahren.

Zur Begegnung dieses Vorgehens empfiehlt es sich aufzuzeigen, dass das alte Verhalten negativ für das Unternehmen war. Führungskräfte sind in dieser Phase gehalten, für Verständnis für eine Veränderung zu werben.

Nehmen die Mitarbeiter und Mitarbeiterinnen diesen Impuls auf, gehen sie in die *Phase der Bewegung* über. Diese Phase ist geprägt von Unsicherheit: Das alte Verhalten gilt nicht mehr, das neue Verhalten ist noch nicht etabliert. In dieser Phase nimmt die Effizienz der von der Änderung betroffenen Unternehmensteile ab. Die Mitarbeiter und Mitarbeiterinnen verlieren Zeit und Kraft beim Ausprobieren des neuen Verhaltens. Wenn die Bewegungen für die Mitarbeiter und Mitarbeiterinnen zu wechselhaft sind, kann dies das gesamte Änderungsvorhaben in Frage stellen[1].

Wenn aber die neuen Verhaltensformen fest in das Repertoire der Mitarbeiter und Mitarbeiterinnen übergehen, beginnt die *Phase des Einfrierens*. Das neue Verhalten hat sich etabliert. Die Effizienz der Teams steigt (und ist hoffentlich höher als vor der *Phase des Auftauens*).

Lewins Modell beschreibt die Organisationssicht auf Veränderungen. In Abständen sind die Moderatoren beziehungsweise Moderatorinnen der Retrospektiven (die in Personalunion

[1] Auch wenn häufig der Änderungsimpuls durch das übergeordnete Management gesetzt wird, durchläuft auch das Management den Änderungszyklus nach Lewin. Da die entsprechenden Personen „früher" in den Zyklus eingetreten sind, werden die beteiligten Parteien voraussichtlich sich zu jedem Zeitpunkt in einem anderen Stadium befinden. Dies kann zu erheblichen Interferenzen führen. Es hilft, sich bewusst zu machen, welche Parteien an einer Änderung beteiligt sind - und in welchem Stadium sie sich befinden.

die Rolle des Scrum-Masters einnehmen) zu ungeduldig und forcieren eine bestimmte Änderungsvereinbarung. Dies liegt darin begründet, dass die Moderatoren mit mehr Abstand auf die Diskussionen schauen – also nicht direkt beteiligt sind – und daher leichter ungesagte Phänomene und Verhaltensweisen erkennen können.

Wenn Moderatoren und Moderatorinnen zu sehr Ergebnisse forcieren, provozieren sie einen Veränderungszyklus im Lewinschen Sinne. Wenn eine Änderung nicht auf der Einsicht und Erkenntnis der Beteiligten über ein bestimmtes Verhalten beruht, wird der Änderungsimpuls vom Team als eine äußere Induktion verstanden werden. In diesem Fall werden auch die typischen Phasen dieses Zyklus durchlaufen – mit der großen Gefahr des Scheiterns.

Eine von allen Beteiligten getragene Entscheidung ist deutlich mehr als die Zustimmung aller Beteiligten[2].

Als Moderator beziehungsweise Moderatorin einer Retrospektive gilt daher die alte Coaching-Weisheit: *„Wolle niemals mehr als dein Klient."* In den Rollen und Aufgaben für Retrospektiven übersetzt sich dieser Satz mit:

> **Hinweis**
>
> Erzwinge keine Veränderungsabsprache, die über die Erkenntnisse der Gruppe hinausgeht.

Aus agiler Sicht werden Veränderungen nur möglich, wenn jeder Einzelne und jede Einzelne sich entscheiden, das eigene Verhalten zu ändern. Daher ist der Blick notwendig auf den Treiber in Verhaltensänderungen: die eigene Motivation.

1.8 Motivation und Veränderungen

Der Hirnforscher Gerald Hüther beschreibt in seinem Hörbuch „Wie man sein Gehirn optimal nutzt" drei Umstände, die zu Spaß und Motivation von Mitarbeitern und Mitarbeiterinnen führen [Huether 2007]:

- *Sinn:* Eine Maßnahme ergibt Sinn. Sinnlose beziehungsweise ziellose Maßnahmen demotivieren. Nur Arbeiten um der Arbeit Willen ist sinnlos – und verhöhnt die eigenen Fähigkeiten und Möglichkeiten. Dies gilt auch für hohle und unbegründete Arbeitsprozesse der Art „Das haben wir schon immer so gemacht!".
- *Kohärenz:* Eine Maßnahme unterteilt sich nachvollziehbar in Prozessschritte. Diese Einteilung in Prozessschritte ist verständlich. Jedem und jeder Beteiligten ist klar, welche Schritte gegangen werden, um das erklärte Ziel zu erreichen. Ist dies nicht der Fall, wird sich Widerstand gegen den Weg aufbauen.

2 In vielen agilen Projektmethoden wird deutlich auf den Unterschied zwischen „KonsensKonsens" und „KonsentK" hingewiesen (siehe Abschnitt 5.4.4).

- *Wirksamkeit:* Die eigene Wirksamkeit ist sichtbar. Wenn sich der einzelne Mitarbeiter beziehungsweise die einzelne Mitarbeiterin als anonymes Rädchen in einer großen Maschine sieht, deren Beitrag zum Gesamterfolg nicht nachvollziehbar ist, wird dies die Motivation des oder der Einzelnen mindern.

Jeder Mitarbeiter und jede Mitarbeiterin kann im guten Fall den Zusammenhang zwischen der Zielsetzung, den definierten Prozessschritten und dem eigenen Arbeitsanteil herstellen. Dies gilt insbesondere auch für Veränderungsprozesse. Die Begründungslage ist für eine Akzeptanz durch die Retrospektiventeilnehmer und -teilnehmerinnen essenziell.

Allgemeiner hat Daniel H. Pink in „Drive" drei Faktoren definiert, „welche sie wirklich motivieren" [Pink 2009]. Die von Pink benannten Faktoren weisen über den Arbeitsalltag hinaus:

- *Selbstbestimmung* („Autonomy"): Selbstbestimmte Menschen sind frei, kreativ und agieren in den von ihnen selbst gesteckten Grenzen.
- *Perfektionierung* („Mastery"): Jeder Mensch findet Erfüllung darin, Perfektion zu erlangen, sei es beim Erlernen eines Handwerks, eines Instruments oder beruflich im aktuellen IT-Projekt.
- *Sinnerfüllung* („Purpose"): „Wenn-Dann-Belohnungen" verfehlen ihr Ziel. Menschen sind zufrieden, wenn ihr Wirken einen Sinn hat.

Sieht man sich die Erklärungsmodelle von Hüther und Pink an, findet man übereinstimmend die Forderung nach „Sinn". Dieser muss erkannt und getragen werden, damit Mitarbeiter und Mitarbeiterinnen motiviert die vereinbarten Änderungen durchführen und leben können.

Dazu ist die Ursache von Fehlverhalten zu benennen. Eine der zehn *Kaizen*-Regeln[3] (siehe Abschnitt 1.10) ist der Methodenbaustein *„5 Whys"* (siehe Abschnitt 10.1). Mittels dieses Bausteins sucht das Team systematisch nach Prozessfehlern. Durch das stetige Hinterfragen verlässt das Team sehr schnell die Symptomebene und stößt auf tieferliegende Ursachen.

Aber nicht nur diese, sondern auch andere Methodenbausteine helfen, die Ursachen von Fehlverhalten und nicht erwünschten Ergebnissen zu ermitteln. In agilen Retrospektiven ist der Ursachenforschung die gesamte Phase *Generate Insights* (siehe Kapitel 10) gewidmet. Dies dient der Sinnstiftung für die durch das Team in der Retrospektive definierten Ziele, die in *Decide What to Do* (siehe Kapitel 11) in Regeln und Maßnahmen übersetzt werden

Ungeübte Retrospektiventeams neigen dazu, auf Symptomebene nach Veränderungsvorschlägen zu suchen. Der *Elefant im Raum*[4] ist entweder schwer zu erkennen oder für die Beteiligten nicht aussprechbar. Diese Elefanten sind häufig in der Nähe der Sätze „Das haben wir immer schon so gemacht!", „Das machen wir nicht!" oder auch „Unser Chef glaubt, dass es so richtig ist" zu finden.

Bereits das Wahrnehmen und Aussprechen des Elefanten liegt außerhalb der Komfortzone der Beteiligten. So bleiben Prozessfehler im Ungesagten und damit Nichtveränderbaren.

---

[3] Kaizen: aus dem Japanischen übernommener Begriff, der mit „Veränderung zum Besseren" zu übersetzen ist (Kai = Veränderung, Wandel, Zen = zum Besseren)

[4] *„Elephant in the room"* is an English metaphorical idiom for an obvious truth that is either being ignored or going unaddressed. The idiomatic expression also applies to an obvious problem or risk no one wants to discuss", zitiert nach [Wikipedia C].

„Bin ich dafür zuständig? – Das soll deren Ding sein!" heißt es dann. Vielleicht fürchtet der oder die andere auch Nachteile durch das Aussprechen von Prozessfehlern. Prozessfehler sind häufig stark mit der Unternehmenskultur verwoben. Gerade der Ausspruch „Das haben wir immer schon so gemacht!" zeigt dieses Phänomen auf. Bestimmte Verhaltensweisen sind tradiert und werden nicht reflektiert. Diese Verhaltensweisen offenzulegen und neue Wege zu definieren, wird sich über mehrere Retrospektiven hinziehen.

Mit der Benennung von Ursachen erhalten die während der Retrospektive vereinbarten Änderungsansätze Sinn für die Beteiligten. Dies ist wichtig, damit die angestrebten Veränderungen durch alle motiviert umgesetzt werden.

1.9 Konzentration auf wenige Vereinbarungen

Durch eine regelmäßige Retrospektive in einem selbst organisierten Team, das einem gemeinschaftlich definierten Ziel folgt, werden diese Parameter perfekt erfüllt. Wenn die Teamprozesse rund um Retrospektiven ins Stocken geraten, sollte der Moderator oder die Moderatorin sich fragen, welche der genannten Kriterien gerade nicht erfüllt werden – und darüber das Gespräch mit Verantwortlichen suchen. Das können die Teammitglieder genauso wie Auftraggeber, Auftraggeberinnen oder Vorgesetzte sein.

Wenn im Unternehmen eine der genannten Bedingungen nicht erfüllt ist, ist darauf zu achten, nicht dem „Erst dann, wenn …"-AntiPattern[5] zum Opfer zu fallen.

Durch das Koppeln vieler Maßnahmen oder das Ausrufen eines sehr großen Ziels wird eine Veränderung verhindert:

> „Erst wenn wir das Maßnahmenpaket XYZ erledigt haben, können wir ABC ändern!"

Das „Erst dann, wenn …"-AntiPattern ist in Firmen sehr häufig anzutreffen. Es verhindert nachhaltig jede Bewegung. Wenn das Team diese Art der Kopplung formuliert, muss der Moderator oder die Moderatorin einschreiten. Kleine Schritte sind einfacher zu bewältigen. Auf diesen Umstand sollte der Moderator oder die Moderatorin hinweisen und um nicht zu sehr gekoppelte Maßnahmen bitten.

Tipp
Keine Retrospektive löst alle im Team existenten Themen auf einmal.

Große Veränderungsschritte sind bereits für den Einzelnen beziehungsweise die Einzelne schwer zu realisieren. Für Teams sind große Schritte (das Erreichen größerer Ziele in einem Schritt) nahezu unmöglich. Daher ist das Ergebnis von Retrospektiven immer überschaubar zu halten:

[5] Mit Dank an Albrecht Günter, Mayflower GmbH, für das Aufzeigen dieses AntiPatterns.

Hinweis

Als Ergebnis der Retrospektive trifft das Team maximal zwei Vereinbarungen.

Eine Vereinbarung kann dabei von unterschiedlicher Gestalt sein:

1. Eine Vereinbarung kann eine neue, ab der Retrospektive gültige Teamregel sein. Diese Regel gilt für alle Teammitglieder und beschreibt eine für alle Teammitglieder neue Verhaltensweise.
2. Eine Vereinbarung kann durch mehrere kleine Maßnahmen (durch Aktivitäten einzelner Personen im Team) spezifiziert werden. Auch hier gilt: Weniger ist mehr. Die Wahrscheinlichkeit, dass ein Team wenige Maßnahmen erfolgreich durchführt, ist höher als die Wahrscheinlichkeit, dass das Team viele lose gekoppelte Maßnahmen erfolgreich durchführt.

1.10 Kaizen

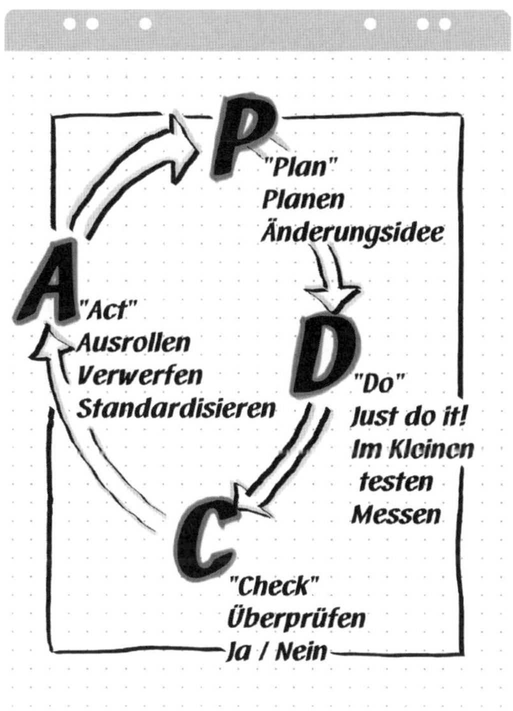

Bild 1.5 PDCA-Zyklus

Retrospektiven gehen in der Idee des Kaizen auf. Kaizen ist eine Idee der stetigen, inkrementellen Optimierung von Arbeitsabläufen, welche das Management und alle Mitarbeiter und Mitarbeiterinnen in den Veränderungsprozess einbezieht. Kaizen wurde ursprünglich in der japanischen Automobilindustrie entwickelt.

Kaizen-Prozesse lassen sich auch mit dem PDCA-Zyklus beschreiben. Mit *Plan Do Check Act* beschrieb erstmals Toyota die ständigen Anpassungen und Optimierungen in den Produktionsstätten, das heißt der experimentellen Evolution.

Während der *Plan*-Phase wird der grundlegende Plan entwickelt. Im laufenden Prozess werden zu diesem Zeitpunkt auch Verbesserungsvorschläge entwickelt. Diese werden einfach und im kleinen Maßstab zur Anwendung gebracht.

„Just do it"

Das Experiment erfolgt in der *Do*-Phase. Ziel ist es, die Veränderungsvorschläge so zu formulieren, dass diese sofort und einfach umgesetzt werden können. Alle Tätigkeiten, insbesondere auch die in der *Do*-Phase, werden für Auswertungen im Ergebnis erfasst.

Diese Analysedaten werden während der *Check*-Phase überprüft. Daraus lässt sich ableiten, ob der Verbesserungsvorschlag ein positives Ergebnis gezeigt hat.

Ist dies der Fall, wird die Verbesserung in der *Act*-Phase im gesamten Prozess ausgerollt. Damit erfolgt die umfassende Umsetzung des Plans. Damit wird das neue Vorgehen fest etabliert und als Standard im Prozess verankert.

Wenn Retrospektiven regelmäßig durchgeführt werden, sind diese Teil des PDCA-Zyklus. Sie können sowohl fürs „P" (Plan) als auch fürs „C" (Check) genutzt werden.

Auch wenn Retrospektiven nicht direkt im agilen Manifest mit diesen Ideen verknüpft wurden, lohnt sich der Blick auf die im Kaizen-Prozess genutzten zehn Regeln. Hierfür solltet ihr eine Übertragung in die eigene, agile Projektwelt überprüfen:

1. Stelle den Ist-Zustand in Frage
2. Frage, wie es getan werden kann
3. Höre auf mit Entschuldigungen
4. Suche nicht nach der sofortigen perfekten Lösung
5. Korrigiere Fehler sofort
6. Gib kein Geld für Kaizen aus
7. Weisheit kommt dann, wenn es Schwierigkeiten gibt
8. Frage fünfmal nach dem Warum und suche die Hauptursache
9. Zehn Köpfe sind besser als einer
10. Kaizen endet nie

1.11 Lösungen im Team suchen

Kaizen fordert „Suche nicht nach der sofortigen perfekten Lösung". Verbunden mit „Gib kein Geld für Kaizen aus" entsteht das Bild von kleinen Veränderungsschritten, die möglichst schnell umgesetzt werden. Durch die Konzentration auf nur wenige Regeln und Maßnahmen, wie sie in *Themenvorgabe beziehungsweise Themenauswahl* (Abschnitt 4.8) beschrieben sind, wird es dem oder der Einzelnen möglich, die Änderungen umzusetzen.

Die Retrospektiventeilnehmer und -teilnehmerinnen haben im Prinzip die Möglichkeit, folgende Themenkomplexe während der Retrospektive zu diskutieren:

- Technische Problemstellungen
- Fachliche Fragestellungen
- Projektprozesse

Wie bereits oben angeführt, fordert das zwölfte Prinzip hinter dem agilen Manifest die Fokussierung auf das Verhalten im Team [Beck 2001].

Ergebnisse von Retrospektiven beschreiben vorwiegend Prozessänderungen, das heißt Verhaltensänderungen für alle Beteiligten. Viele Teams, die mit Retrospektiven starten, diskutieren zunächst technische Fragestellungen. Es ist eine wichtige Moderationsleistung, das Team zur Klärung von Prozessfragen zu führen.

Technische und fachliche Lösungen neigen dazu, die jeweiligen Einzelfälle, nicht aber die grundsätzlichen Fragestellungen zu lösen. Häufig machen Teammitglieder Fehler (technische Umsetzungsfehler oder fachliche Fehlinterpretationen), wenn die Teamprozesse fehlerhaft sind. Die Veränderung von Teamverhalten und Prozessen ist im Allgemeinen der größere Hebel zur Optimierung der Teamarbeit.

Tipp
Ergebnisse der Retrospektiven fokussieren auf Verhaltensänderungen im Team.

Durch die Fokussierung auf Verhaltensänderungen zwingt sich das Team, konkrete Maßnahmen zu definieren. Für diese Maßnahmen werden gleichzeitig möglichst konkrete Auslöser definiert.

„Wenn der Fall XYZ eintritt, machen wir zukünftig ABC" ist eine erfolgversprechende Formulierung einer neuen Teamregel. Mit dieser Regel wird die Verhaltensänderung jedes Teammitglieds eingefordert. Verhaltensänderungen brauchen Zeit, bis wir diese umsetzen können. Unter Druck[6] fällt es uns schwer, neue Verhaltensweisen souverän zu zeigen. Das alte Verhalten kommt dann leicht „aus dem Bauch heraus" und unreflektiert zum Vorschein. Werden nun sehr viele Regeln und Maßnahmen gleichzeitig vereinbart, steigt das Risiko, dass diese im Projektalltag nicht umgesetzt werden.

[6] Der von einzelnen Teammitgliedern empfundene Druck kann sehr unterschiedliche Ursachen haben: Neben Termin- oder Projektdruck oder der Wahrnehmung des oder der Vorgesetzten kann der Druck auch durch eigene Qualitätsansprüche und das Selbstverständnis jedes Teammitglieds entstehen. Um diesem intrinsischen Druck zu entgehen, ist die Definition eines gemeinsamen Projektziels sehr wichtig, das von allen getragen wird.

Im Rahmen der Retrospektive benennt das Team Ursachen für ineffiziente Prozesse. Durch diese Benennung wird der Sinn den Veränderungsvereinbarungen gestiftet.

Daher kommt der Phase *Generate Insights* eine große Bedeutung zu. Alle Beteiligten der Retrospektive verstehen, *warum* bestimmte Maßnahmen ergriffen werden beziehungsweise *warum* bestimmte Teamregeln vereinbart wurden. Damit durch das Team festgelegte Regeln und Maßnahmen nicht ins Leere laufen, suchen die Retrospektiventeilnehmer und -teilnehmerinnen *möglichst* die Lösung in der Gruppe:

Hinweis

Die Lösungen werden im Team gesucht und definiert.

Ist das Team darauf angewiesen, dass Änderungen auch außerhalb des Teams vorzunehmen sind, muss das Team damit rechnen, dass dieses Ansinnen einen Abwehrmechanismus und eine längere Umsetzungszeit (entsprechend des Lewinschen Zyklus) auslöst.

Gleichzeitig ist unter Berücksichtigung der *Vegas-Regel* (siehe Abschnitt 4.2.2) sicherzustellen, dass diese Personen den Sinn der ergriffenen Maßnahmen nachvollziehen können.

Daher sind Anpassungen des eigenen Verhaltens erfolgversprechend. Neben der Veränderung des eigenen Verhaltens sollte das Team aber auch verbindlich klären, *wer wann* und *wie* eine Veränderung des Verhaltens von Nicht-Teammitgliedern einfordert.

2 Teams aufbauen + entwickeln

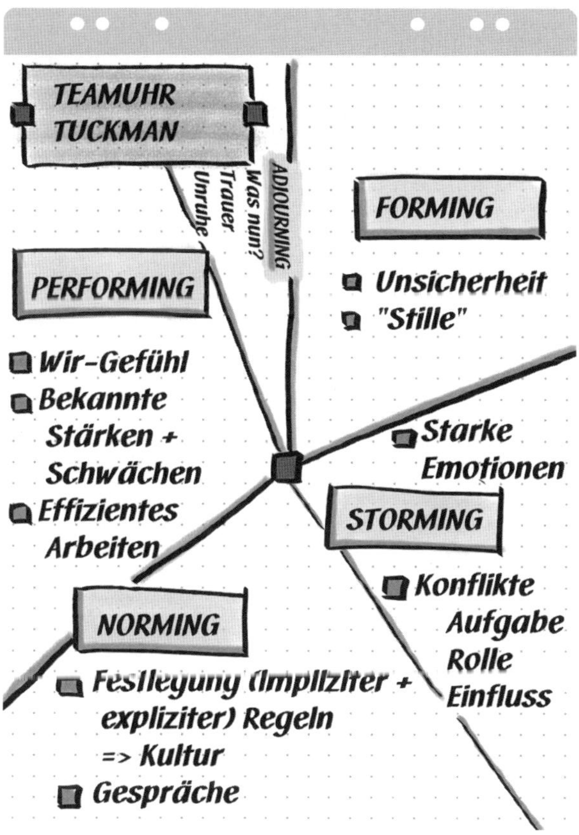

Bild 2.1 Die Teamphasen sind unterschiedlich lang.

Das 1965 von Bruce Tuckman veröffentlichte Phasenmodell beschreibt die Entwicklung eines Teams [Wikipedia A] in vier Phasen: *Forming, Storming, Norming* und *Performing.* Im Laufe der Zeit ergänzte Tuckman das Modell um eine fünfte Phase: *Adjourning.*

Die übliche Visualisierung der Teamentwicklung auf einer Teamuhr suggeriert einen gleichmäßigen und gleich langen Ablauf der Phasen, der nicht gegeben ist. Teams durchlaufen die Phasen zum Teil sehr schnell. Dabei kann es auch zu Rücksprüngen kommen. Mit jeder Teilaufgabe kann die Frage aufkommen, wer die Leitung übernimmt (also die Alpha-Stimme[1] ist) – und wer Experte (das heißt die Beta-Stimme) in einem Gebiet ist. Daraus kann sich ein neues Teamgefüge ableiten.

Jede Veränderung des Teamgefüges oder der Aufgabenstellung stellt die Teamuhr im Prinzip neu. Alle bisherigen Absprachen und Teamregeln sind mit einer neuen Teamkonstellation in Frage gestellt. Die Bewegung, die durch Mitarbeiterwechsel entsteht, ist nicht zu unterschätzen. Manche Teams kommen auf Grund ständiger Personalveränderungen nie in der Phase *Performing* an, sondern pendeln dauerhaft zwischen *Forming* und *Storming*.

Die Teammitglieder verhalten sich unterschiedlich in den einzelnen Teamphasen. Daher reflektiert der Moderator beziehungsweise die Moderatorin während der Vorbereitung einer Retrospektive die aktuelle Teamphase und notiert diese in der in Kapitel 14 aufgeführten Checkliste. Entsprechend dieser Erkenntnis wählt der Moderator oder die Moderatorin geeignete Methodenbausteine aus.

2.1 Forming

Die erste Teamphase ist geprägt von Unsicherheit. Während des *Forming* verhalten sich die meisten Gruppenmitglieder relativ still. Die Unsicherheit bezüglich Rolle und des eigenen Status bringt alle Beteiligten dazu, sehr ruhig zu agieren. Die Teammitglieder kennen sich noch nicht. Sie vermeiden daher aktiv Konflikte, indem erkannte Problemfelder verschwiegen werden. Gleichzeitig herrscht ein uneinheitliches Bild vom Ziel der Zusammenarbeit.

Sobald eine erste Klärung dieses Ziels erfolgt ist, wenden sich die Beteiligten ihren Aufgaben zu. Kommunikation verläuft zu diesem Zeitpunkt sternförmig über die Teamleitung. In klassisch-hierarchischen Systemen suchen die Teammitglieder zu diesem Zeitpunkt Rat, Absicherung und Entscheidungen beim Teamleiter oder bei der Teamleiterin. In agilen Projektteams, die sich selbst organisieren, suchen alle Beteiligten nach der Alpha-Stimme, um auch hier alle Entscheidungen und Vorgehen abzustimmen. Der führenden Stimme im Team kommt in dieser Phase eine große Bedeutung zu. Entscheidungen gehen von dieser Stimme aus.

Tipp

Während der *Forming*-Phase helfen dem Team Retrospektiven, in denen Ziele und Strategien geklärt werden. Daneben ist die Reflexion der Kommunikationsstrukturen sehr erfolgversprechend.

[1] Für alle Gruppen gilt, dass bestimmte Rollen immer, andere häufig zu finden sind. Immer vertreten sind die Alpha-Stimme (Leitung) und Teammitglieder (Gamma-Stimmen). Es können auch Experten (Beta-Stimmen) und Gegenspieler oder Gegenspielerinnen der Alpha-Stimme (Omega-Stimmen) vertreten sein. Alle Personen im Team suchen nach ihrem Status gemäß dieser Klassifikation – und ordnen ihre Mitmenschen entsprechend ein. Weitere Informationen zur Gruppendynamik findet ihr in [Wikipedia D].

Aufgaben werden so definiert und angenommen, dass die eigene Arbeit möglichst ohne die Beteiligung anderer Teammitglieder ausgeführt werden kann. Während des *Forming* lernen sich die einzelnen Teammitglieder kennen. Auch wenn alle wenige Aufgaben miteinander lösen, ergibt sich das erste Bild, wie Stärken und Schwächen in der Gruppe verteilt sind.

Im *Forming* hilft es, als Alpha-Stimme Spielregeln festzulegen und einen Rahmen für alle Teamaktivitäten zu setzen. In dieser Phase hilft den Teammitgliedern eher Sekundärberatung als reines Coaching. Der Wunsch nach Führung ist im *Forming* groß.

2.2 Storming

Während der zweiten Phase werden alle Status- und Rollenfragen geklärt. Um die Reputation zu sichern, gehen dabei einzelne Teammitglieder über Teamabsprachen hinweg – es ist die Zeit, in der jeder sein Revier abstecken möchte. Daher bestimmen Spannungen und Konflikte den Alltag.

Dabei sind die Teammitglieder selten in der Lage, entstehende Konflikte alleine zu lösen. An den Teamleiter oder die -leiterin (beziehungsweise an die Alpha-Stimme) werden jedwede Konflikte herangetragen. Diese Leitungskraft entscheidet jeweils, ob die Lösung für diese Konflikte im Team – oder per Akklamation durch die Leitungskraft – „gefunden" wird. Im agilen Verständnis ist die Lösung immer im Team (also im Sinne eines sich selbst organisierenden Teams) zu suchen. Fokus ist dabei die Klärung der Beziehungskonflikte, die Sachlösungen werden einer Klärung der Beziehungsebene folgen.

Die führende Stimme im Team hat also eine ordnende Aufgabe. Gleichzeitig muss das Team mit der führenden Stimme festlegen, welche Entscheidungen im Team liegen. Gleiches gilt für strategische und zielgebende Aussagen. Auch hier gilt es festzulegen, welche Entscheidungen von wem getroffen werden (dürfen).

Die Gruppenmitglieder fordern also eine Klärung der Delegationsstufen. Den Alpha-Stimmen obliegt es, schwelende Konflikte entsprechend der Konfliktstufe durch Moderation, Mediation oder einen Machteingriff zu lösen. Um Stellvertreterkonflikte auszuschließen, ist die direkte Klärung zu suchen. „Feedback über Dritte" ist keine erfolgversprechende Lösungsstrategie.

Hinweis

Die Teamleitung nimmt kein „Feedback über Dritte" an. Konflikte, die entstehen, sind an diejenigen Personen zurückzuweisen, die den Konflikt initiiert haben. Die Teamleitung unterstützt durch Moderation, Mediation oder Machteingriff die benannten Konflikte.

Die Leistungsfähigkeit des Teams in dieser Phase ist gering. Es ist daher wünschenswert, ins *Norming* überzugehen. Während des *Storming* ist die Motivation für das gesamte Team im Keller. Da keine Ergebnisse zu sehen sind, ist die Sinnstiftung nicht vorhanden, die sich aus Resultaten ergibt. Die Teammitglieder fühlen sich nicht wirksam. Die vielen lauten und leisen Konflikte sind kraftraubend und wirken so ermüdend.

Tipp

Während der Storming-Phase helfen dem Team Retrospektiven, in denen das Team Rollen definieren kann. Ein besonderes Augenmerk liegt dabei auf Stärken und Schwächen der Beteiligten. Teamregeln sind explizit zu klären.

Durch Retrospektiven verschafft sich das Team den Raum, bestehende Spannungen und Konflikte auszusprechen und zu lösen.

2.3 Norming

Die Teamphase des *Norming* zeichnet sich dadurch aus, dass die Beteiligten gemeinsam nach Lösungen suchen. Spätestens in dieser Phase ist das Teamziel explizit geklärt. Während des *Norming* kristallisiert sich heraus, wer für welche Aufgaben am besten geeignet ist. Gleichzeitig lernen die Beteiligten, mit den vorhandenen Schwächen im Team umzugehen.

Teams werden dann besonders effizient, wenn sie sich über die Teamstärken und besonderen Vorgehensweisen bewusst sind – und diese ohne viel Bürokratie nutzen können. Hier helfen Retrospektiven, um dieses Wissen zu generieren. Bei der Standardisierung von Verhaltensweisen (während des *Act* im PDCA-Zyklus, siehe Abschnitt 1.10) ist darauf zu achten, dass das Team nicht zu bürokratische oder zu generische Lösungen findet.

Tipp

Das Team achtet darauf, dass einfache und pragmatische Lösungen definiert werden. Der Moderator oder die Moderatorin wirbt im Fall von Standardisierungen für Lösungen, die dem Leitspruch „Just do it“ folgen.

Die Lieferleistung des Teams nimmt in dieser Phase deutlich zu. Die Teammitglieder sind in der Lage, denjenigen Prozess zu etablieren, welcher unter Berücksichtigung der Stärken und Schwächen der Beteiligten die beste Lösung ist. Die Absprache zu diesem Thema kann auch noch konfliktartig geführt werden – meistens sind die Teammitglieder in der Lage, diese Konflikte ohne die Einschaltung der Teamleitung zu lösen.

Mit den ersten Erfolgen im Rücken neigen Teams während des *Norming* dazu, zu groß, zu generisch beziehungsweise zu umfassend arbeiten zu wollen. Dabei entstehen formal korrekte, aber nicht lebbare Prozesse. Die Durchführung dieser Prozesse wird unterlaufen, weil sie insgesamt vom Team zu groß angelegt werden.

Gleichzeitig steigt auch die Motivation im Team, denn es sind Ergebnisse zu sehen!

2.4 Performing

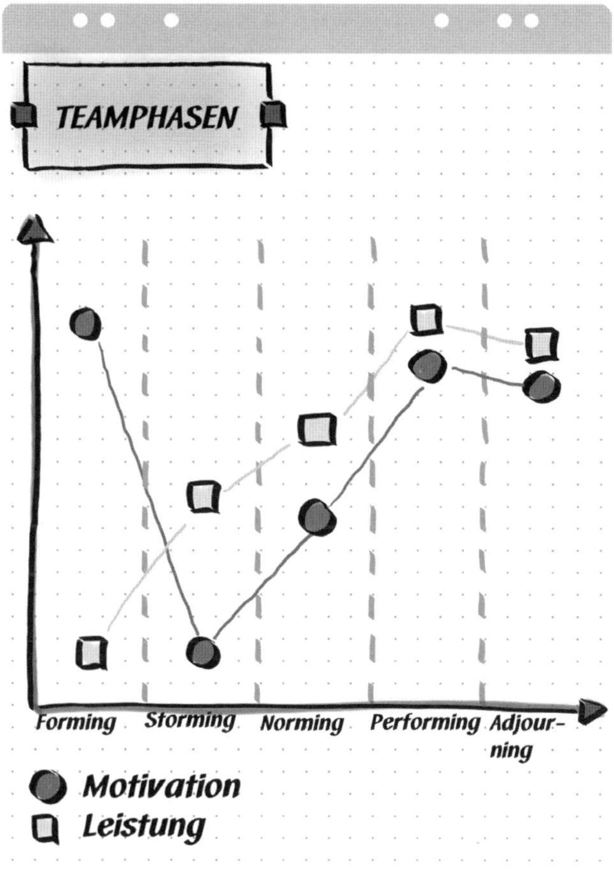

Bild 2.2 Alle fünf Teamphasen im Überblick (Motivation und Arbeitsleistung)

Das Team ist in seiner Blütezeit angekommen. Die Motivation stimmt bei allen. Weil jeder jeden gut kennt und weiß, wer welche Aufgabe am besten erledigen kann, funktioniert die Aufgabenbewältigung gut und souverän. Das Team liefert verlässlich und gleichmäßig Ergebnisse. Dabei schaffen die Teammitglieder es, die Aufgaben im Team so aufzuteilen, dass das maximale Ergebnis erreicht wird. Sie nutzen gezielt das Wissen aus, das sie über die Stärken und Schwächen aller Teammitglieder haben. Durch gezieltes Pairing oder andere Formen des Wissenstransfers bauen sie die Teamkompetenzen weiter aus.

Durch unbekannte Aufgabenstellungen, die außerhalb der Komfortzone der Beteiligten liegen, kann das Team in vorhergehende Phasen zurückgeworfen werden. Dies geschieht auch, wenn Veränderungen in der Teambesetzung vorgenommen werden. In diesen Fällen muss das Team neu aushandeln, wie das Vorgehen des Teams aussieht, wie Stärken und Schwächen und wie die Stimmen (alpha, beta, omega) im Team verteilt sind.

Auch in einem Team, das sich im *Performing* befindet, gibt es noch implizite Regeln. Diese sind in den Retrospektiven offenzulegen und gegebenenfalls fest zu etablieren oder einer Änderung zu unterwerfen. Implizite Regeln gibt es im Bereich des Projektauftrags („Das haben wir immer schon so gemacht"), in der Teamzusammenarbeit („Wer sonst sollte das machen?") oder in den Prozessen zu entdecken („Vor dem Deployment passiert doch immer XYZ").

Tipp

Fokus der Retrospektiven während der *Performing*-Phase ist das Offenlegen von impliziten Regeln.

2.5 Adjourning

Wenn ein Projektabschluss in Sicht ist, ist für alle Teammitglieder klar, dass die Zusammenarbeit bald enden wird. Es heißt, Abschied zu nehmen. Dies geschieht aber nicht nur am Auslieferungstag, sondern auch davor. Das Team leistet Trauerarbeit. Dies kann – in emotionaler Unsicherheit – alte Konflikte hervorholen oder dazu führen, dass das Team implizite Verhaltensweisen entwickelt, um die Zusammenarbeit zu verlängern.

Die Teammitglieder haben eine gemeinsame (hoffentlich erfolgreiche) Zeit miteinander verbracht. Der Weg dahin hatte Haken und Ösen. Diejenigen Retrospektiven, die „große Muster" offenlegen, sind für alle Beteiligten am sinnvollsten. Denn sie unterstützen alle darin, in ihrer zukünftigen Arbeit die kleinen Dinge zu erkennen, die ein großes Muster ankündigen könnten.

Tipp

Retrospektiven während des Adjourning weisen auf einen größeren Zusammenhang hin und verhelfen den Teammitgliedern zu Aha-Erlebnissen über die Entwicklung des Teams über die Zeit.

2.6 Fünf mögliche Schwierigkeiten in der Teamarbeit

Für die in diesem Buch vorgestellten Methodenbausteine ist jeweils eine Empfehlung ausgesprochen, für welche Teamphasen nach Tuckman die jeweiligen Methodenbausteine besonders geeignet sind.

Über diese Charakterisierung hinaus hat Patrick Lencioni mögliche Krisenherde in der Teamarbeit [Lencioni 2002] aufgezeigt. Lencioni beschreibt fünf Dysfunktionen eines Teams, die auftreten können. Diese bauen[2] aufeinander auf, wobei *Lack of Trust* die erste Stufe darstellt.

- *Lack of Trust:* Die Gruppe scheut den offenen Umgang miteinander. Mit Öffnung und Transparenz geht auch Verletzlichkeit einher. Alle Beteiligten scheuen mögliche Verletzungen – daher werden bestimmte Themen zur Sicherung der eigenen Unversehrtheit nicht angesprochen. In einem funktionierenden Team vertrauen sich alle Teammitglieder.
- *Fear of Conflict:* Die Gruppe übt sich in künstlicher Harmonie. Schwierige, das heißt, kontroverse Themen, werden „um des lieben Frieden willen" nicht angesprochen. Die Gruppe verbleibt in Vermutungen und nicht ausgesprochenen Annahmen. Diese behindern die tägliche Zusammenarbeit. In einem funktionierenden Team tragen die Mitglieder aufkommende Meinungsverschiedenheiten und Konflikte offen und fair aus. Sie diskutieren alle bestehenden Ideen – und finden gemeinsam Lösungen.
- *Lack of Commitment:* Im Umgang miteinander fehlt den Gruppenmitgliedern Verbindlichkeit. Sind Entscheidungen gegenüber der Organisation zu vertreten, äußern sich die Beteiligten unterschiedlich. Die eigene Meinung wird deutlicher als die Gruppenmeinung vertreten. In einem funktionierenden Team verpflichten sich alle Mitglieder auf das Ziel (also insbesondere die Lieferleistung und Terminabsprachen). Sie tragen ihren Teil dazu bei, dass dieses Ziel erreicht wird.
- *Avoiding Accountability:* Im Fehlerfall weisen Gruppenmitglieder auf das Verhalten anderer. Gruppenmitglieder übernehmen keine Verantwortung für die eigenen Handlungen, sondern suchen immer die Schuld bei anderen Personen. Dieses Verhalten führt in einer Abwärtsspirale zu immer geringeren Standards in der Gruppe. In einem funktionierenden Team stehen die Mitglieder verlässlich füreinander ein. Die Teammitglieder setzen gemeinsam Standards zur Erreichung der Ziele – und sorgen für deren Einhaltung.
- *Inattention to Results:* Es ist den Gruppenmitgliedern wichtiger, die eigene Reputation zu wahren, statt für die Gruppe einzustehen. Der persönliche Erfolg („*Status & Ego*") ist wichtiger als der Gruppenerfolg. In einem funktionierenden Team steht der Teamerfolg über den persönlichen Zielen aller Beteiligten. Ein funktionierendes Team will liefern.

Diese Charakterisierung kann dem Team ebenfalls helfen, Schwachpunkte und bisher nicht kommunizierte Phänomene in der Teamarbeit zu identifizieren.

[2] Im Methodenbaustein „Fünf Dysfunktionen eines Teams" (siehe Abschnitt 9.8) findet ihr eine Visualisierung dieser fünf Punkte. Mit diesem Methodenbaustein könnt Ihr für Euer Team Euer Teamlevel bestimmen und konkret an einer Verbesserung desselben arbeiten.

2.7 Wer ist das Team?

Der Begriff „Team“ wird inflationär genutzt. Eine Gruppe von Menschen, die miteinander arbeiten beziehungsweise arbeiten sollen, wird im Allgemeinen als Team bezeichnet. Für Retrospektiven ist es sehr wichtig zu identifizieren, wer wirklich ein Teammitglied ist. Denn genau die Teammitglieder nehmen an der Retrospektive teil.

Hinweis

Teilnehmer der Retrospektive sind alle Teammitglieder. Weitere Projektbeteiligte nehmen nicht an der Retrospektive teil.

Im beruflichen Kontext wird die Bezeichnung „Team“ nur allzu häufig benutzt. Es gibt grundsätzlich zwei Typen:

1. disziplinarische Teams und
2. Projektteams.

Bild 2.3 Agile Teams sind häufig größer als klassische Teams. Es gilt viele Projektbeteiligte ins Team zu integrieren.

Disziplinarische Teams entstehen per Akklamation. Durch die Zuordnung von Mitarbeitern und Mitarbeiterinnen zu einem Teamleiter oder einer Teamleiterin entsteht sprachlich aus dieser Gruppe ein Team. Diese disziplinarischen Teams sind von Projektteams zu unterscheiden.

Projekte werden im allgemeinen Sprachgebrauch von Teams bearbeitet. Dabei erfolgt häufig keine Klärung, wer genau dem Team angehört. Diese Zusammenstellung erfolgt nach dem Muster „So wie beim letzten Mal – *SWBLM*" [Andresen-A]. Faktisch ist eine Verbesserung der Prozesse nur schwer zu erreichen, wenn für die Beteiligten nicht klar ist, wer Verantwortung im Team übernimmt, wer den Zulieferern zuzuordnen ist – wer eine Steuerungsaufgabe übernimmt.

In echten Teams übersteigt die Teamleistung die Summe der Einzelleistungen der im Team arbeitenden Kollegen und Kolleginnen. Damit dies möglich ist, müssen alle auf ein *gemeinsames Ziel unter bekannten Teamregeln* hinarbeiten [Wikipedia-A]. Denn unter einem *Team* versteht man eine Gruppe von Menschen, die einem gemeinsamen Ziel folgt und sich auf bestimmte Regeln der Zusammenarbeit geeinigt hat. Diese Regeln können explizit (also ausgesprochen) oder implizit sein.

Daher ist es eine wesentliche Aufgabe während des Projektsetups, wichtige Verhaltensregeln zu explizieren und die Rollen im Projekt festzulegen:

Tipp

Im Rahmen des Projektsetups bestimmt das Team, welche Rollen innerhalb und außerhalb des Teams eingenommen werden.

In Abständen wird das Team feststellen, dass eine Erweiterung des Teams sinnvoll ist. Das ist mit dem-/derjenigen abzusprechen, der oder die diesem Erweiterungswunsch entspricht. Neben der Anpassung der täglichen Arbeit, die sich zum Beispiel durch den Wechsel aus der Zulieferung ins Team ergibt, ist diejenige Person in die regelmäßig stattfindenden Retrospektiven einzuladen.

Diese Erweiterung des Teams wird eine Veränderung der Teamentwicklung (und damit eine Änderung auf der Teamuhr) induzieren.

Während in klassisch-hierarchischen Zusammenhängen die Teams meist pro Prozessschritt in einzelnen Disziplinen geschnitten sind, sind agile Teams größer und interdisziplinärer. Diese Aufstellung beruht auf dem zehnten und dritten der zwölf Prinzipien hinter dem agilen Manifest [Beck 2001]:

> *„The best architectures, requirements, and designs emerge from self-organizing teams."*
>
> *„Business people and developers must work together daily throughout the project."*

Agile Teams wachsen häufig im Laufe des Projekts heran. Auf Grund der regelmäßigen Reflexion der Rollen und Aufgaben entscheidet sich das Team, weitere Personen in das agile Team aufzunehmen. Damit übernimmt das Team mehr Verantwortung, zum Beispiel für bestimmte Zulieferungen, die nun im Rahmen der Teamarbeit als Teamergebnis entstehen. Diese Erweiterungen sollten gut überlegt sein – denn das Team bezahlt mit erneuter Unruhe im Bereich der Motivation und des kurzfristigen Ergebnisses.

Mit der Forderung des agilen Manifests ist klar, dass die „Business people“ an den Retrospektiven teilnehmen. Während der Transition von einem klassisch-hierarchischen zu einem agilen Vorgehen ist diese Forderung besonders schwierig. Alte Denkmuster sind abzulegen. Alle Beteiligten werden sich aufeinander einlassen müssen. Das ist mit den Erfahrungen aus der klassisch-hierarchischen Welt nicht immer einfach.

Diese Zusammenarbeit ist fruchtbar. Sie ermöglicht den Aufbau einer gemeinsamen Sichtweise. Der Scrum-Guide [Schwaber 2016] fordert diese Art der Zusammenarbeit explizit:

> *„The Sprint Retrospective is an opportunity for the Scrum Team to inspect itself and create a plan for improvements to be enacted during the next Sprint.“*

Das Scrum-Team besteht nach Scrum-Guide aus dem Product Owner, den Entwickler und Entwicklerinnen und dem Scrum-Master. In einigen Fällen kann es während der Transition dienlich sein, mit einzelnen Disziplinen einzelne Retrospektiven durchzuführen. Ziel dieser Sitzungen ist dann, die eigenen Schwierigkeiten mit „den anderen“ zu formulieren, um Lösungs- und Kommunikationsschritte zur Verbesserung der Zusammenarbeit zu definieren.

3 Projektarbeit optimieren

Retrospektiven sind ein Instrument des täglichen Veränderungsmanagements in einem Unternehmen. Wer der agilen Idee folgt, geht dabei davon aus, dass Veränderungen in alle Richtungen geschehen:

- von unten nach oben,
- von oben nach unten,
- von links nach rechts,
- von rechts nach links.

Agile Projektteams organisieren sich selbst, die Steuerungsimpulse, das heißt die übergeordnete Unternehmensvision, die Geschäftsziele sowie Teammission, sind in einem agilen Gefüge sauber definiert.

Die Geschäftsziele übersetzen sich für viele Teams in zu beachtende Rahmenbedingungen. Diese explizit zu kennen, hilft vielen Teams die richtigen Entscheidungen in ihrem Wirkungsbereich zu treffen. „Mission + Constraints" sollten dem Team erläutert und auf den Weg mitgegeben werden.

Agile Projekte richten sich an einem bekannten und von allen getragenen Geschäftsziel aus. Um diese Geschäftsziele einzulösen, sind Maßnahmen und Teamregeln während der Retrospektiven zu vereinbaren, die auf diese Geschäftsziele einzahlen.

Alle Teams versuchen ständig selbstorganisiert, die eigene Arbeitsweise im Sinne der Teammission zu optimieren. Dabei geht es in den seltensten Fällen um „agil um des Agilen willen". Fokus ist die optimale Erfüllung der Geschäftsziele.

3.1 Gutes verstärken, Ineffizientes ändern

Mit Retrospektiven versucht das Team, regelmäßig alle Prozesse zu optimieren. Während der Retrospektiven benennt das Team Phänomene und Verhaltensformen, die als negativ empfunden werden. Daraus leiten die Teammitglieder ab, welche Verhaltensweisen geändert werden sollten. Dies geschieht in der Hoffnung, dass sich durch die Veränderung eine Verbesserung für das Team ergibt.

Gleichzeitig identifiziert das Team Vorgänge, die sich als positiv erwiesen haben, und versucht, diese Vorgänge weiter zu verstärken. Wenn die Teammitglieder Erfolgsfaktoren nicht benennen, besteht die Gefahr, existente Erfolgsfaktoren zu verlieren.

Daher ist es für alle Retrospektiven wichtig, dass sowohl gute als auch negative Faktoren benannt werden. Die guten Faktoren sind durch das Team zu erhalten (gegebenenfalls weiter zu verstärken) und die schlechten Faktoren sind zu verändern.

Tipp

Das Team ermittelt während der Retrospektive positive wie negative Faktoren in der Teamarbeit. Es gilt, Positives zu verstärken und Negatives zu verändern.

Bild 3.1 Da steht ein Elefant im Raum!

In allen Fällen gilt: Auch kleine Handlungen und zum Teil als beiläufig abgetanes Verhalten können entscheidend für den Erfolg sein. Denn auch eine Sammlung von Kleinigkeiten kann dem Teamerfolg im Wege stehen.

Durch regelmäßige Retrospektiven, das heißt eine bewusste Reflexion des eigenen Verhaltens und der im- und expliziten Regeln sowie der resultierenden Phänomene, vergrößern die Teammitglieder stetig ihren Handlungsbereich. Dabei sind sich alle über Stärken und Schwächen aller Beteiligten bewusst.

Gleichzeitig erhöht sich mit jeder Retrospektive die Chance für die Teammitglieder, dass sie implizite Verhaltensweisen und Regeln – also den Elefanten im Raum – benennen können. Je bewusster sich alle Beteiligten auch über diese zunächst impliziten Regeln sind, desto zielgerichteter kann ein Team sein Fehlverhalten ändern.

Dabei ist darauf zu achten, dass die Elefanten im Raum identifiziert werden können. Teammitglieder übersehen gerade in der Transition mögliche Veränderungen, weil sie diese nicht für möglich halten. Neben dem Phänomen ist auch zu beobachten, dass Teammitglieder sehr große Schritte von anderen einfordern. Diese Haltung hält die Beteiligten in der Komfortzone: „Sollen die doch erst mal machen.“ Eine eigene Veränderung tritt so hinter der großen Forderung zurück.

3.2 Agile und klassische Projekte

Viele klassische Projektmethoden kennen *„Lessons learned“* am Ende eines Projekts. Mittels dieser einmaligen Projektrückschau ermittelt das Team gemeinsam mit dem Projektleiter oder der Projektleiterin diejenigen Maßnahmen und Verhaltensweisen, die für das Projekt besonders gut oder schlecht waren.

Die entsprechenden Kenntnisse werden an die übergeordnete Projektsteuerung übergeben – und sollen dann an alle Teams weitervermittelt werden.

Oftmals sind die Ergebnislisten der *„Lessons learned“* sehr lang. Die Umsetzung in andere Projekte gelingt häufig nur unzureichend. Das ist zum einen der Ergebnismenge, zum anderen der Übermittlung der Arbeitsergebnisse geschuldet. Eine lange, über Dritte übermittelte Ergebnisliste ist schwer in die Tat umzusetzen. Es ist einfacher, die gleichen Punkte im Team Schritt für Schritt zu entdecken und mit dem Team ins Leben zu rufen.

Dennoch werden klassische Projektmethoden häufiger in Unternehmen genutzt. Das liegt natürlich an *„SWBLM“*. Es liegt aber auch daran, dass viele Beteiligte an eine starke Projektplanung gewöhnt sind. Probleme, die sich während des Projekts ergeben, werden nicht mit der eigentlichen Projektmethode in Verbindung gebracht, sondern auf technische und fachliche Fragestellungen reduziert.

Auch in diesen Kontexten lässt sich die regelmäßige Retrospektive leicht integrieren. Änderungen, die sich aus den Retrospektiven ergeben, sind in den Projektplan einzuarbeiten. Diese Retrospektiven im eher klassischen Kontext können die Basis für die Ausarbeitung einer unternehmensspezifischen Projektmethode bilden.

3.3 Kerngebiete des Projektmanagements

Das klassische Projektmanagement unterscheidet zehn Bereiche des Projektmanagements. Die Antworten, die sich aus diesen Kerngebieten ergeben, werden seriell und im Allgemeinen über schriftliche Dokumente formuliert.

1. **Integrationsmanagement:** Die Projektlandschaft wird definiert und aufgebaut, Schnittstellen werden definiert und abgestimmt.
2. **Anforderungsmanagement:** Die Projektziele werden aufgenommen und überwacht. Im Projektverlauf werden Anforderungsänderungen aufgenommen, bewertet und in die bestehende Planung integriert.
3. **Terminmanagement:** Termine von Aufgaben, Meilensteinen, Teilprojekten sowie des Gesamtprojekts werden definiert und überwacht. Das Terminmanagement spiegelt sich im zentralen Artefakt des klassischen Projektmanagements, im Projektplan, wider
4. **Kostenmanagement:** Die Budgets aller Teilprojekte sowie des Gesamtprojekts werden definiert und überwacht. Das Kostenmanagement setzt im Projektverlauf Impulse für das Anforderungsmanagement.
5. **Qualitätsmanagement:** Die Qualitätskriterien zum Erreichen des gesetzten Projektziels werden definiert und überwacht. Hierfür sind Projektprozesse und Projektvorgänge zu standardisieren.
6. **Personalmanagement:** Notwendige Personalressourcen werden ermittelt und „beschafft“. In diesen Bereich fallen Aufgaben der Teamentwicklung und des Wissensaufbaus der beteiligten Mitarbeiter und Mitarbeiterinnen.
7. **Kommunikationsmanagement:** Alle Projektinformationen werden aufgenommen und verteilt. Insbesondere wird der Informationsaustausch zwischen den Projektbeteiligten koordiniert.
8. **Risikomanagement:** Die Projektrisiken werden aufgenommen, bewertet und überwacht. Es wird der Umgang mit ihnen definiert beziehungsweise es werden Gegenmaßnahmen ausgelöst.
9. **Beschaffungsmanagement:** Alle Projektbeteiligten und Zulieferer werden in das Projekt integriert. Die entsprechenden Lieferleistungen werden definiert und angefordert. Dies geschieht unter Berücksichtigung des Qualitäts- und Terminmanagements.
10. **Veränderungsmanagement:** Entstehende Anforderungsänderungen werden aufgenommen, bewertet und in das Projekt eingearbeitet.

Klassische Projektmethoden versuchen, diese Fragestellungen standardisiert und strukturiert zu beantworten. Um eine Standardisierung und Übertragung von einem Projekt in das andere Projekt gut zu gewährleisten, werden die entsprechenden Prozessschritte schriftlich geplant und dokumentiert.

Abweichungen und Änderungen werden umgehend in die Projektplanung integriert. Diese Änderungen werden auch dokumentiert. Dadurch gewinnt das schriftliche Wort einen starken Anteil in der Projektkommunikation.

Agile Methoden hingegen setzen stark auf das tägliche Gespräch [Beck 2001]. Zum einen fordert das agile Manifest die direkte Kommunikation:

> *„The most efficient and effective method of conveying information to and within a development team is face-to-face conversation."*

Zum anderen setzt das agile Manifest auf interdisziplinäre Teamarbeit:

> *„Business people and developers must work together daily throughout the project."*

Somit erleben agile Teams die einzelnen Projektphasen zyklisch wieder. Dies trägt ein großes Potenzial für Verbesserungen. Diese Zyklen können unterschiedlich lang sein. Der Fokus der Projektphasen verschiebt sich in klassischen Projekten einmalig durch das Projekt.

Während klassische Methoden diese Fokusverschiebung durch geeignete Methodenbausteine vorplanen und im Rahmen des Projektplans abarbeiten, entwickeln agile Teams zum jeweiligen Zeitpunkt die für sie richtigen Methodenbausteine.

Diese können nach dem Rezept David Andersons zusammengestellt werden [Anderson 2010]:

- Focus on Quality
- Reduce Work-in-Progress[1]
- Deliver Often
- Balance Demand against Throughput
- Prioritize
- Attack Sources of Variability to Improve Predictability

Diesen Leitlinien folgend kann das Team durch Retrospektiven die eigenen Methodenbausteine definieren und optimieren. Folgt man diesen Leitlinien, wird das Team nach und nach für die oben benannten zehn Wissensbereiche des Projektmanagements Methodenbausteine (er-)finden.

Die Reflexion der eigenen Projektmethode kann durch *„Methodenbausteine"* (Abschnitt 9.10) in Gather Data induziert werden.

Tipp

Zur Definition einer agilen Projektmethode ist es ausreichend, wenn das Projektteam auf eine Wandzeitung zur Visualisierung des Projekts, tägliche Absprachen („daily standups") und regelmäßige Retrospektiven setzt. Alle anderen Methodenbausteine wird das Team im Laufe des Projekts definieren. ■

[1] Die Reduktion des „Work-in-Progress"(WIP) ist spezifisch für Kanban, welches das Team auf eine bestimmte Anzahl paralleler Aktivitäten limitiert – und mittels dieses WIP die Teamarbeit auf die erfolgreiche und schnelle Bearbeitung einzelner Aufgaben fokussiert. Entsprechende Übertragungen in andere Projektmethoden sind denkbar. Die dahinterliegende Wahrheit, dass die Fokussierung auf wenige parallele Schritte die Durchsatzgeschwindigkeit insgesamt steigern wird, ist universell. Wenn das Team sich auf wenige Aufgaben konzentriert, fallen weniger Einarbeitungs- und Wiederanlaufzeiten an.

Je nachdem, wo der Fokus des Projektteams gerade liegt, sind Retrospektiven unterschiedlich aufzusetzen. Grundsätzliche Fragestellungen zum Konzeptionsprozess sind am Anfang eines Projekts wichtig. Zum Ende hin erhalten Themen wie Integrations- und Beschaffungsmanagement mehr Gewicht. Insbesondere die Methodenbausteine zum Ermitteln des Sachstands *(Gather Data)*, zur Ursachenbenennung *(Generate Insights)* sowie zur Ermittlung und Auswahl der Handlungsoptionen des Teams *(Decide What to Do)* sind so zu bestimmen, dass sie dem Team einen leichten Erkenntnisgewinn in der jeweiligen Projektphase ermöglichen.

Tipp

Der Moderator oder die Moderatorin reflektiert regelmäßig den Projektstatus. Entsprechend des Projektstatus wählt er oder sie passende Methodenbausteine aus.

Agile Projekte fokussieren auf lauffähige Software, wie sie im dritten und siebten Prinzip hinter dem agilen Manifest gefordert wird:

„*Deliver working software frequently, from a couple of weeks to a couple of months, with a preference to the shorter timescale.*"

„*Working software is the primary measure of progress.*"

Für Teams, die im Sinne des agilen Manifests mit jeder Iteration an den Kunden ausliefern und frühzeitig Feedback von den Produktnutzern und -nutzerinnen einfordern, hat die Betrachtung der Projektphase für die Auswahl der korrekten Methodenbausteine eine geringere Bedeutung als für Teams, die über mehrere Iterationen Ergebnisse zu einem kundenwirksamen Release zusammenfassen.

Entsprechend durchlaufen agile Projekte alle Projektphasen, die nachfolgend erläutert werden, mehrfach. Projekte, die eher klassisch geführt werden, durchlaufen diese Phasen jeweils meist nur einmal und nacheinander.

Projektteams unterläuft - unabhängig von der gewählten Projektmethode - häufig der gleiche Fehler: Projektkrisen werden als solche nicht erkannt. Projektkrisen erfordern einen ruhigen Blick auf die Sachlage und mutige Entscheidungen. Um diese fällen zu können, muss die Sachlage deutlich aufgezeigt werden. Viele Teams scheuen dies, weil die Teammitglieder den Rückschluss auf die eigenen Fähigkeiten fürchten.

Zur Vorbereitung einer Retrospektive versucht der Moderator oder die Moderatorin, die im Team vorherrschende Projektphase zu ermitteln. Diese vermerkt er oder sie in der Vorbereitungscheckliste (siehe Kapitel 14). Entsprechend der Projektphase wählt er oder sie einen passenden Methodenbaustein für die Retrospektive aus.

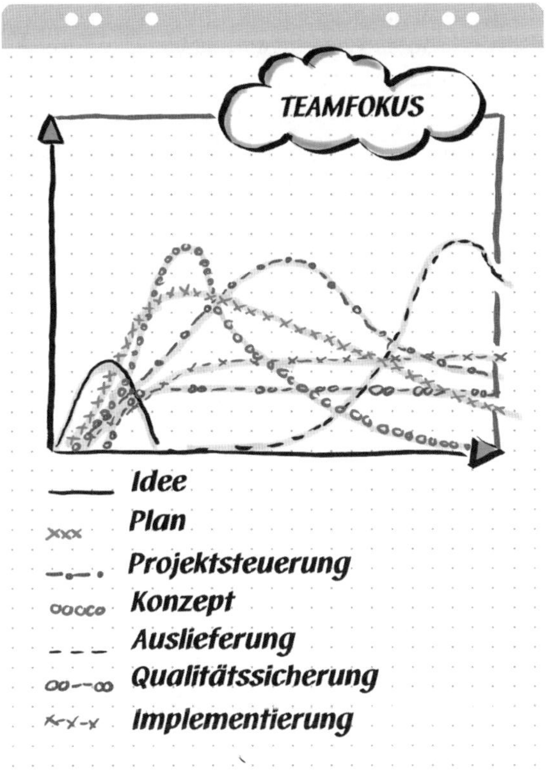

Bild 3.2 Der Fokus des Teams verändert sich während eines Projekts.

3.3.1 Idee (Projektdefinition)

Je hierarchischer ein Unternehmen organisiert ist, desto mehr finden Ideenfindung und Planung des Projekts ohne Beteiligung des Projektteams statt. In der ersten Phase wird aus einer noch vagen Idee das Projekt konkretisiert. Dabei werden Optionen für die folgenden Projektparameter geprüft:

- Zieldefinition des Projekts[2]
- Bestimmung des Projektvorgehens
- Messparameter für Projekterfolg
- Festlegung der Messparameter: Zeit, Aufwand und/oder Qualität

Die Ideenphase ist im Allgemeinen geprägt von Neugierde und Aufbruch. Verarbeitet das Projektteam gerade negative Projekterfahrungen oder erinnert sich das Projektteam an Kommunikationsschwierigkeiten mit bereits bekannten Projektpartnern, kann diese Neugierde in Fatalismus umschlagen. Dann fehlt leicht der Mut für eine große Idee.

[2] Ziele sind dabei SMART zu definieren, das heißt, Ziele sind spezifisch, messbar, akzeptierbar, realistisch und terminiert zu formulieren.

Während der Ideenphase ist die Aufgabenstellung des Auftraggebers oder der Auftraggeberin genau nachzuvollziehen. Durch eine offene Betrachtung möglicher Lösungsszenarien kann das Team das beste Vorgehen, die Umsetzungsform und die Projektbeteiligten und ihre Rollen bestimmen.

Diese Phase hat hohes emotionales Potenzial. Zur Freude über den Aufbruch mischt sich Versagensangst. Die widersprüchlichen Gefühle werden durch positive und negative Erfahrungen induziert. Gleichzeitig muss das Team definieren, an welchen Stellen es über den aktuellen Kenntnis- und Kompetenzstand hinausgehen möchte und wird.

Tipp

Während dieser Projektphase lohnt sich der Blick darauf, ob der Lösungsraum des Teams angemessen ist.

3.3.2 Plan (Setup)

Während der Planungsphase wird das Projekt vollständig definiert. Entsprechend der Definition [Wikipedia G]

> *„Ein Projekt ist ein zielgerichtetes, einmaliges Vorhaben, das aus einem Satz von abgestimmten, gelenkten Tätigkeiten mit Anfangs- und Endtermin besteht und durchgeführt wird, um unter Berücksichtigung von Zwängen bezüglich Zeit, Ressourcen (zum Beispiel Geld beziehungsweise Kosten, Produktions- und Arbeitsbedingungen, Personal) und Qualität ein Ziel zu erreichen."*

sind die Parameter, die sich während der Ideenphase (siehe Abschnitt 3.3.1) ergeben haben, exakt zu definieren. Es gilt

- Projektziel
- Projektteam
- Projektvorgehen
- Projektparameter: Zeit, Aufwand, Qualitätsanspruch

zu bestimmen. Hierzu werden die Ergebnisse der ersten Phase fixiert. Während in klassischen Projekten zum Projektsetup das Projekt in jedem Detail vorgeplant wird, stecken agile Projekte nur einen groben Rahmen ab. Durch Festlegung des Projektvorgehens stellen die Teams unter Berücksichtigung der Messparameter Zeit, Aufwand und/oder Qualität sicher, dass das Projektziel eingelöst werden kann.

Während in der Ideenphase die Parameter offen bewegt werden, ist es die Aufgabe in der Setup-Phase, die im Sinne der Projektmethode zu fixierenden Projektparameter festzulegen. Diese Fixierung sollte im Konsens erfolgen.

Akzeptanzkriterien werden für die Abnahme von Anforderungen festgelegt. Die Projektbeteiligten[3] entwickeln eine Idee zur Durchführung des Projekts und halten diese Idee geeignet fest. Dies wird dokumentiert[4].

Tipp

Konflikte finden dort statt, wo Wünsche und Hoffnungen einzelner Teammitglieder nicht artikuliert werden. Es bringt das Team voran, diese explizit zu benennen.

3.3.3 Konzept

In einigen Projekten fallen die Plan- und Konzeptphase zusammen. In anderen werden diese getrennt. So trennen etliche agile Methoden die Backlog-Erstellung von der Ausarbeitung und Feinkonzeption von Aufgaben. So trennt SCRUM beispielsweise zwischen der Backlog-Erstellung, der Sprint-Planung (I und II) sowie der Implementierung während des Sprints. Im Sinne dieser vorgestellten Phasen trennt SCRUM also zwischen Plan, Konzept und Implementierung.

In der Konzeptphase werden die Anforderungen im Detail untersucht. Akzeptanzkriterien werden bei Bedarf ergänzt und präzisiert. Die zu implementierenden Aufgaben werden genau beschrieben. Je nach Interdisziplinarität des Teams ist die Erstellung von grafischen Elementen und Screens eine Zulieferung an das Team oder es handelt sich um eine Aufgabe des Teams. Wenn die Zuordnung „Zulieferung" beziehungsweise „Teamarbeit" nicht gut geklärt ist, ist dies eine Quelle von Missverständnissen und Fehlleistungen.

Während der Konzeptphase definiert das Team auch, wie die Abnahmephase abläuft. Entsprechend werden die Akzeptanzkriterien aufbereitet.

In klassischen Kontexten ist die Konzepterstellung allen weiteren Schritten vorgelagert, während in agilen Kontexten die Konzeptphase rhythmisch für Teilaufgaben im Projekt durchlaufen wird.

In agilen Systemen ist zu klären, ob die Konzeptphase den jeweiligen Implementierungsphasen (phasenverschoben) vorgelagert ist – oder ob diese in den jeweiligen Implementierungsphasen mit erledigt wird. Aus der Beantwortung dieser Frage ergibt sich auch die Teambesetzung für die entsprechenden Retrospektiven.

Mit einer starken Phasenverschiebung der einzelnen Disziplinen wird eine eher klassische Herangehensweise des Teams deutlich. In den Retrospektiven sind daher alle Vorgehensweisen als Handlungsoptionen zu diskutieren.

---

[3] Um nicht klassische oder agile Projektmethoden in der Besprechung auszuschließen, wird in der Beschreibung der Projektphasen von den Projektbeteiligten gesprochen. Je nach Projektmethodik wird diese Aufgabe von unterschiedlichen Rollen – beispielsweise durch die Projektsteuerung, die Projektleitung, den Product Owner, den SCRUM- oder den Board-Master – wahrgenommen.

[4] Die Dokumentation des Projektplans erfolgt je nach Projektmethode unterschiedlich: Dies kann beispielsweise in einem Ablaufplan, einem Gantt-Plan, einer Sprintplanung oder durch ein Backlog in Kombination mit einer agilen Prozessdefinition erfolgen.

Das agile Manifest fordert eine direkte Kommunikation zwischen „Business People“ und den Entwicklern und Entwicklerinnen. Die Autoren des agilen Manifests fordern damit eine sofortige Umsetzung von Konzepten.

Dies sollte vor allem dann geschehen, wenn das Team gestörte Prozesse und unvollständige beziehungsweise zu komplizierte Übergaben diagnostiziert.

Konzeptphasen bieten ein hohes Konfliktpotenzial, wenn die Zielsetzung des Projekts unklar ist. Ist die Zielsetzung ungenau oder missverständlich, versuchen die Teammitglieder jeweils das Maximum ihrer Disziplin in die Konzeption einzubringen. Dies führt häufig zu Abstrichen in anderen Disziplinen. Das gemeinsame Maximum aller Disziplinen ist nur im Konsens zu finden. Wird das Projektziel nicht von allen getragen, könnten die Beteiligten sich auf Kosten der anderen Disziplinen profilieren.

Dieses Phänomen tritt vor allem dann zu Tage, wenn das Team sich im Storming befindet, während die Konzepte zu erstellen sind.

Tipp

Während der Konzeptphase lohnt sich ein Blick auf Rollen und implizite Erwartungshaltungen der Projektbeteiligten. Gleichzeitig ist ein Augenmerk auf Übergabe und Informationsübermittlung zu werfen: „Stimmt unser prinzipielles Vorgehen?“

3.3.4 Implementierung

Während der Implementierungsphase werden Feinabstimmungen vorgenommen und die eigentliche Umsetzung erfolgt. Ziel ist es, möglichst reibungs- und fehlerlos die definierten Aufgaben zu erfüllen. Während dieser Phase wird klar, ob die in vorhergehenden Phasen definierten Inhalte gut verständlich und damit gut umsetzbar sind.

Damit das Team reibungslos umsetzen kann, muss der Verständnisgrad für die jeweiligen Aufgaben sehr hoch sein. Indikatoren für ein im Detail fehlendes Verständnis sind:

- Wartezeiten für Abstimmungen („Ich kann das erst fortsetzen, wenn mir XYZ das erklärt hat.“)
- Lange Kommentarfolgen in Tickets
- *Definition of Done* ist nicht vorhanden
- Viele parallel bearbeitete, aber nicht abgeschlossene Aufgaben (viele Aufgaben im Status *„Waiting for feedback“*)
- Unsicherheit beim Beenden von Aufgaben (im schlimmsten Falle: Unwille zum Beenden von Aufgaben)

Teams neigen dazu, während der Implementierungsphase die entsprechenden, konkreten Themen zu besprechen. Wichtig ist es, während der Retrospektiven einen Blick auf das dahinterliegende Prinzip zu werfen. Wenn das Team einmal an einer Aufgabe viel Kraft und Zeit verloren hat, was zeichnet diese Aufgabe als Typ aus – und welche Handlungsoptionen hat das Team im Generellen zur Bearbeitung dieses Aufgabentyps?

Tipp

Während der Implementierungsphase sind reibungslose Absprachen zwischen allen Teammitgliedern zu sichern.

Wenn es sich um ein großes Projekt handelt, ist für Zwischenergebnisse zu sorgen. Agile Projektmethoden liefern viele kleine Zwischenergebnisse, die die Wirksamkeit der Teammitglieder (im Sinne Gerald Hüthers) dokumentieren. Der Fokus auf die schnelle Lieferung lauffähiger Software ist eine gute Basis für ein motiviertes Team. In klassischen Projekten ist diese Grundlage ebenfalls durch geeignete Teilprojekte zu schaffen.

Während der Implementierungsphase zeigt sich besonders deutlich, ob die vereinbarte Zielsetzung für das Projekt von allen getragen wird. Entstehende Konflikte um Ausführungen sind dabei in den Retrospektiven so zu klären, dass diese auf den zu Grunde liegenden Zielkonflikt zurückgeführt werden. Eine Symptombekämpfung wird dem Team nicht dauerhaft helfen, das Ziel zu erreichen [Andresen 2012-B].

Tipp

Wenn das Team während der Implementierungsphase Schwierigkeiten hat, Aufgaben abzuschließen, ist während *Gather Data* die Frage zu stellen, ob alle Beteiligten dasselbe Projektziel teilen und verfolgen.

3.3.5 Qualitätssicherung

Qualitätssicherung und Abnahmeprozesse können in die Implementierungsphase integriert werden - oder als gesonderte Phasen betrachtet werden. Im Wesentlichen ist die Frage zu beantworten:

> *„Hat das Team die Anforderungen ausreichend erfüllt?“*

Damit diese Fragen sowohl teamintern (Qualitätssicherung) als auch extern (Abnahme) leicht beantwortet werden können, benötigen alle Projektbeteiligten klare, nachvollziehbare und eindeutige Akzeptanzkriterien. Diese leiten sich aus dem Projektziel ab. Wenn Abweichungen vom Zielbild ermittelt werden, sind diese als Fehler oder Nachbesserungswunsch zu registrieren. Dies ist von weiteren Anforderungen oder Anforderungsänderungen zu trennen. Teams, denen diese Trennung nicht gelingt, geraten in eine Abwärtsspirale des Nicht-Fertigwerdens.

Neben Akzeptanzkriterien, die zwischen den Auftraggebern und dem Projektteam vereinbart wurden, hilft dem Team intern eine klare *Definition of Done* (DoD). Diese klärt in Ergänzung zu den Akzeptanzkriterien nach [Panchal 2008]:

> *„The definition of done is orthogonal to user acceptance criteria (functional acceptance) for a feature. It is a comprehensive checklist of necessary, value-added activities that assert the quality of a feature and not the functionality of that feature.“*

Eine *Definition of Done* unterstützt das Team bei allen zeitlichen Unterteilungen des Projekts. Sie hilft sowohl bei der Beendigung einzelner Aufgaben als auch bei der Fertigstellung von Sprints beziehungsweise von Releases.

> **Tipp**
> Das Team konzentriert sich während der Retrospektiven auf die Frage, ob leicht zu entscheiden ist, dass eine Aufgabe abgeschlossen ist.

Ob eine *DoD* erfüllt ist, ist immer die Entscheidung der Projektbeteiligten. Selten gelingt den Teams eine so eindeutige *Definition of Done*, dass für alle zu jedem Zeitpunkt einwandfrei festzustellen ist, ob die Arbeiten beendet werden können. Diese Problematik tritt in den Phasen Implementierung, Qualitätssicherung und Auslieferung auf. Hier gilt es, die *DoD* regelmäßig zu überprüfen und zu adjustieren. Gleichzeitig ist im Team der Geist zu etablieren, dass die Entscheidung, fertig zu sein, gefällt werden darf und wichtig ist.

3.3.6 Auslieferung

Spätestens zur Auslieferung laufen alle Teilprojekte zusammen. Das Hauptaugenmerk in dieser Phase liegt in der Integration der Gewerke – und die Übergabe des Gewerks in die Produktivumgebung. In der Auslieferungsphase ist von allen Beteiligten daher eine hohe Kommunikationsaufgabe gefordert.

> **Tipp**
> Das Team konzentriert sich während der Auslieferung auf mögliche Kommunikationsfehler der Projektbeteiligten.

3.3.7 Projektkrise

Der Weg in die Projektkrise kann laut und leise erfolgen. Während die laute Variante von allen wahrgenommen wird, werden stille Projektkrisen häufig übersehen.

„Laut“ ist eine offen ausgetragene Auseinandersetzung mit dem Auftraggeber oder der Auftraggeberin – oder es sind andere Konflikte, die das Projektziel, das Vorgehen, die Teambesetzung oder das Erreichen der Erfolgskriterien in Frage stellen.

Projektkrisen können sich auch leise anschleichen. Das Prinzip Hoffnung übertüncht dabei alle Unsicherheiten und das Bauchgefühl der Beteiligten. In Projektkrisen ist den Beteiligten häufig nicht klar, welche Anforderungen ursprünglich gestellt sind, welche Anforderungen durch Änderungswünsche das Projektziel erweitern und wo genau das Team steht.

In einer Projektkrise muss das Team den Projektstatus offen und sauber prüfen. Nach Aufnahme des Projektstatus sind die Elemente der Ideenphase und des Projektsetups zu wiederholen. Dabei hat das Team zu prüfen, ob mit veränderten Zielsetzungen und angepassten

Projektparametern das Projekt erfolgreich abgeschlossen werden kann. Ist dies der Fall, kann das Team unter veränderten Bedingungen das Projekt wiederaufnehmen. Die Prüfung kann aber auch ergeben, dass die Vorgehensweise inhaltlich, technisch oder betriebswirtschaftlich so hohe Defizite aufweist, dass eine Veränderung von Parametern alleine nicht genügt, um das Projekt zu vollenden. In diesem Fall ist das Projekt abzubrechen.

Gerade weil Teams diese Option scheuen, wird das Eingestehen von Projektkrisen vermieden.

Tipp

Bei vermuteten Projektkrisen sind *Gather Data*-Methodenbausteine zu empfehlen, die stark das Bauchgefühl und weniger die Ratio der Beteiligten adressieren. Daneben sind PMA-ähnliche Arbeitstreffen zur Statuserhebung zu empfehlen.

3.3.8 Projektabbruch

Ein Projektabbruch hilft dem Team, in Ruhe und mit Konzentration die Gründe für das Scheitern zu verstehen. Durch eine klare Analyse des Geschehens kann das Team festlegen, wie alle Beteiligten in der als kritisch definierten Situation hätten anders handeln können. Gleichzeitig kann das Team in Ruhe und mit dem gebotenen Abstand für das Team und alle Projektbeteiligten Regeln aufstellen, wie zukünftig in Projekten agiert werden soll.

Tipp

Hat das Team sich für einen Projektabbruch entschieden, sind die Gründe für das Scheitern mittels einer Post-Mortem-Analyse (siehe Kapitel 6) zu untersuchen.

Mit diesem Wissen kann das Projektteam oder das Unternehmen beschließen, das Projekt neu aufzulegen.

3.4 Projektsteuerung

Eine Projektsteuerung wird in klassischen Projektsystemen über Hierarchiestufen und gesonderte Arbeitstreffen wahrgenommen, während in agilen Systemen das Projektteam die Zielerreichung und die Projektparameter selbst überprüft.

Im Eifer des Gefechts verlieren Projektteams leicht das eigentliche Projektziel aus den Augen. Mit jedem diskutierten Detail wird eine klare Abgrenzung von Dingen, die getan werden müssen, und den Dingen, die eine Ergänzung des Projektziels darstellen, schwerer.

Um sich nicht im Gestrüpp der Details zu verlieren, kontrolliert die Projektsteuerung den Fertigstellungsgrad, die noch offenen Aufgaben und überprüft die Zielsetzung. Der Grad des Eingreifens in das Teamgefüge ist dabei in klassischen Systemen sehr hoch (*„command & control“*), während eine agile Projektsteuerung Impulse setzt, die durch das Team wiederum geprüft werden (*„target & track“*).

Die Projektsteuerung begleitet das Projektteam regelmäßig. In vielen Fällen hilft die Projektsteuerung dem Team bei der Entscheidung, ob das Projekt abgeschlossen werden kann. Der übergeordnete Blick auf das Projektgeschehen erlaubt es der Projektsteuerung leichter, das Projektende sauber zu definieren. Gerade diese Befugnis kann aber auch von Mitgliedern der Projektsteuerung fehlinterpretiert werden. Die Gefahr des „Durchgriffs“ auf das Team steigt dann.

Tipp

Realisiert das Team Störungen der Projektarbeit, so hat das Team die Intention der Projektbeteiligten zu überprüfen. Häufig zeigt sich indirekt ein Steuerungsanspruch gegenüber dem Team.

Zur Ausübung der Projektsteuerung werden häufig vom Team bestimmte Kennzahlen abgefordert, welche der Projektsteuerung dienen sollen, den Fortschritt und das Vorgehen des Projektteams zu beurteilen. Befindet sich ein Unternehmen in der agilen Transition, liegt häufig Sprengstoff für die Projektarbeit in diesen Kennzahlen. Viele Teams übernehmen die in den Kennzahlen liegende Beurteilung implizit. Dabei entsteht ein Projekttypus, der weder als klassisch noch als agil bezeichnet werden kann. Das Team sollte die Wirkung der abgeforderten Kennzahlen auf die eigene Arbeitsweise überprüfen und gegebenenfalls auf eine Änderung der Berichtsform hinwirken.

4 Ablauf der Retrospektive steuern

Dieses Buch folgt den fünf Phasen einer Retrospektive, wie sie von Esther Derby und Diana Larsen in „Agile Retrospectives“ [Derby 2006] formuliert wurden. Den fünf Phasen wird ein Intro vorgeschaltet, in dem die Teamregeln für die Retrospektive geklärt oder wiederholt werden. Das Intro enthält auch die Beschlusskontrolle zur letzten Retrospektive. Eine Retrospektive hat daher sechs Phasen:

1. *Intro*
2. *Set the Stage*
3. *Gather Data*
4. *Generate Insights*
5. *Decide What to Do*
6. *Closing the Retrospective*

Für Retrospektiven ist für jede Phase ein Methodenbaustein vorzusehen. In längeren Reviews, die die Team- oder Projektentwicklung im Generellen untersuchen, werden mehrere Methodenbausteine einer Phase kombiniert beziehungsweise die Methodenbausteine verlängert.

Beim Verlängern ist darauf zu achten, dass der Methodenbaustein keine unangenehmen Längen entwickelt. Wenn diese Gefahr besteht, ist die Kopplung zweier Methodenbausteine einer Phase eher zu empfehlen. Diese sollten so angelegt sein, dass der erste Methodenbaustein sehr weit nach einem Sachverhalt fragt, während der zweite Methodenbaustein das Team zwingt, in der Beantwortung der Fragen sehr fokussiert zu agieren.

Die sechs Phasen der Retrospektive werden in diesem Kapitel detailliert in Zielsetzung und Vorgehen erläutert.

Diese Regeln sind für regelmäßige Retrospektiven genauso gültig wie für Team- und Projekt-Reviews. Für Post-Mortem-Analysen gelten einige Abweichungen, sie sind in Kapitel 6 erläutert.

4.1 Vorbereitungszeit

Der Moderator oder die Moderatorin wählt unter Berücksichtigung der Team- und Projektphase die passenden Methodenbausteine aus. Die Auswahl der Methoden und die konkrete Vorbereitung der Retrospektive benötigen Zeit.

Diese Vorbereitungszeit wird von vielen ungeübten Moderationskräften unterschätzt. So ist die Vorbereitungszeit für Retrospektiven für Moderationsneulinge im Verhältnis 1 : 1 anzusetzen. Die Planung von Projekt- oder Team-Reviews, die auf vier bis zu acht Stunden angesetzt sind, werden in der Vorbereitung nicht genauso lang wie die Durchführungszeit benötigen.

Diese Vorbereitungszeit reduziert sich mit wachsender Erfahrung im Umgang mit den Methodenbausteinen.

Neben der Erstellung aller Flipcharts ist die Auswahl der Methodenbausteine aufgrund der Team- und Projektsituation besonders zeitintensiv. Die Analysezeit benötigt zu Beginn mehr Zeit.

4.2 Intro

Das *Intro* stimmt auf die Retrospektive ein – während dieser Zeit werden die Regeln für die Retrospektive in Erinnerung gebracht. Die ersten Minuten der Retrospektive sind dem Moderator oder der Moderatorin vorbehalten.

Ein probates Mittel, um Spannung innerhalb der Retrospektive zu erzeugen, ist das Wechseln zwischen eher sachlichen, emotional ansprechenden und kreativen Methodenbausteinen. Eine weitere Abwechslung entsteht durch das Wechseln der Teamgröße zur Bearbeitung der Methodenbausteine. Neben dem einzelnen Bearbeiten von Aufgaben sind auch Zweiergruppen sowie Kleingruppen- und Teamarbeit denkbar.

Tipp

Das *Intro* besteht aus einer Agenda, der Vegas-Regel, der obersten Direktive, der Beschlusskontrolle sowie weiteren Teamregeln.

4.2.1 Agenda

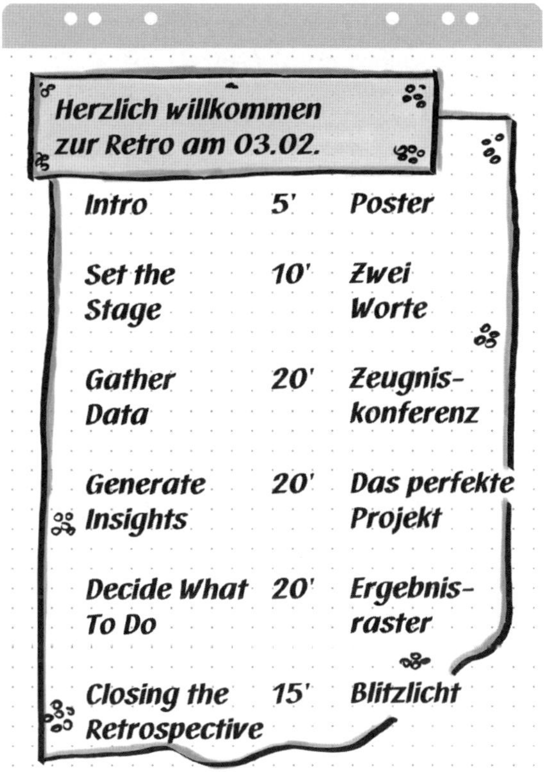

Bild 4.1 Agenda mit Zeitgaben

Um den Teilnehmern und Teilnehmerinnen Sicherheit über den Ablauf der Retrospektive zu geben, wird diesen die Agenda gezeigt und mit den Teilnehmern und Teilnehmerinnen vereinbart. Die Agenda ist mit den geplanten Zeitvorgaben für die Retrospektive versehen. Dies hilft den Teilnehmern und Teilnehmerinnen, den Verlauf der Retrospektive einzuschätzen. Gerade in kritischen Team- und Projektphasen sollte der Moderator oder die Moderatorin gezielt um Zustimmung zur Agenda bitten gegebenenfalls sind entsprechend des Feedbacks der Teilnehmer und Teilnehmerinnen Änderungen in der Gestaltung und Zeitsetzung der Agendapunkte vorzunehmen.

Werden Zeiten „verletzt“, kann sich das Retrospektiventeam bewusst entscheiden, eine Phase auszudehnen beziehungsweise die aktuelle Diskussion auf eine kommende Veranstaltung zu verschieben.

Kleinere Verschiebungen im Zeitplan kann der Moderator oder die Moderatorin dadurch ausgleichen, dass er beziehungsweise sie die weiteren Phasen (also den Umfang der Methodenbausteine) verkürzt. Damit dies sicher gelingt, sollte der Moderator oder die Moderatorin sich mögliche „Abkürzungen“ bereits in der Vorbereitung der Retrospektive überlegen. Diese werden in der Vorbereitungscheckliste (siehe Kapitel 14) als „Plan B“ vermerkt.

4.2.2 Vegas-Regel

Die Vegas-Regel ist auf einem Flipchart oder einem Poster vermerkt. Der Moderator oder die Moderatorin weist die Gruppen auf die Wichtigkeit dieses Verhaltens hin.

Jeder der Teilnehmer und Teilnehmerinnen muss sich sicher fühlen. Findet eine Retrospektive in einem Umfeld statt, das über Gerüchte, Mutmaßungen und viel negativen Flurfunk funktioniert, werden die Beteiligten nichts sagen, was sie später angreifbar oder verletzlich macht.

Daher vereinbaren die Beteiligten zu Beginn der Retrospektive die Vegas-Regel. Diese lautet im Original:

> *„What happens in Vegas, stays in Vegas"*

Übertragen auf Retrospektiven bedeutet dies, dass sich alle Teilnehmer und Teilnehmerinnen verpflichten, Stillschweigen über die Form und die Inhalte der Retrospektive zu wahren. Dabei geht es vor allem um Zwischenergebnisse, Methodenbausteine und geäußerte Gefühle aller Beteiligten.

Diese Vereinbarung geht weit über das eigentliche Arbeitstreffen hinaus. Die Vegas-Regel schützt die Integrität aller Teilnehmer und Teilnehmerinnen und kann auch nur durch diese aufgehoben werden:

Vegas-Regel

Das Team vereinbart zu Beginn jeder Retrospektive die Vegas-Regel: *„Alles, was wir besprechen, bleibt bei denen, die jetzt hier sind. Es sei denn, wir vereinbaren gemeinschaftlich am Ende der Retrospektive eine Öffnung."*

Daran sollte der Moderator beziehungsweise die Moderatorin das Team beim Start und auch am Ende der Retrospektive erinnern. In einem funktionierenden Team wird diese Regel gut befolgt – da alle Beteiligten allen die notwendige Wertschätzung entgegenbringen.

Diese Wertschätzung wird mit der obersten Direktive eingefordert. Fehlende Wertschätzung und mangelndes Vertrauen sind während der Transition von einer klassisch-hierarchischen zu einer agilen Arbeitsweise häufig zu beobachten. In Unternehmen mit einer ausgeprägten Fehlerkultur „Du bist schuld!" sind die ersten Retrospektiven für alle Teilnehmer und Teilnehmerinnen sehr fordernd.

4.2.3 Oberste Direktive

Die oberste Direktive wurde von Norman Kerth in „Project Retrospectives: A Handbook for Team Reviews" erstmalig formuliert [Kerth 2000]:

> *„Regardless of what we discover, we understand and truly believe that everyone did the best job they could, given what they knew at the time, their skills and abilities, the resources available, and the situation at hand."*

Besonders wirksam ist die oberste Direktive, wenn diese gemeinsam von allen laut vorgelesen wird. Diese Direktive fordert die professionelle Wertschätzung aller Beteiligten ein.

Die oberste Direktive fördert den Blick auf Lösungen – und sucht nicht nach der Schuld für eine Situation. Die Schuldfrage hält in Veränderungsprozessen auf. Sie ist nach hinten gewandt und lenkt von den Entscheidungen für die Zukunft ab.

Gleichzeitig ermöglicht das Benennen und Bejammern von Schuld es allen Beteiligten, in ihrer Komfortzone zu verbleiben. Wenn die Lösung nur darin besteht, jemanden für schuldig zu erklären, ist keine eigene Bewegung – aus der Komfortzone in die Lernzone hinein – notwendig.

Oberste Direktive

Das Team erinnert sich zu Beginn jeder Retrospektive an die oberste Direktive: *„Wir sind tief davon überzeugt – egal, was wir heute erkennen –, dass alle Beteiligten zu jedem Zeitpunkt nach bestem Wissen, Gewissen und Kenntnisstand gehandelt haben."*

Wenn alle nach bestem Wissen, Gewissen und Kenntnisstand gehandelt haben, stellt sich die Schuldfrage nicht. Es stellt sich die Frage, wie jedes Teammitglied in einer ähnlichen Situation handeln sollte, damit ein verändertes (hoffentlich verbessertes) Ergebnis entsteht.

Wenn eine Gruppe beziehungsweise ein Team sich immer wieder vornimmt, nicht nach Schuld, sondern nach Lösungen zu suchen, indem es die oberste Direktive rezitiert oder gemeinsam spricht, wird dieses Team einen nach vorne gerichteten Blick entwickeln.

Es ist eine sehr wichtige Aufgabe des Moderators beziehungsweise der Moderatorin, darauf zu achten, dass die oberste Direktive nicht verletzt wird. Wenn Retrospektiventeilnehmer oder -teilnehmerinnen andere Beteiligte persönlich angehen oder Schuld zuweisen, muss der Moderator oder die Moderatorin direkt eingreifen.

In einer solchen Situation ist an die oberste Direktive mit der Betonung des Ziels *„Wir suchen nach Lösungen – nicht nach Schuld"* zu erinnern.

4.2.4 Beschlusskontrolle

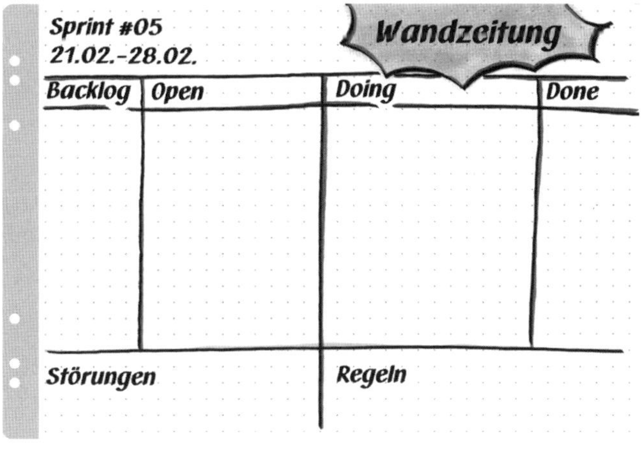

Bild 4.2
Damit das Team die Beschlüsse immer vor Augen hat, sind diese auf der Wandzeitung (unten rechts) notiert.

Im Blog-Artikel „10 Ways to Kill your Retrospective" benennt Marc Löffler zehn mögliche Gründe, warum Retrospektiven häufig zu Frust in Projektteams führen [Löffler 2012]. Der dritte Grund lautet:

> *„**3 – Don't check if the tasks of the last retro were done:** We don't care about the old crap from the last retrospective. If it was important enough, it will make it again to our retrospective results. And again, and again, and again, and again ...“*

In der klassisch-hierarchischen Welt ist der Methodenbaustein der *Beschlusskontrolle* üblich. Dieser Punkt ist in die agile Welt zu überführen. Damit die Bearbeitung der *Beschlusskontrolle* nicht zu einer „Retro in der Retro" wird, werden die Vereinbarungen der letzten Retrospektive nur gezeigt, nicht aber diskutiert. Die Teilnehmer werden diese Ergebnisse aufnehmen und eigenständig reflektieren:

Hinweis

Zu Beginn jeder Retrospektive wird das Ergebnisposter der letzten Retrospektive aufgehängt. Der Moderator oder die Moderatorin fordert eine Verarbeitung während der Retrospektive ein.

Wenn das Ergebnisposter nicht mehr vorhanden ist, kann der Moderator oder die Moderatorin die Ergebnisse nochmals auf ein Flipchart aufschreiben und zeigen. Wenn die Teilnehmer und Teilnehmerinnen sich während der letzten Retrospektive auf sehr ausführliche To-do-Listen geeinigt haben, hilft auch der Ausdruck des letzten Ergebnis-Flipcharts. Dieser Ausdruck wird an alle Beteiligten ausgehändigt.

Wenn die Teilnehmer und Teilnehmerinnen auf diese Ergebnisse während *Set the Stage* nicht eingehen, hat der Moderator oder die Moderatorin zu Beginn der Phase *Gather Data* nochmals darauf hinzuweisen. In jedem Fall ist für *Gather Data* interessant, ob die vereinbarten Regeln und Maßnahmen wie erwartet funktioniert haben. Hier gibt es viel für das Team zu lernen!

Nicht umgesetzte, aber während Retrospektiven vereinbarte Teamregeln beziehungsweise Maßnahmen sind ein Indiz für große Elefanten im Raum.

4.2.5 Weitere Teamregeln

Die kommende Zeit ist der Reflexion der letzten Projekteinheit gewidmet. Daher ist dafür zu sorgen, dass alle Teilnehmer sich auf die Retrospektive fokussieren.

Wenn das Team sich auf Teamregeln für Meetings geeinigt hat, können diese während des Intros kurz thematisiert werden. Gegebenenfalls werden diese weiteren Teamregeln erst dann zum Thema, wenn ein Verstoß gegen diese droht. Mögliche Regeln für Meetings sind:

- Keine Ablenkung (das heißt, alle Arbeits- und Mobilgeräte sind ausgeschaltet)
- Es werden keine Anfragen von Nichtteilnehmern und -teilnehmerinnen beantwortet: weder telefonisch noch per Mail oder direkt.
- Es gibt alle 45 Minuten eine Raucherpause von 5 Minuten. (Alternativ: Es gibt keine Raucherpausen.)

4.3 Set the Stage

Während dieser Phase kommt das Team in der Retrospektive an. Es sind bei der Eröffnung Methodenbausteine zu bevorzugen, die alle Beteiligten zu Wort kommen lassen. Mit einer gleichmäßigen Beteiligung wird jedes Retrospektivenmitglied wertgeschätzt und von allen anderen wahrgenommen.

Alle Beteiligten bringen ihre Stimmung mit. Damit die akuten Stimmungen nicht die gesamte Retrospektive übertönen, ist die Benennung der akuten Stimmung während des Ankommens sehr wichtig. Der Methodenbaustein, mit dem *Set the Stage* bestritten wird, sollte daher die folgenden Fragen klären:

- Mit welcher Laune kommen die Retrospektiventeilnehmer und -teilnehmerinnen in dieses Arbeitstreffen?
- Gibt es neben der akuten Stimmung auch eine grundsätzliche Tönung der Laune der Beteiligten?

Durch geeignete Methodenbausteine stimmt der Moderator oder die Moderatorin alle Anwesenden auf die folgende Retrospektive ein. In diesem Sinne hat *Set the Stage* einen aktivierenden Charakter für die Retrospektive.

Neben dem Ankommen der Teilnehmer und Teilnehmerinnen ist es auch wichtig, dass diese sich für die Retrospektive öffnen – und die eigentliche Projektarbeit hinter sich lassen. Das Aktivieren der Teilnehmer und Teilnehmerinnen ist ein wesentliches Moment in *Set the Stage*. Die Beteiligten machen sich klar, welche Themen sie gerade bewegen. Sie können damit konstruktiv umgehen und diese gegebenenfalls inhaltlich in die Retrospektive einbringen. Sie werden nicht abgelenkt und „sind voll da“.

In *Set the Stage* legen alle Beteiligten implizit den Grad der Offenheit und den Umgangston fest. Daher ist gerade bei jungen Teams beziehungsweise in Projektkrisen darauf zu achten, dass der Umgangston stimmig und angemessen ist. Diese Aufgabe liegt vor allem bei den Moderatoren oder Moderatorinnen.

Eine grundsätzliche Stimmung ist für viele Teilnehmer und Teilnehmerinnen meist schwer zu verbalisieren. Leichter ist es, einen Zugang zu diesen Stimmungen über andere Ausdrucksformen – wie Malen, Zeichnen oder Kneten – zu erlangen.

Tipp

Während *Set the Stage* kommen die Teilnehmer und Teilnehmerinnen mit ihrer Stimmung an. Alle konzentrieren sich auf die Retrospektive. Jedes Teammitglied kommt während dieser Phase zu Wort.

Nicht nur für *Set the Stage*, sondern für alle Retrospektivenphasen gilt die alte Moderationsregel: *„Störungen haben Vorrang.“*[1] Wenn einzelne Teilnehmer oder Teilnehmerinnen Methodenbausteine, Vorgehen oder Ergebnisse in Frage stellen oder durch ihr Verhalten konterkarieren, hat die Bearbeitung dieser Störung Vorrang.

[1] Diese Moderationsregel geht auf das gleichlautende Postulat der *Themenzentrierten Interaktion* zurück. [Wikipedia F]

- Störung benennen, Retrospektivenverlauf unterbrechen und das entsprechende Thema bearbeiten: Bearbeitung heißt aber nicht unbedingt, direkt eine Lösung für die Störung zu finden. Neben dieser Option, die häufig das Potenzial hat, den gesamten Ablauf der Retrospektive in Frage zu stellen, hat der Moderator oder die Moderatorin noch weitere Optionen:
- Störung benennen und um eine Bearbeitung während der nachfolgenden Retrospektive[2] bitten. Hierfür kann der Moderator oder die Moderatorin ein Flipchart, das mit dem Titel „Themenspeicher" versehen ist, aufsetzen: Störung benennen und Personenkreis identifizieren, der dieses Thema gesondert bearbeiten kann und will. Einigt sich das Team auf diesen Umgang, sollte der Moderator oder die Moderatorin eine entsprechende Notiz (auf einer besonders gekennzeichneten Moderationskarte) aufnehmen und in *Decide What to Do* in die Aktivitätenliste übernehmen.

Mit der Eingangsfrage in *Set the Stage* wird der Raum der Retrospektive geöffnet. Eine allgemeine Frage nach der Stimmung wird breitere Ergebnisse liefern als eine gezielte Abfrage mehrerer Aspekte, wie sie beispielsweise im Methodenbaustein *„Vier-Felder-Retro"* (siehe Abschnitt 8.18) beschrieben ist.

Wird mit dem Methodenbaustein in *Set the Stage* eine Begründung für die aktuelle Stimmungslage eingefordert, kommt es leicht vor, dass die Teilnehmer und Teilnehmerinnen sehr ausufernd bereits die Sachlage im Team darstellen. Durch eine ausführliche, vorweggenommene Darstellung einer Person kann das gesamte Sammlungsergebnis in *Gather Data* beeinflusst werden. Derartige Ausführungen sind vom Moderator oder von der Moderatorin mit dem Verweis auf das nachfolgende *Gather Data* zu beenden.

4.4 Gather Data

Im Wesentlichen ermittelt das Team Prozesse und Abläufe in dieser Retrospektivenphase, die weiter ausgebaut oder verändert werden sollten. *Gather Data* leistet dabei zwei wesentliche Aufgaben:

- Das Team benennt offensichtliche Fakten und Symptome, um diese in *Generate Insights* zu verstehen.
- Das Team benennt Beobachtungen und nicht erklärbare Phänomene mit dem Ziel, diese näher zu untersuchen und dann gegebenenfalls weiterzubearbeiten.

Ähnlich wie in *Set the Stage* wird durch die anfängliche Fragestellung bestimmt, wie breit die Themen in der Retrospektive diskutiert werden. Die allgemeine Frage, über welche Vorkommnisse sich die Teilnehmer und Teilnehmerinnen gefreut oder geärgert haben, wird zu anderen Themen führen als das Kommentieren eines BurnDownCharts.

Ist dem Moderator oder der Moderatorin in einer vorhergehenden Retrospektive ein Elefant im Raum bewusst geworden, kann er beziehungsweise sie durch eine engere Frage dem

---

[2] Dieses Verfahren ist auch unter dem Namen *„parking lot"* beziehungsweise *„Ideenspeicher"* bekannt.

Team helfen, diese sich bereits im Raum befindliche Wahrheit zu erkennen und zu konkretisieren.

Alle Teilnehmer und Teilnehmerinnen sollten ihre Beobachtungen zu *Gather Data* beitragen. Beobachtungen schließen neben Fakten auch Gefühle, Ahnungen und nicht bewertete Wahrnehmungen ein. Bewegt sich das in unbekanntem Land oder im Bereich von Elefanten im Raum, ist es leichter, Gefühle und Ahnungen zu formulieren, als gleich harte Fakten zu präsentieren. Daher ist die Ansprache der Gefühlsebene sehr wichtig.

Oftmals lassen sich aus dem Bauchgefühl des Teams und benannten Schwingungen harte Erkenntnisse ableiten. In vielen Fällen wird die Frage „Was läuft hier schief?" weniger Erkenntnisse – und damit Ergebnisse – liefern als die Frage „Worüber hast du dich in letzter Zeit geärgert?" Die Gefühlsebene zu adressieren, heißt auch, einen größeren Erkenntnisraum anzusprechen. Bei allen Methodenbausteinen, die Moderatoren und Moderatorinnen für ihre Retrospektiven entwickeln, ist daher immer zu überprüfen, ob die entsprechende Frage auch Gefühle anspricht.

In „Agile Retrospectives" [Derby 2006] heißt es dazu:

> *„Hard facts are only part of the data. Feelings are at least half the story. Feelings tell what's important to people about the facts and about the team."*

Die Frage nach Gefühlen – besonders nach dem Bauchgefühl – verwundert viele Retrospektiventeilnehmer und -teilnehmerinnen zunächst. Ist es doch vermeintlich professionell, nur auf der Sachebene zu diskutieren. Diese Bedenken verschwinden sehr schnell, wenn die Teams das Formulieren von Gefühlen erlebt haben – und den Erkenntnisgewinn sehen, der sich daraus ergibt. Daher sollte der Moderator oder die Moderatorin dafür werben, dass das Team sich beim ersten Mal auf diese Übung einlässt.

Visualisierungen und Übertragungen in andere Umfelder können Erkenntnisse des Teams fördern. So sollen die Teilnehmer und Teilnehmerinnen mit dem Methodenbaustein *„Here be Dragons"* (siehe Abschnitt 9.9) eine Landkarte gefundener und bereits zusammengefasster Begriffe erstellen. Während das Team Namen für die Landkarte erfindet und diese aufträgt, ergeben sich häufig scherzhafte Ergänzungen. Gerade diese Ergänzungen können dem Team sehr weiterhelfen:

> „Wenn du hier den Elfenbeinturm der Entwürfe zeichnest und dort die Spielwiese der Entwickler, brauchst du einen Kommunikationssatelliten, der hoch hängt!"

könnte ein Vorschlag im Team lauten. Die scherzhafte Ergänzung folgt auf dem Fuße:

> „Die Idee ist gut. Zeichne das so. Aber du musst auch malen, dass der kaputt ist. Der kann nur stakkatoartig in eine Richtung funken!"

Bei der anschließenden Wahl der Punkte, welche in *Generate Insights* näher untersucht werden sollen, werden häufig Anmerkungen gewählt, die durch eine kreative Phase während des *Gather-Data*-Methodensteins benannt wurden.

Da Visualisierungen und andere Methodenbausteine, die das Bauchgefühl ansprechen, von vielen Teams zunächst als unprofessionell bewertet werden, empfiehlt sich ein langsamer Einstieg in dieses Vorgehen.

Die Vorbehalte gegen diese Art der Methodenbausteine sind unter anderem in der Angst vor einem Reputationsverlust aufgrund schlechter Zeichenkünste begründet. Lautstarke Vorbehalte treten vorwiegend während des *Storming* auf. Diesem Phänomen kann der Moderator oder die Moderatorin durch die schrittweise Einführung von Visualisierungen und kreativen Methodenbausteinen begegnen.

Während der ersten Retrospektive bittet der Moderator oder die Moderatorin, dass jeder Teilnehmer und jede Teilnehmerin seine beziehungsweise ihre Stimmung über ein selbst gezeichnetes Emoticon ausdrückt.

In einer zweiten Retrospektive kann dann ein weitergehender Methodenbaustein mit Zeichnungen (wie in der *„Sprintgalerie“* (siehe Abschnitt 8.12)) eingebaut werden.

Ab der dritten Retrospektive sind dann Zeichnungen mit der gesamten Gruppe denkbar, wie es in *„Here be Dragons!“* (siehe Abschnitt 9.9) gefordert ist.

Bei allen Methodenbausteinen, die der Moderator oder die Moderatorin auswählt, ist darauf zu achten, dass voraussichtlich alle Beteiligten zu Wort kommen werden. Die Erfassung von Themen über Zuruffragen[3] kann leicht dazu führen, dass stillere Teilnehmer und Teilnehmerinnen ihre Meinung und ihre Beobachtungen den lauteren Stimmen unterordnen. Daher sind für alle Phasen die Methodenbausteine mit Rücksicht auf die Teamordnung auszuwählen.

Eine Abfrage der Fakten und Gefühle über eine Kartenabfrage verleiht den eher stillen Teilnehmern und Teilnehmerinnen eine Stimme. Eine Abfrage per Zuruf kann eine wertvolle Diskussion und nachfolgend wichtige Ergänzungen durch das Team hervorrufen. Im Prinzip gibt es vier Formen von Methodenbausteinen, um Abfragen zu gestalten:

1. Alle Beteiligten können sich gleichberechtigt (zum Beispiel durch Kartenabfragen) äußern.
2. Kleingruppen entwickeln eine Meinung und stellen diese vor.
3. Das Team antwortet auf eine Zuruffrage.
4. Das Team entwickelt im Gespräch eine Meinung.

Alle genannten Wege haben Vor- und Nachteile. Während der erste Weg alle Beteiligten zu Wort kommen lässt, entfällt eine mögliche Inspiration durch ein Gespräch und eine Formulierung von weitergehenden Beobachtungen. Dieses inspirierende Gespräch kommt in der Kleingruppenarbeit bereits auf – zu Lasten einiger Teilnehmer und Teilnehmerinnen, die bereits in dieser Gruppengröße Unsicherheiten verspüren und ihre Meinung zurückstellen. Dieser Nachteil kann unter Umständen durch eine geschickte Zusammenstellung der Kleingruppen vermieden werden. Der dritte Weg macht eine offene, alle Aspekte berücksichtigende Diskussion möglich, wenn alle Beteiligten sich trauen.

Tipp

Der Moderator oder die Moderatorin nutzt solche Methodenbausteine, die alle Teilnehmer und Teilnehmerinnen ausreichend und wertschätzend zu Wort kommen lassen.

[3] Als Zuruffragen bezeichnen Moderatoren und Moderatorinnen Methodenbausteine, bei denen diese allen Teammitgliedern eine offene Frage stellen, welche durch die Teammitglieder ohne weitere Regeln oder Interventionen beantwortet werden.

Je nach Methodenbaustein wird bereits in dieser Phase ein Clustern der Themen vorgenommen (dies geschieht in einigen Fällen auch zu Beginn von *Generate Insights*). Für das Clustern ist zu beachten, dass es im Sinne von Prozessen erfolgen sollte.

Oftmals clustern Teams nach generischen Begriffen wie „Kommunikation", „Deployment" oder „Anforderungen". Um diese generischen Themen besser verstehen zu können, müssen diese nachträglich wieder voneinander gelöst werden. Daher sind Cluster-Begriffe vorzuziehen, die einen Prozess beschreiben: „Wir neigen dazu, uns nicht gut abzustimmen" kann mehrere Projektphasen umfassen – bringt aber das eigentliche Kommunikationsproblem besser auf den Punkt.

Tipp

An Stelle von Nomen (als Überschriften) sucht das Team nach Aussagen, die erkannte Phänomene beschreiben. Es wird der gesamte Aussagensatz als Ergebnis der jeweiligen Phase genutzt.

Während dieser Phase ergeben sich häufig mehrere Themenbereiche, die während einer Retrospektive nicht alle gelöst werden können. Hier ist eine gezielte Reduktion der Themen erforderlich (siehe auch Abschnitt 4.8). Das Reduzieren auf maximal zwei Themen führt zu Ergebnissen, die von der Anzahl her durch das Team zu leisten sind.

4.5 Generate Insights

Der Impuls vieler Teams ist es, *Generate Insights* zu überspringen und direkt Maßnahmen vorzuschlagen. Dieses Vorgehen führt nicht zum Erfolg. Verfolgt ein Team diesen Weg, wird es sich im Bereich der Symptombekämpfung bewegen. Es ist wichtig zu verstehen, *warum* ein in *Gather Data* benanntes Phänomen auftritt.

Versteht das Team die Ursache und die Umstände, kann es zielgerichtet Gegenmaßnahmen entwickeln und durchführen. Das Erkennen von Ursachen motiviert und begründet die neuen Teamregeln und Maßnahmen.

Damit das Team sich nicht im Dickicht der Beobachtungen verliert, ist es sinnvoll, sich auf wenige Themenbereiche zu konzentrieren. Es kann hilfreich sein, in die Ursachendiskussion mit allen Themen einzusteigen und sich im Laufe der Diskussion auf wenige Themen zu konzentrieren. Dies kann beispielsweise dadurch erfolgen, dass das Team inhaltliche Abhängigkeiten zwischen Themen entdeckt. Ist dies der Fall, sollte sich das Team auf wenige Themen konzentrieren und die anderen Themen zunächst zur Seite legen. Viele Methodenbausteine in *Generate Insights* helfen entsprechend, tiefgehende Ursachen beziehungsweise die Hauptursache für erkannte Phänomene zu formulieren. Beispiele hierfür sind das *„Ishikawa-Diagramm"* (siehe Abschnitt 10.8) und *„Risiken sehen und verstehen"* (siehe Abschnitt 10.13).

Viele Teams fehlinterpretieren die oberste Direktive so, dass sie während *Generate Insights* „Ross und Reiter" nicht benennen möchten. Hier ist die Unterstützung durch die Moderation gefragt. Es ist gewünscht, dass Personen und Verhalten klar benannt werden. Dies soll aber in Wertschätzung erfolgen – also ohne die Unterstellung, die entsprechenden Personen hätten absichtlich fehlerhaft oder böse gehandelt. „Jedes Handeln ergibt Sinn“: Vielmehr hilft die Frage, warum die entsprechende Person geglaubt hat, sie hätte zu diesem Zeitpunkt korrekt gehandelt. Das Offenlegen dieser Einschätzung verhilft zu sehr tiefgehenden Erkenntnissen über Prozesse, Verhalten und Teamstrukturen.

Die direkte Frage nach den Ursachen des Ist-Zustands wird oft mit Schweigen beantwortet. Es fällt Teams häufig schwer, den Ist-Zustand distanziert zu betrachten und die Ursachen für den aktuellen Zustand zu benennen.

Hier hilft dem Team der Zwischenschritt der Übertreibung. Viele Teams können die Frage, warum sie einen benannten Idealzustand nicht erreichen können, sehr leicht beantworten. Genauso fällt es Teams häufig sehr leicht, Begründungen für ein totales Versagen zu benennen. Und in Folge können die Teams dann sehr deutlich benennen, warum sie noch andere Vorgehensweisen im Ist-Zustand ergreifen müssen. Beispiele für ein solches Vorgehen sind die Methodenbausteine *„Perfektes Projekt“* (siehe Abschnitt 10.11) und *„Pessimieren“* (siehe Abschnitt 10.12).

Genauso wie in *Gather Data* dem Team Visualisierungen und Übertragungen beim Erkenntnisgewinn helfen können, kann dieses Vorgehen in *Generate Insights* nützlich sein. Ein weiterer Weg zum Vereinfachen der Ursachenforschung ist das Angebot unterschiedlicher, konkreter Bewertungskriterien zur Beurteilung der Situation.

Tipp

Die Ursachenforschung erfolgt mit Hilfe von Leitplanken: Leitfragen, Visualisierungen und Übertragungen helfen dem Team beim Erkenntnisgewinn.

4.6 Decide What to Do

Das Team diskutiert mögliche Handlungsoptionen. Die Methodenbausteine sollten so angelegt werden, dass alle Beteiligten ihre Vorschläge vorbringen können und diese anschließend diskutiert werden können. Bei der Definition der Handlungsoptionen ist wiederum darauf zu achten, dass die Balance zwischen der Beteiligung möglichst vieler Teammitglieder und einer zu weiteren Gedanken inspirierenden Diskussion zu finden ist.

Wählt der Moderator oder die Moderatorin einen Methodenbaustein, bei dem sich ein Teamgespräch ergibt, kann er beziehungsweise sie gezielt stille Teilnehmer und Teilnehmerinnen um einen Diskussionsbeitrag bitten.

Bei der eigentlichen Auswahl der Handlungen sollten möglichst wenige Vereinbarungen getroffen werden. Je weniger sich das Team vornimmt, desto größer ist die Wahrscheinlichkeit, dass das Team diese Vereinbarungen auch umsetzen kann.

Dabei sind zwei Formen von Zielen (das heißt zwei Ergebnisformen) möglich:

1. **Teamregeln:** Das Team vereinbart verbindlich neue Umgangsformen, die für alle Beteiligten gelten und umgesetzt werden.
2. **Maßnahmen:** Das Team vereinbart Aufgaben, wobei genau festgelegt wird, *wer was bis wann* erledigen wird.

Die Trennung in Teamregeln und Maßnahmen klärt die Verantwortlichkeit für die Aufgaben. Die Verantwortung für die Umsetzung der Teamregeln liegt beim gesamten Team.

Wird für Maßnahmen kein Verantwortlicher oder keine Verantwortliche definiert, bleibt die Umsetzung im Ungefähren. Die Gefahr ist groß, dass sich alle darauf verlassen, „dass schon jemand anderes die Aufgabe übernimmt".

Durch die Beschlusskontrolle während des *Intros* sorgt das Team für eine nachhaltige Umsetzung der Vereinbarungen. Werden Vereinbarungen nicht umgesetzt, ist im Team zu klären, *warum* dies nicht erfolgt ist. Es sind dann entsprechend veränderte Teamregeln und Maßnahmen zu formulieren.

Tipp

Als Ergebnis dieser Phase formuliert das Team Verhaltensregeln (= Teamregeln) oder konkrete Aktivitäten (= Maßnahmen).

Bild 4.3 Die Ergebnisse werden in die drei Luftballons eingefügt. Bei Bedarf werden weitere Ballons hinzugefügt.

Während Regeln auf Teamposter ohne weitere Bearbeitung übernommen werden, müssen Aufgaben während dieser Phase konkretisiert werden:

- *Wer?*
- *Was?*
- *Bis wann?*

sind die entsprechenden Leitfragen. Diese Fragen können noch um weitere Fragen ergänzt werden:

- *Mit wem?*
- *Warum?*

„Mit wem?“ kann die Information *„Wer?“* ergänzen. Die explizite Wiederholung des *„Warum?“* kann dem Team helfen, die Maßnahmen durchzuführen. Die Sinnhaftigkeit wird auf dem Ergebnisposter direkt mitgeliefert.

Je klarer die Teamregeln und je konkreter die Maßnahmen formuliert sind, desto höher ist die Wahrscheinlichkeit, dass das Team diese Ergebnisse erfolgreich umsetzen kann. Das vorbereitete Ergebnisposter sollte Platz sowohl für Teamregeln als auch für konkrete Maßnahmen aufweisen.

Wählt der Moderator oder die Moderatorin eine derartige Visualisierung, kann durch eine bewusste Platzierung der Ergebnisse ausgedrückt werden, ob ein Thema vom Team als Haupt- oder Nebenthema verstanden wird.

Bei der Aufnahme der konkreten Maßnahme ist durch den Moderator oder die Moderatorin sicherzustellen, dass die Punkte *„Wer?“*, *„Was?“* und *„Bis wann?“* beantwortet werden. Viele Ergebnisse zergliedern sich in mehrere konkrete Maßnahmen. Wenn ein Team als Ergebnis formuliert „Meetings – immer mit Ergebnis, aber nie mit Störung!“, werden hieraus mehrere Maßnahmen für das Team erwachsen:

- **Vereinbarte Maßnahmen**
  - Person A formuliert eine Meeting-Regel und hängt diese im Teamraum auf.
  - Person B erstellt einen Disclaimer über die Meeting-Regeln, der jetzt jeder Einladung aus dem Team beigefügt wird.
  - Person C übernimmt die „Ergebnisprüfung“ und wird das Team bei jedem Arbeitstreffen daran erinnern, ein konkretes Ergebnis zu formulieren.

Diese drei Maßnahmen werden genau adressiert. Hierfür werden zeitliche Zieldaten vereinbart. Darüber hinaus einigt sich das Team auf die allgemeine Teamregel:

- **Teamregel**
  Einladungen ohne Agenda (also Einladungen zu Arbeitstreffen ohne Zielsetzung) werden nicht akzeptiert.

Die Konkretisierung von Aufgaben kostet relativ viel Zeit, weil das Team sich während der Konkretisierung auf den genauen Inhalt festlegen muss. In der Konkretheit steckt die höhere Zustimmung zur Vereinbarung. Die Beteiligten versprechen sich konkret, wie sie handeln werden. Diese Zustimmung benötigt häufig Zeit.

Organisiert das Team den Arbeitsablauf über Tickets, sind die vereinbarten Maßnahmen im Anschluss an die Retrospektive in Tickets zu überführen. Das Team legt während der Retrospektive fest, wer diese Aufgabe übernimmt.

Übernommene Verantwortung für Teamregeln und Maßnahmen sollte nicht in Extra-Arbeit in Form von Überstunden konvertieren. Die entsprechenden Maßnahmen sind in den Projektverlauf zu integrieren und die notwendigen Zeiten sind einzuplanen. Die vereinbarten Regeln und Maßnahmen dienen der Verbesserung der Zusammenarbeit im Sinne der Geschäftsziele oder der Teammission.

Die vereinbarten Maßnahmen und Teamregeln sollen den Projekterfolg sichern - und sie sind entsprechend zu würdigen. Dieses Vorgehen verhindert, dass Teams vor dem Hintergrund vieler Projektaufgaben die vereinbarten Teamregeln und Maßnahmen nicht umsetzen können.

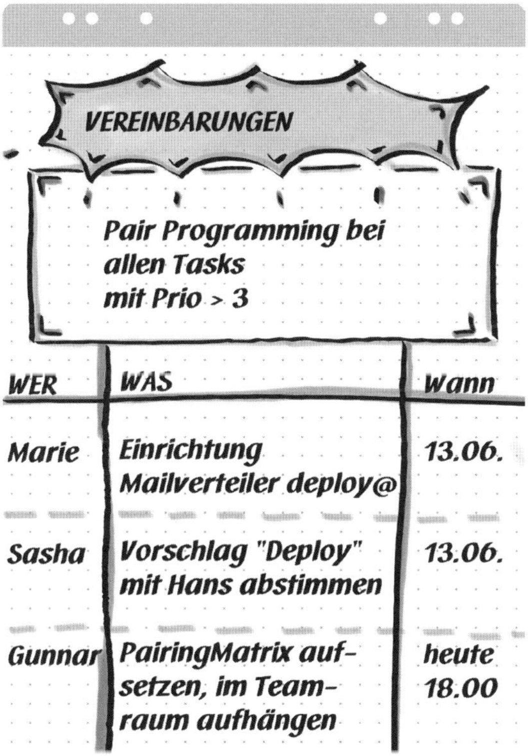

Bild 4.4 Ergebnisposter mit einer Teamregel und drei Maßnahmen

4.7 Closing the Retrospective

Genauso wie das Team mit einem Stimmungsbild in die Retrospektive gestartet ist, ist ein emotionaler Abschluss für die Retrospektive notwendig.

- Mit welchen Gefühlen gehen die Teilnehmer und Teilnehmerinnen aus der Retrospektive heraus?
- Wie zufrieden sind die Teammitglieder mit den Beschlüssen?

- Was geistert den Beteiligten noch im Kopf herum?
- Welche Erkenntnisse und Gedanken haben sich noch während der Retrospektive ergeben, die die Beteiligten gerne teilen möchten?

Für das Team ist es wichtig, dieses Stimmungsbild zu erhalten. Häufig enthalten diese Zusammenfassungen wertvolle Hinweise für das Team, welche Baustellen noch zu bearbeiten sind.

Daneben setzt das *Closing the Retrospective* einen Schlusspunkt für die Veranstaltung. Der Moderator beziehungsweise die Moderatorin ist nach dieser Phase aus der Rolle entlassen. Viele Teilnehmer und Teilnehmerinnen kommentieren auch den Ablauf der Retrospektive. Um diese Eindrücke nicht zu verlieren, sollte der Moderator oder die Moderatorin diese Wortmeldungen in dieser Phase mitschreiben.

Tipp

Der Moderator oder die Moderatorin schreibt Wortmeldungen mit, um das enthaltene Feedback später auswerten zu können.

Nach der Retrospektive kann dann der Moderator oder die Moderatorin die Eindrücke in die folgenden Kategorien einsortieren:

- Stimmungsbild der Teilnehmer und Teilnehmerinnen
- Einordnung der Retrospektive ins Unternehmensgeschehen
- Feedback zur Moderation

Bei der Vorbereitung der kommenden Retrospektive sollte die Moderationskraft prüfen, ob und wie diese Punkte reflektiert werden sollten. In einigen Fällen kann sich aus einer vorhergehenden Retrospektive die Notwendigkeit ergeben, einen oder mehrere Punkte gezielt abzufragen.

4.8 Themenvorgabe beziehungsweise Themenauswahl

Ziel einer Retrospektive ist es, maximal zwei Ergebnisse (das sind Teamregeln oder Maßnahmenpakete) zu formulieren. Damit dies möglich ist, muss sich das Team im Laufe der Retrospektive auf wenige Themenkomplexe konzentrieren, also Themen gar nicht diskutieren oder im Laufe der Retrospektive fallen lassen. Diese Verengung der Themengebiete kann durch eine Vorgabe des Moderators oder der Moderatorin oder über eine Priorisierung der Themen durch das Team erfolgen.

Dies geschieht in einer der Phasen:

- *Set the Stage*
- *Gather Data*

- *Generate Insights*
- *Decide What to Do*

Esther Derby und Diana Larsen [Derby2006] empfehlen, *jede* Retrospektive auf ein Thema zu konzentrieren. Sie fordern, dass der Moderator oder die Moderatorin für jede Retrospektive eine Zielsetzung für sich formuliert, die das gesamte Team leitet:

> *„A useful goal helps answer the question, what will achieve value for the time invested?"*

Eine Themenstellung im Sinne dieser Autorinnen formuliert der Moderator oder die Moderatorin während der Phase *Set the Stage*. Die mit der Retrospektive investierte Zeit soll sich für alle Teilnehmer und Teilnehmerinnen lohnen. Je konkreter und klarer die Ergebnisse der Retrospektive sind, desto höher wird die Zufriedenheit im Team mit den Ergebnissen ausfallen. Diese Zielsetzung verlagert die Verantwortung für die Retrospektive stark in die Hand des Moderators oder der Moderatorin.

Eine Aussprache über mögliche Themen und die gemeinschaftliche Diskussion, welche Themengebiete näher diskutiert werden sollen, integriert das Team in die Fragestellung, in welchen Bereichen der Zusammenarbeit Veränderungs- und Optimierungsbedarf besteht. Je stärker das Team in diese Frage integriert wird, desto offener erfolgt die Sammlung von Fakten und Phänomenen in *Gather Data*. Diese Sammlung kann aber auch zu bestimmten Fragestellungen erfolgen (zum Beispiel „Kommunikation", „Übergaben", „Erreichte Qualität" oder „Deploymentprozess"), die den Bereich der Antworten einschränken, aber noch großen Interpretationsspielraum für die Teilnehmer und Teilnehmerinnen lassen.

Auf eine offene Themenermittlung folgt eine Verengung der Themen durch das Team. Dies geschieht dann am Ende von *Gather Data* beziehungsweise zu Beginn des *Generate Insights*.

Je später die Verengung erfolgt, desto weniger ist eine tiefgehende Analyse der erkannten Phänomene möglich. Es kann von Vorteil sein, wenn das Team Abhängigkeiten zwischen verschiedenen Themen erkennt. In diesem Fall ist eine späte Konzentration auf ein Retrospektiventhema erforderlich.

Um eine ausgeprägte Analyse eines Themas zu ermöglichen, ist die frühe Bestimmung eines Themas erforderlich. Sind die Zusammenhänge und Ursachen für bestimmte Phänomene nur schwer zu erkennen, sollte sich das Team in einer frühen Retrospektivenphase auf ein Thema konzentrieren.

Tipp

Der Moderator oder die Moderatorin sorgt dafür, dass sich die Anzahl der diskutierten Themen während der Retrospektive reduziert.

Das Reduzieren von Themen kann verschieden erfolgen. In den nachfolgend beschriebenen Methodenbausteinen sind zum Teil bereits Wahlformen integriert. Diese können und sollen durch die Moderatoren und Moderatorinnen für die jeweilige Situation angepasst werden.

Der Moderator oder die Moderatorin kann durch die Vorgabe von Themen das Team dazu zwingen, sich mit bestimmten Themen stärker auseinanderzusetzen. Dieses Vorgehen ist dann sinnvoll, wenn der Moderator oder die Moderatorin große Elefanten im Raum spürt. Das Vorgeben von Themen kann den Widerstand des Teams („Wir organisieren uns – nicht du") hervorrufen. Daher ist diese Art der Verengung sehr bewusst einzusetzen. Häufig sind für den Moderator oder die Moderatorin die „heißen Eisen des Teams“ früher zu sehen als für die Teammitglieder selbst. Der Moderator oder die Moderatorin kann dies während des *Closing the Retrospective* anmerken und für die kommende Retrospektive eine stark fokussierte Retrospektive ankündigen.

Die Vorgabe durch den Moderator oder die Moderatorin erfolgt meistens direkt zu Beginn der Retrospektive. Wenn die Vorgabe des Moderators oder der Moderatorin auf wenige Themen einengt, erfolgt diese Einengung meist mit *Gather Data*. In dieser Phase werden die Teilnehmer und Teilnehmerinnen gezielt nach ihren Beobachtungen zu den benannten Themenkomplexen durch den Moderator oder die Moderatorin befragt.

Alternativ kann das Retrospektiventeam die Themen selbst bestimmen. Dabei ist die für das Team hilfreiche Einigungsform zu wählen. Diese ist maßgeblich von der Teamphase und der Rollenverteilung im Team abhängig. Einigungsformen im Team sind in Abschnitt 5.4 erläutert.

4.9 Ort der Retrospektive

Die Retrospektive wird an einem Ort ausgerichtet,

- an dem sich die Teilnehmer und Teilnehmerinnen wohlfühlen,
- der genügend Bewegungsraum bietet,
- der ein vertrauliches Gespräch zulässt.

Mit diesen Anforderungen ist ein guter Raum zu finden. Das mag der übliche Konferenzraum auf der eigenen Etage sein. Es kann aber auch sein, dass ein Ortswechsel notwendig ist, weil der „Konfi um die Ecke“ sehr offen gegenüber den Arbeitsflächen des Unternehmens ist. Vielleicht hindert die Teilnehmer und Teilnehmerinnen diese Offenheit (viel Fensterflächen) daran, bestimmte Punkte zu artikulieren und sie auf Moderationskarten zu notieren.

Wenig hilfreich ist häufig die typische Möblierung mit großen Konferenztischen. Dahinter können sich die Teilnehmer und Teilnehmerinnen leicht verschanzen. Das kann eintreten, muss aber nicht sein. Wenn der Wechsel in einen Konferenzraum möglich ist, der einen Stuhlkreis zulässt, ist das den Versuch wert. Ändert sich das Verhalten der Teilnehmer und Teilnehmerinnen durch diese Räumlichkeiten?

Für verteilte Teams ist es sinnvoll, die Retrospektiven an einem Ort vorzunehmen. Die notwendigen Reisen werden durch die besseren Ergebnisse begründet.

Wenn entsprechende Reisen nicht vertretbar sind, ist für eine gute Integration der Retrospektiventeilnehmer zu sorgen. Viele Moderationsmethoden lassen sich auch mit geeigneten Videosystemen nutzen.

5 Retrospektiven und Post-Mortem-Analysen moderieren

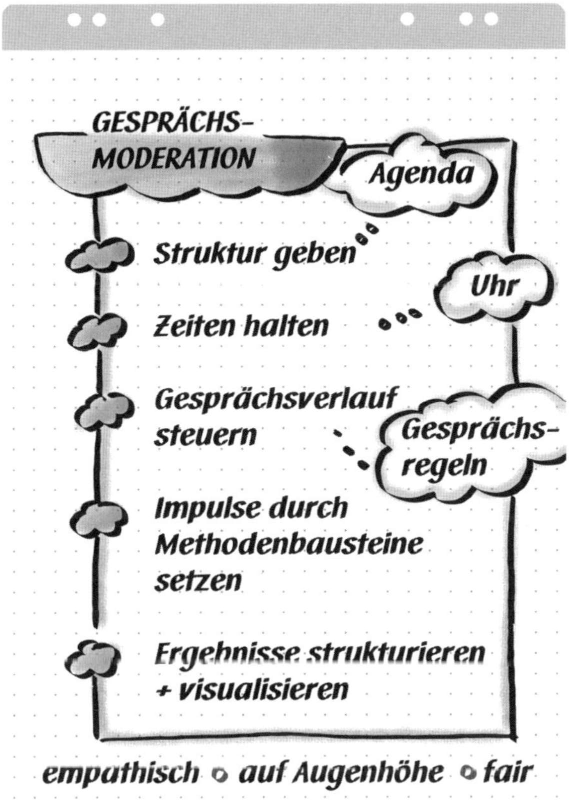

Bild 5.1 Moderationsregeln

Um Retrospektiven erfolgreich durchzuführen, sind viele unterschiedliche Aspekte zu beachten. Das folgende Kapitel fasst einen Regelsatz zusammen, mit dem ihr gut in eure Retrospektivenarbeit starten könnt.

Während die Besetzung und die Dauer der Veranstaltung sowie alle Methodenbausteine Veränderungen unterworfen sein können, solltet ihr immer fest an der *Vegas-Regel*, der *obersten Direktive* und der *Beschlusskontrolle* festhalten, wie sie im vorherigen Kapitel beschrieben sind.

Im beruflichen Kontext fehlt uns häufig verletzliches Vertrauen, zu stark sind Statuskonzepte und Machtspiele in der täglichen Arbeit verankert. Mit den nachfolgenden Regeln könnt ihr die Basis für eine offene, vertrauensvolle Kommunikation legen.

Ist euer Umfeld stark klassisch geprägt, wird es dauern, bis sich verletzliches Vertrauen einstellt. Aber auch Firmen, die jünger sind und eher mit agilen Methoden arbeiten, gibt es „Politik" und unbewusste Annahmen über Verhalten in Teams und in Projekten. Diese Annahmen liegen allen gezeigten Verhaltensweisen zu Grunde. Wenn ich die Annahme habe, dass ein bestimmtes Verhalten „erwünscht" oder „notwendig" ist, werde ich dieses Verhalten zeigen.

Agil werden heißt, sich dieser Annahmen bewusst zu werden und neue Verhaltensweisen auszuprobieren. Insbesondere mit *Generate Insights* versuchen Teams während der Retrospektiven, diese Annahmen offenzulegen und neue Handlungsoptionen zu entwickeln.

Mit jeder Retrospektive geht ihr Schritte in Richtung einer vertrauensvollen, auf Augenhöhe stattfindenden Team- und Projektarbeit.

5.1 Klare Struktur für die Retrospektive schaffen

Arbeitstreffen folgen häufig dem Schema SWBLM. Weil alle wissen, dass Arbeitstreffen langweilig und ergebnislos verlaufen werden, sind alle lustlos und erscheinen unvorbereitet. Entsprechend der sich selbsterfüllenden Prophezeiung liefern diese Arbeitstreffen keine oder nur unbefriedigende Ergebnisse. Dysfunktionale Arbeitstreffen kommen in Unternehmen in drei Varianten vor. Alle Formen kosten Nerven und wirken demotivierend auf das Team:

1. Es gibt regelmäßige, langweilige Arbeitstreffen ohne Ergebnis. Die Inhaltsleere wirkt auf alle Beteiligten demotivierend. Man trifft sich, weil man sich treffen muss, nicht um ein Ergebnis zu erzielen.
2. Das Team nimmt bestimmte Umstände im Team und im Umfeld einfach hin und versäumt es, über diese Themen konzentriert zu sprechen. Die Nichtveränderung wird von allen Beteiligten bejammert. Arbeitstreffen verkommen zu Jammerrunden, in denen ständig die gleichen Vorwürfe wiederholt werden.
3. Die letzte Variante sind nicht stattfindende Arbeitstreffen. Mitarbeiter und Mitarbeiterinnen ordnen sich dem Zeitdruck unter – und erklären für sich Arbeitstreffen zu nichtproduktiver Zeit.

Diese drei fehlerhaften Grundformen bedienen dennoch die Komfortzone der Beteiligten. Der Wunsch nach einer Verbesserung der Sitzungskultur fordert eine Veränderung jeder Person in diesem Arbeitstreffen. Schon das Benennen der schlechten Sitzungskultur kann anstrengend sein.

Aber „einfach nur das eine Retro machen" wird wenig Ergebnisse bringen. In einigen Teams ist es auch üblich, etwas gelangweilt zu fragen:

„Was lief (wieder) schlecht?"

„Worin waren wir besonders gut?"

Beantwortet das Team diese Fragen leicht gelangweilt, vielleicht sogar leicht jammerig, weil sich an den Antworten ja nichts ändert, dann verdient dieses Arbeitstreffen nicht den Namen „Retrospektive". Das gilt auch dann, wenn das Team immer gleiche Antworten gibt, die alle außerhalb des Wirkungsbereichs des Teams liegen.

Eine Retrospektive bringt das Team aus der Komfortzone, hinterfragt bisher nicht Gemachtes und Gesagtes und eröffnet Handlungsoptionen in der Lernzone des Teams.

Damit das gelingt, ist die Mitarbeit der Teilnehmer und Teilnehmerinnen notwendig. Der Moderator oder die Moderatorin sorgt für eine

1. klare Struktur von Arbeitstreffen,
2. klärt Ziele des Arbeitstreffens und handelt die Form der Beteiligung aus,
3. überwacht die Zeiteinhaltung des Arbeitstreffens und
4. visualisiert die Arbeitsergebnisse.

Damit kommt der Moderation einer Retrospektive eine Schlüsselrolle zu.

Tipp

Eine gute Struktur und eine klare Moderation legen die Basis für eine erfolgreiche Retrospektive.

5.2 Moderation

Agile Projekte finden neben der IT-Welt auch in der Nicht-IT-Welt statt. Das agile Manifest wurde 2001 für eine bessere Form der Software-Entwicklung formuliert. Das agile Manifest ist eine Antwort auf eine Arbeitswelt, die nicht mehr kompliziert, sondern komplex ist. Mit einem interdisziplinären und lernenden Ansatz werden Anforderungen schneller und besser beantwortet als mit einem Plan. Das Experiment schlägt den Plan im komplexen oder chaotischen Umfeld.

Das agile Manifest fordert ritualisiertes Lernen der Teams ein. Aus dem fünften und sechsten Prinzip des agilen Manifests [Beck 2001] leitet sich der Moderationsanspruch für Retrospektiven ab:

„Build projects around motivated individuals. Give them the environment and support they need, and trust them to get the job done."

„The most efficient and effective method of conveying information to and within a development team is face-to-face conversation."

Die Moderationsrolle ist für viele Entwickler und Entwicklerinnen zunächst einmal ungewohnt. Bei ihnen mag die leicht ironische Charakterisierung Robert C. Martins zutreffen [Martin2011]:

> *„Most of us got into programming because we prefer to deeply focus on sterile minutia, juggle lots of concepts simultaneously, and in general prove to ourselves that we have brains the size of a planet, all while not having to interact with the messy complexities of other people.“*

Aber auch für viele Nicht-Entwickler und Nicht-Entwicklerinnen ist die Moderationsrolle in der Retrospektive häufig ungewohnt.

Beruflich meiden viele das klare Wort. Konflikte zu benennen und zu lösen, ist beruflich ungewohnt. Es ist eher so, dass viele ein harmonisches Wort während der Arbeit bevorzugen. „Wir streiten uns nicht“ ist für viele Mitarbeiter und Mitarbeiterinnen ein gutes Zeugnis über die Arbeit. Dabei entstehen Tabus und implizite Regeln und damit am Ende genau die „Politik“, die parallel viele beklagen.

Es gilt, Zielsetzungen und Verhaltensweisen zu finden, die in dem jeweiligen beruflichen Umfeld zielführend sind. Dafür sind genau diese anzusprechen. Das ist für viele Organisationen ungewohnt, aber sehr hilfreich. Das fordert die Moderationsrolle in der Retrospektive:

1. Es ist ein Rahmen zu schaffen, in dem die Beteiligten offen sprechen wollen und können. Um das abzusichern, folgen alle der *Vegas-Regel*. Dazu gehört auch, dass der Moderator oder die Moderatorin etwaige *Elefanten im Raum* anspricht. Nicht jedes Team wird in jeder Retrospektive diesen Impuls aufnehmen. Es ist aber für ein Fortkommen notwendig, dass entsprechende stille Signale expliziert werden.
2. Es ist ein Lösungsraum zu schaffen, der Veränderung für das Team möglich macht. Das gelingt, indem das Team sich im Normalfall Maßnahmen und Regeln selbst auferlegt – und nicht platt Veränderungen von anderen einklagt. Diese Haltung wird durch die *oberste Direktive* gestützt.

Damit der Moderator oder die Moderatorin genügend Abstand hat, um zum Beispiel *Elefanten im Raum* zu erkennen oder wiederkehrende Muster als solche zu identifizieren, muss der Moderator oder die Moderatorin für genügend Abstand in der Sache und für Dissoziiertheit vom System (hier: vom Unternehmen und vom Team) sorgen. Dies gelingt durch die Reflexion der eigenen Tätigkeit.

In den Fällen, in denen die Projektmethode die Moderationsrolle nicht fest an eine andere Rolle koppelt, muss sich das Team fragen, wie es vorgeht. Es sind mehrere Modelle möglich, die nachfolgend in ihren Vor- und Nachteilen aufgelistet sind:

- Ein Teammitglied übernimmt dauerhaft die Moderationsrolle.
- Ein Kollege beziehungsweise eine Kollegin aus einem anderen Team übernimmt dauerhaft die Moderation.
- Die Moderationsrolle wird abwechselnd von allen Teammitgliedern übernommen.

In Abhängigkeit vom eigenen Umfeld und von den Fähigkeiten der beteiligten Personen solltet ihr bewusst eine dieser Optionen auswählen:

5.2.1 Feste Moderationsrolle im Team

Wenn eine oder zwei Personen die Moderation im Team fest übernehmen, ist die Professionalisierung der Moderation, das heißt der Wissens- und Kompetenzaufbau in diesem Bereich, leichter zu erreichen als für eine größere Gruppe.

Es hat auch Nachteile, die Moderation direkt aus dem Team zu gestalten. Denn die Moderatoren und Moderatorinnen werden schnell feststellen, dass es nicht leicht ist, zwischen den Rollen und Ansprüchen der Moderation und des Teammitglieds zu unterscheiden. Ihnen fehlt häufig die Dissoziiertheit zum System.

Ein Moderator oder eine Moderatorin hat die Diskussion zu ordnen, zu kanalisieren und gegebenenfalls einen angemessenen Ton einzufordern. Ist der Moderator oder die Moderatorin in das besprochene Verhalten verwickelt, ist es fraglich, ob er beziehungsweise sie es schafft, die Ergebnisse für das Team sauber zu erfassen. Der Moderator oder die Moderation ist aufgefordert, „Elefanten im Raum" zu sehen und durch geeignete Methodenbausteine aussprechbar zu machen. Ist die Moderationskraft assoziiert mit dem System, wird ihm oder ihr das genauso wenig gelingen wie allen anderen Teammitgliedern.

Moderation erfordert gleichzeitig Distanz zu den besprochenen Themen.

Die Trennung der Moderationsrolle von der Teamrolle ist nicht einfach. Der daraus entstehende Konflikt ist nur schwer zu handhaben.

In vielen Fällen sind die Beteiligten sich nicht über die Auswirkungen dieses Rollenkonflikts in seinen Ausmaßen im Klaren und handeln entsprechend verwirrend. Eine regelmäßige Reflexion (im Sinne einer Supervision) der eigenen Handlungen erleichtert das Erkennen dieses Konflikts.

Es hilft allen Beteiligten, bei entsprechenden Wortmeldungen transparent zu machen, dass sie gerade als Teammitglied sprechen: „Ich als Teammitglied sehe die Sache folgendermaßen ..."

Dieser Konflikt, der das Retrospektivenergebnis maßgeblich beeinflussen kann, entsteht nicht, wenn die Moderation außerhalb des Teams besetzt wird.

5.2.2 Feste Moderation außerhalb des Teams

Wird die Moderationsrolle derart besetzt, ist strikt – gerade durch die Moderationskraft – auf die *Vegas-Regel* zu achten. Denn liegt die Moderation nicht im Team, entsteht gerade in eher klassischen Systemen der Wunsch von Vorgesetzten, bei dem Moderator oder der Moderatorin die Einschätzung der Lage und eine Beurteilung des Teams abzufordern. Ein solches Berichtswesen verletzt die *Vegas-Regel*. Einen entsprechenden Wunsch hat der Moderator oder die Moderatorin abzulehnen.

In Absprache mit dem Team darf der Moderator oder die Moderatorin über Ergebnisse, nie aber über den Weg dorthin, mit anderen Mitarbeitern und Mitarbeiterinnen sprechen.

In vielen Unternehmen hat es sich als sehr vorteilhaft herausgestellt, die Moderation kreuzweise über zwei Teams anzubieten. Kommen die Moderatoren und Moderatorinnen aus dem gleichen Unternehmen, sind ihnen die grundsätzlichen Paradigmen und Vorgehensweisen bekannt. Dies erleichtert den Einstieg in die Moderationstätigkeit. Gleichzeitig sind diese Personen nicht direkt in das Teamgeschehen involviert und können mit dem gebotenen Abstand die Sitzungen leiten.

Damit die gewählten Methodenbausteine passend sind, hat eine externe Moderationskraft vor der Retrospektive ein Stimmungsbild einzufangen. Die Methodenbausteine sind unter Berücksichtigung der Team- und Projektphase auszuwählen. Dies geschieht

1. unter dem Eindruck der letzten Retrospektive und der Ergebnisse der letzten Retrospektive sowie
2. nach Rücksprache mit dem Team unter Berücksichtigung der aktuellen Team- und Projektphase.

Vorteil der „kreuzweisen" Moderationslösung ist, dass die entsprechenden Moderatoren und Moderatorinnen stetig ihr Moderationswissen ausbauen können. Im Sinne einer kollegialen Fallberatung können die beteiligten Moderationskräfte das Moderationsverhalten als solches reflektieren und über dieses Vorgehen die eigene Moderationsarbeit optimieren.

In einigen Fällen kommen Teams auf die Idee, die Moderation an den oder die Vorgesetzte des Teams zu vergeben. Vorteil dieser Lösung ist natürlich, dass der- oder diejenige die betreffenden Regeln, Rituale und Vorgehensweisen des Teams kennt. Wenn aber Prozessfehler im Team durch genau diesen Vorgesetzten oder die Vorgesetzte ausgelöst, verschärft oder anderweitig bedingt werden, können jene Problemstellungen nicht gelöst werden.

In agilen Umgebungen hat sich die Rolle des agile Coaches etabliert. Aus Coaching-Haltung heraus können diese gut die Moderation übernehmen.

Coaches verschreiben sich der

- Empathie
- Distanz zur Sache
- Dissoziiertheit zum System

und sichern Vertraulichkeit zu. Coaches lassen ihre Tätigkeit regelmäßig supervidieren, um die Coaching-Haltung zu überprüfen. Agile Coaches setzen Impulse für die Teamentwicklung. Dies geschieht in Retrospektiven durch das Setzen von Themen oder das Nutzen bestimmter Methodenbausteine.

5.2.3 Wechselnde Moderation im Team

Wenn das Team keine externe Moderationskraft benennen kann, ist eine weitere Option die wechselnde Moderation aus dem Team heraus.

Der Wissensaufbau über Moderationen verläuft für den und die Einzelnen langsamer. Dennoch hat diese Lösung viel Charme, da das Distanz-Nähe-Problem für eine einzelne Person über viele Personen verteilt wird.

Damit es einen Lernfortschritt für das Team gibt, sollte in diesem Fall immer eine Feedback-Runde für die Moderation während *Closing the Retrospective* erfolgen. Dann können die wechselnden Moderatoren und Moderatorinnen bewusst Veränderungen in der wechselnden Moderation herbeiführen.

5.3 Reflexion der Moderationsleistung

Unabhängig davon, wer die Moderationsrolle übernimmt, sollten diejenigen Personen ihr eigenes Verhalten und ihr Wirken regelmäßig reflektieren. In *Closing the Retrospektive* wird dem Team Raum gegeben, auch die Art der Moderation und die Veranstaltung selbst zu reflektieren. Der Moderator beziehungsweise die Moderatorin sollten die Impulse aufnehmen und sich entsprechende Modifikationen des Moderationsverhaltens überlegen. Diese Überlegung ist mit nichtdissoziierten Personen im Rahmen von Supervision zu teilen.

Tipp

Der Moderation kommt in agilen Retrospektiven eine Schlüsselrolle zu. Die Ergebnisse der Retrospektiven werden maßgeblich durch die Moderationsleistung bestimmt.

Ist der Moderator beziehungsweise die Moderatorin genervt, lustlos oder schlecht vorbereitet, werden die Ergebnisse der Retrospektive entsprechend ausfallen. Leider ist nicht gesagt, dass sich mit Motivation, Freude und guter Vorbereitung auch perfekte Ergebnisse einstellen – aber die Wahrscheinlichkeit steigt.

Dabei lohnt sich der Blick auf den Zustand des Teams und des Projekts. Wenn das Team sich mitten im *Storming* befindet und von außen starker Druck aufgrund einer (äußeren) Krisensituation aufgebaut wird, ist ein Methodenbaustein nicht angebracht, der das Team leicht zu Schuldzuweisungen verführen kann.

Tipp

Jede Retrospektive wird durch den Moderator beziehungsweise die Moderatorin vorbereitet. Während dieser Vorbereitung reflektiert der Moderator beziehungsweise die Moderatorin die Teamphase, die Projektphase und die Stimmung des Teams. Entsprechend werden die Methodenbausteine für die Retrospektive ausgewählt. Der Moderator oder die Moderatorin definiert dabei ein Thema für die Retrospektive – oder entscheidet über den Zeitpunkt, wann das Team sich auf ein Thema fokussieren wird.

Professionelle Coaches lassen ihre Arbeit und ihre Haltung regelmäßig supervidieren. Sie überprüfen dabei ihre Arbeitsweise, ihre Coaching-Haltung und ihre Wirkung.

Genauso sollten Moderatoren und Moderatorinnen ihre Arbeit reflektieren und überprüfen. Denkbar ist neben Supervision auch die regelmäßige Reflektion in einer Community of Practice, in der sich alle Moderationskräfte eines Unternehmens regelmäßig treffen.

5.4 Entscheidungsformen im Team

Das Team bestimmt durch eine offene Diskussion maximal zwei Themen oder Themenkomplexe, die nachfolgend weiterbearbeitet werden sollen. Vorteil dieser Methode ist es, dass das Team Möglichkeiten und Risiken bespricht, die sich aus dem Bearbeiten oder Nichtbearbeiten von Themen ergeben.

Gleichzeitig besteht die Gefahr, dass die Alpha-Stimmen (im Widerstreit mit den Omega-Stimmen) die Themen für die Retrospektive setzen und sich die anderen Teammitglieder unterordnen. Daher sollten Festlegungen durch Diskussionen nur in gefestigten Teams erfolgen.

5.4.1 Abstimmung durch Klebepunkte

Die Teilnehmer diskutieren Phänomene aus, die sie beobachten. Diese Diskussion entwickelt sich durch die Themenstellung, die der Moderator beziehungsweise die Moderatorin bereits vorgegeben hat.

Die Abstimmung durch Klebepunkte erfolgt halb anonym. Für die meisten Teilnehmer ist nicht ersichtlich, wer welche Wertung vorgenommen hat. Diese Aussage können sie nur für die Personen treffen, die während der Abstimmung direkt neben ihnen gestanden haben. Die Abstimmung durch Klebepunkte zwingt alle Beteiligten, eine klare Position zu beziehen. Alle Stimmen des Teams werden „gehört" und sind gleichwertig.

Für die Abstimmung ist jeweils durch den Moderator oder die Moderatorin festzulegen, ob die Teilnehmer und Teilnehmerinnen einen oder mehrere Klebepunkte erhalten. Stehen nur wenige Themen zur Auswahl, sollte die Abstimmung mit einem Klebepunkt erfolgen. Sind viele Themen, das heißt mehr als sieben Themen, aufgeführt, sollten die Teilnehmer und Teilnehmerinnen mehrere Punkte erhalten. Je weniger Klebepunkte pro Teilnehmer ausgegeben werden, desto pointierter wird das Ergebnis ausfallen.

5.4.2 Abstimmung per Handzeichen

Abstimmungen per Handzeichen stellen eine Vermischung der beiden vorgenannten Methodenbausteine dar. Das Team diskutiert häufig die Themen vor der eigentlichen Abstimmung an. Gleichzeitig kann jeder seinen Beitrag zur Abstimmung leisten. Jede Stimme zählt gleichwertig zum Ergebnis hinzu.

Für die Abstimmung mit Handzeichen ist festzulegen, ob jeder Teilnehmer und jede Teilnehmerin nur eine oder mehrere Stimmen hat. Die Kontrolle der Handhebung liegt bei den Beteiligten selbst.

5.4.3 Geheime Wahl

Eine geheime Wahl ist relativ umständlich zu organisieren[1]. Vorteil dieses Methodenbausteins ist es, dass alle Teilnehmer und Teilnehmerinnen im geschützten Raum ihre Meinung kundtun können.

Für die in den nachfolgenden Kapiteln erläuterten Methodenbausteine ist die Verengung auf wenige Themen zum Teil exemplarisch angegeben. Dem Moderator oder der Moderatorin steht es jederzeit frei, zu Gunsten einer tiefer gehenden Diskussion auf den verbliebenen Themen in der jeweiligen Phase eine frühe Priorisierung der Themen vorzunehmen.

5.4.4 Entscheidung im Konsens, im Konsent oder in der Mehrheit

Wenn alle Teilnehmer und Teilnehmer einer Meinung sind, kann eine Entscheidung im *Konsens* fallen. *Konsens* fordert, dass alle Beteiligten die diskutierte Lösung vollständig durchdrungen haben und bejahen. Damit eine Gruppe in den Konsens gelangt, braucht es häufig eine sehr lange Diskussionszeit. Denn es gilt, Bauchgefühle der Art „Ich bin mir nicht so richtig sicher" auszusprechen und jeweils eine Lösung dafür zu finden.

Im *Konsent* nehmen Teilnehmer und Teilnehmerinnen eine Entscheidung an, wenn keine klare Gegenstimme vorliegt. Alle Entscheidungen werden also angenommen, wenn kein Veto vorliegt. Vetos müssen begründet sein durch

- das Benennen eines Risikos oder
- das Benennen vorher nicht genannter Implikationen.

Ein Bauchgefühl ist kein Veto. Verspüren Teilnehmer und Teilnehmerinnen ungute Bauchgefühle, werden sie in einer Konsens-Entscheidung nicht zustimmen. Sie arbeiten daran, die Bauchgefühle zu benennen, und werden sich ihrer Meinung entsprechend in der Diskussion verhalten.

Konsent-Entscheidungen sind schneller zu treffen als Konsens-Entscheidungen. Noch schneller in der Entscheidung sind Mehrheitsentscheidungen.

Bei dieser Entscheidungsform bittet der Moderator oder die Moderatorin nach einer definierten Zeit um eine Entscheidung der Beteiligten. Dabei muss mehr als die Hälfte der Anwesenden der Entscheidungsvorlage zustimmen. Durch das Ansetzen des Zeitpunkts ist komplett steuerbar, wie lange es bis zur Entscheidung dauert.

Der Moderator oder die Moderatorin gibt mit dem Methodenbaustein die Entscheidungsform vor.

Viele Teams wünschen Konsens-Entscheidungen. Das sichert vermeintlich gegen Fehlentscheidungen ab. Es kann aber sein, dass das Team Konflikte gegenüber anderen Organisationsteilen meidet und nicht gut in den Konsens geht. Mehrheitsentscheidungen sind häufig auch gut geübt. Es ist aber immer die Frage, ob die überstimmte Minderheit gut bei der Umsetzung des Mehrheitsbeschlusses mitzieht.

---

[1] Die schnellste Variante zur Organisation einer geheimen Wahl setzt auf gleichfarbige Moderationskarten, auf die alle Beteiligten ihre Wahl verdeckt aufschreiben. Die Zettel werden durch den Moderator oder die Moderatorin eingesammelt, gemischt und dann ausgezählt.

Der Wunsch nach Konsens-Entscheidungen entspringt häufig der Annahme, dass agiles Arbeiten ein basisdemokratisches Arbeiten sei. Die Forderung des agilen Manifests nach „selbstorganisierten Teams“ wird häufig so gedeutet.

In komplexen Umgebungen ist es nicht möglich, alle Faktoren und Störungen vorab sauber zu benennen. Entsprechend ist eine klare Konsens-Entscheidung auf Basis aller Fakten nicht zu treffen. Konsens-Entscheidungen sind daher eine systemtheoretische Antwort auf eine komplexe Antwort.

5.5 Dokumentation

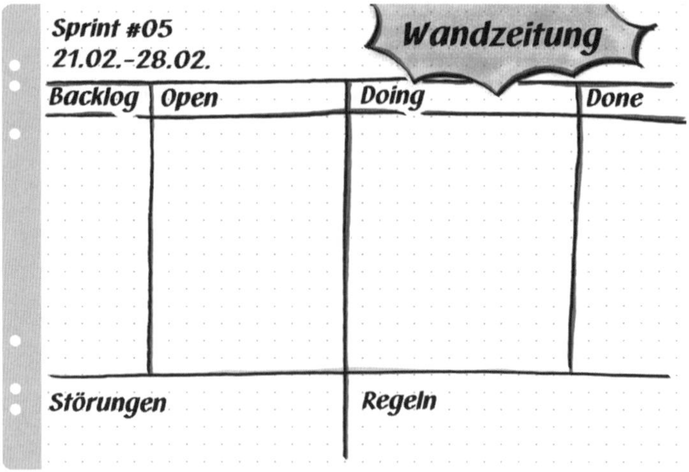

Bild 5.2 Auf dieser Wandzeitung ist Platz für „Störungen“ und die während der Retrospektive vereinbarten Regeln und Maßnahmen.

Die Arbeitsergebnisse werden fotodokumentiert und dem Team zur Verfügung gestellt. Einigen Teams ist es nur wichtig, dass die Beschlüsse gut dokumentiert werden. Andere Teams bevorzugen es, für alle Retrospektiven die Entwicklung nachvollziehen zu können.

Die Beschlüsse der Retrospektiven sind im Team- oder Projektraum für alle sichtbar aufzuhängen. Viele Teams sehen auf ihren Wandzeitungen über das aktuelle Projekt einen passenden Platz vor.

Die Beschlüsse sind so dauerhaft sichtbar. Die entsprechenden Karten oder Flipcharts werden jeweils in die nächste Retrospektive mitgebracht, um während des *Intros* die Beschlusskontrolle durchführen zu können.

Einige Teams sammeln die Beschlüsse und Teamregeln nicht auf ihrer Wandzeitung. Sie formulieren stattdessen ein Teammanifest, welches sie regelmäßig in *Decide What to Do* anpassen. Auch das Teammanifest ist ständig im Team- oder Projektraum sichtbar.

Ist das Team über mehrere Standorte verteilt, ist ein geeigneter virtueller Ort für die Dokumentation zu finden. Beispielsweise ist der StartScreen des Ticketsystems oder des Team-Workspace ein guter Ort für die visuelle und tägliche Erinnerung an die Arbeitsergebnisse der Retrospektiven.

5.6 Visualisierung

Damit alle Teilnehmer und Teilnehmerinnen zu Wort kommen und damit keine Idee verloren geht, werden Retrospektiven mit Moderationsmaterialien durchgeführt.

Tipps und Tricks zum Moderieren und Visualisieren findet ihr in Kapitel 13 *„Moderieren, Präsentieren, Visualisieren“.*

Tipp
Alle Zwischenergebnisse und Ergebnisse werden visualisiert. Alle Methodenbausteine werden durch eine Visualisierung begleitet und angekündigt.

Der Moderator oder die Moderatorin bereiten die Retrospektive durch entsprechende Flipcharts oder Pinnwand-Einträge auf.

5.7 Umgang mit Störungen

Bild 5.3
Störungen haben Vorrang.

Der Verlauf und die Methodenbausteine für eine Retrospektive oder eine Post-Mortem-Analyse werden durch den Moderator oder die Moderatorin vorbereitet.

Es empfiehlt sich, einen Plan B für alle Methodenbausteine zu haben. Dabei sollte der Plan B sowohl eine Idee dafür haben, wie ihr mit zeitlichem Druck umgeht. Es sollte aber auch die Frage geklärt sein, ob ihr grundsätzlich andere Methodenbausteine nutzen möchtet, wenn Störungen auftreten.

Wenn eine Störung im Verlauf einer Retrospektive auftritt, geht ihr damit aktiv um. Die goldene Regel dazu lautet:

Tipp

Störungen haben Vorrang.

Alle Wortbeiträge innerhalb der Retrospektive sind zu wertschätzen und aufzunehmen. Daher nutzen viele Methodenbausteine Moderationskarten oder Puschel-Regeln, so dass alle Beiträge aufgenommen werden können.

Aber auch Störungen sind aufzunehmen. Störungen sind Beiträge, die zum aktuellen Methodenbaustein inhaltlich (noch) nicht passen oder die vollständig den Methodenbaustein in Frage stellen.

Im letzteren Falle ist zu klären, woher der Widerstand kommt. Ist der Einwurf nachvollziehbar, kann der Moderator oder die Moderatorin den Methodenbaustein spontan mit dem Retrospektiventeam anpassen.

Widerstand kann aber auch dann aufkommen, wenn der Moderator oder die Moderatorin mit einem Methodenbaustein einen Elefanten benennt oder das Team im Allgemeinen aus der Komfortzone bringt.

Auch hier ist der Umgang zu klären. Einfaches Zurücknehmen der Methodenbausteine bedient lediglich die Komfortzone der Beteiligten und bringt das Team insgesamt nicht weiter.

Es ist eine bewusste Entscheidung des Moderators oder der Moderatorin, ob er oder sie diese inhaltlichen Änderungen direkt integriert oder auf einem geeigneten Flipchart als Ideen speichert.

5.8 Ideen speichern

Bild 5.4 Ideen-Parkplatz, Ideenspeicher, Themenspeicher

Häufig werden innerhalb von Retrospektiven Ideen, Maßnahmen oder Gedanken geäußert, die nicht in die aktuelle Retrospektivenphase gehören. Ein guter Weg, entsprechende Impulse aufzunehmen, ohne den Verlauf zu konterkarieren, sind Ideenspeicher.

Notiert einfach die geäußerten Gedanken auf einer Moderationskarte und heftet diese in den Ideenspeicher. Ihr bittet die Teilnehmer und Teilnehmerinnen, die entsprechenden Inhalte in einer der kommenden Phasen wieder aufzunehmen.

Sollten am Ende der Retrospektive noch Themen im Ideenspeicher seien, klärt ihr mit den Teilnehmern und Teilnehmerinnen, ob weiterer Diskussionsbedarf für diesen Inhalt besteht. Möglichkeiten des Umgangs sind:

- Die Idee wird in eine Maßnahme für das Team umformuliert,
- die Idee wird verworfen beziehungsweise als nicht wichtig erklärt oder
- die Idee wird das zentrale Thema in einer der kommenden Retrospektiven.

5.9 Sprechregeln

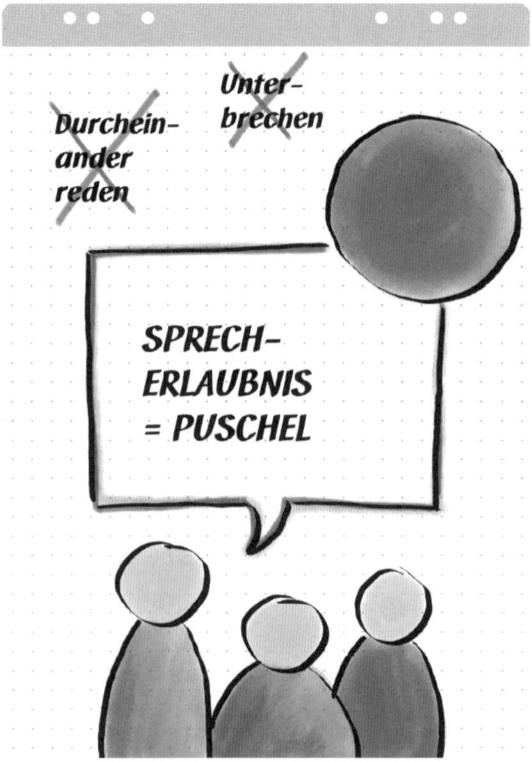

Bild 5.5 Puschel-Regeln für ein Retrospektiventeam

Wesentliche Aufgabe der Moderation ist es, die Gesprächsführung zu strukturieren. In Abhängigkeit vom Team- und Projektstatus sind unterschiedliche Gesprächsformen zu präferieren. Ein Team im *Forming*, dass ruhig (womöglich ängstlich) ein Projekt konzipiert, braucht andere Kommunikationsregeln und -impulse als ein Team, dass mitten im *Storming* steht (und womöglich auch gerade eine Projektkrise erlebt).

Das Diskussionsergebnis im Plenum wird stark durch die Teamphase mitbestimmt. Angenommen, das Team befindet sich auf dem Weg ins *Norming*. Dann werden die Alpha- und Omega-Stimmen des Teams tendenziell die anderen Teammitglieder überstimmen. Für Teams in dieser Phase ist eine Diskussion in Kleingruppen wirkungsvoller, da mehr Stimmen zu Wort kommen. Die in diesem Text vorgestellten Methodenbausteine sind daher entsprechend gekennzeichnet.

Um für Ordnung für Debatten im gesamten Team zu sorgen, empfiehlt sich der Einsatz eines „Puschels“, also eines Balls, eines Sprechsteins oder eines anderen markanten Gegenstands, der jeweils anzeigt, dass eine bestimmte Person gerade spricht. Der Gegenstand sollte gut werfbar (verletzungsfrei!) sein, damit er schnell von einem Teilnehmer zu einer anderen Teilnehmerin wandern kann.

Solltet ihr keinen Gegenstand dieser Art in petto haben, könnt ihr einfach einen Flipchart-Stift zum Puschel machen:

> „Dies ist jetzt unser Puschel. Es darf nur der- oder diejenige sprechen, der oder die diesen Puschel in der Hand hält."

Wenn sich Teilnehmer und Teilnehmerinnen nicht an diese Sprechregel halten, ermahnt der Moderator oder die Moderatorin die entsprechende Person und führt auf den eigentlichen Gesprächsteilnehmer oder die eigentliche -teilnehmerin zurück.

5.10 Sitzordnung

Die Sitzordnung des Teams bestimmt einen Teil des Ergebnisses mit. Die Teilnehmer und Teilnehmerinnen agieren unterschiedlich, da die Sitzordnung implizite Angaben über Hierarchien macht.

Stuhlkreise wirken enthierarchisierend. In einem Stuhlkreis gibt es keinen Vorsprecher, während die Tischenden an Konferenztischen häufig den Alpha- und Omega-Stimmen des Teams überlassen werden.

Probiert die unterschiedliche Wirkung von Stuhlkreisen beziehungsweise der Konferenztischsituation in eurem Team aus und lernt daraus für kommende Retrospektiven.

5.11 Haltung

Projektmanager, Projektmanagerinnen oder auch SCRUM-Master tragen eine große Verantwortung für die Teamprozesse. Dieser Umstand verleitet einzelne Personen leicht dazu, die eigene Wertigkeit zu überschätzen. Wenn sich diese Wertigkeit zu Arroganz steigert, führt dies zu dem Satz: „Die verhalten sich wie im Kindergarten!" Dieser Satz zeigt mangelnden Respekt gegenüber den Kollegen und Kolleginnen.

Auch wenn der obige Satz wahrscheinlich nicht direkt den betroffenen Mitarbeitern oder Mitarbeiterinnen gesagt wird, werden sie diese Haltung und diese Wahrnehmung spüren.

Dies wird zu Demotivation und Trotzverhalten führen. Tony Schwartz führt dazu in dem Blog-Artikel *„Want Productive Employees? Treat Them Like Adults"* wie folgt über „them" – die Manager und Managerinnen – aus [Schwartz 2013]:

> *„For whatever reasons, they've lost trust that their employees can make responsible adult decisions for themselves about how to best get their work done and add value to the company. Distrust begets distrust in return. It kills motivation rather than sparking it. Treat employees like children and you increase the odds they'll act like children. You reap what you sow – for better and for worse."*

Die Gefahr des Herabsetzens anderer Personen zu Gunsten der Erhöhung des eigenen Arbeitsanteils ist in klassisch-hierarchischen Systemen größer als in agilen Systemen. Aber auch hier lauert die Reputationsfalle in besonderen Rollen wie einem Board- oder SCRUM-Master.

Wertschätzung aller Personen und Anerkennung der jeweils geleisteten Arbeit sind das Fundament für eine vertrauensvolle und erfolgreiche Zusammenarbeit. Während der Retrospektive zeigt sich die Wertschätzung der Beteiligten durch eine aktive Würdigung aller Beiträge.

Tipp

Jeder Beitrag im Rahmen der Retrospektive ist gleich wichtig. Wenn Wortbeiträge durch die Moderation schriftlich erfasst werden, wird *jeder* Beitrag aufgenommen.

Ebenfalls eine Form der Haltung ist der Verzicht auf direkte Angriffe. In Unternehmen, die über keine Lernkultur verfügen, gibt es zwei wesentliche Arten von Kritik:

- Passivformulierungen mittels „man“, „jemand“ oder „irgendwer“: Die Verantwortung für Ergebnisse und Verhaltensformen bleibt im Ungefähren.
- Direkte Angriffe: Um die eigene Reputation zu sichern, greifen einzelne Teammitglieder die anderen Beteiligten an.

Es ist eine wichtige Moderationsaufgabe, diese Art der Kritik direkt zu unterbinden. Es ist eine konkrete Aufgabe für alle Moderatoren und Moderatorinnen, während der Retrospektive eine direkte, faire Ansprache einzufordern.

Tipp

Bei Kritik fordert die Moderation eine wertschätzende, aktiv formulierte Beschreibung der Beobachtungen ein. Werden möglicherweise verletzende Äußerungen getätigt, ist dies durch die Moderation zu benennen – und eine angemessene Kommunikationsform mit dem Team zu vereinbaren.

Jeder Moderator und jede Moderatorin sollten regelmäßig das eigene Moderationsverhalten reflektieren. Schaut dabei auf eure Haltung – also euren Umgang mit Offenheit, Fairness und Wertschätzung.

Es kann für das Team hilfreich sein, Feedback – sowohl als Lob als auch als Kritik – zu üben. Der Moderator oder die Moderatorin kann entsprechende Übungen als Methodenbausteine einbauen.

5.12 Zeitpunkt der Retrospektive

In den zwölf Prinzipien des agilen Manifests wird eine regelmäßige Retrospektive gefordert. Dies ist eine sehr wichtige Regel. Denn gerade in *guten* Projektphasen lohnt es sich, Erfolgsfaktoren zu benennen, zu denen man in weniger guten Phasen zurückkehren kann. Darüber hinaus trainiert das gesamte Team durch regelmäßige Arbeitstreffen diese Kommunikations- und Interaktionsform.

Je häufiger ein Team sich trifft und bespricht, desto klarer kann das Team auch bisher unbenannte Verhaltensweisen und besonders schwer zu erkennende Faktoren benennen.

Die Regelmäßigkeit ergibt sich entweder aus einer festen Tageskopplung, die Zählung der erreichten Arbeitsaufgaben beziehungsweise nach Kalenderstand:

- Durch die Projektmethode werden rhythmisch Arbeitsergebnisse (zum Beispiel in Sprints) erzeugt. Die Retrospektive findet regelmäßig nach Beendigung dieser Arbeitspakete statt.
- Die Projektmethode setzt auf einen kontinuierlichen Fluss von Arbeitsergebnissen. Das Team vereinbart, nach Erreichen einer bestimmten Anzahl von Aufgaben jeweils eine Retrospektive stattfinden zu lassen.
- Das Projektteam tagt unabhängig vom Projektverlauf und von Projektphasen in einem festen, zeitlichen Abstand (beispielsweise alle drei Wochen).

Darüber hinaus sind in Krisensituationen Ad-hoc-Retrospektiven anzusetzen. Diese Sitzungen folgen den Mustern einer Post-Mortem-Analyse.

Für Post-Mortem-Analysen sind entsprechend Regeln zu verfassen, wann diese abgehalten werden. In vielen Unternehmen hat sich die 24h-Regel für PMAs als sinnvoll erwiesen. Mehr dazu findet ihr in Kapitel 6.

5.13 Dauer und Themenstellung

Abhängig von der Intention der Retrospektive ist die Dauer anzusetzen. Der Scrum-Guide fordert für einen vierwöchigen Sprint eine dreistündige Retrospektive ein:

> *„The Sprint Retrospective occurs after the Sprint Review and prior to the next Sprint Planning. This is a three-hour time-boxed meeting for one-month Sprints."*

Für Retrospektiven, die während eines Implementierungsprojekts regelmäßig im Abstand von zwei oder drei Wochen stattfinden, ist eine Dauer von anderthalb Stunden angemessen. Eine konkrete Aufteilung dieser anderthalb Stunden ist dem Kapitel 4, *Ablauf der Retrospektive,* zu entnehmen.

Team-Reviews, die in größeren Abständen stattfinden und vorwiegend den Teamaufbau unterstützen sollen, sind länger anzusetzen. Je nach Teamstatus ist hier von einer Länge von vier Stunden auszugehen.

Am Ende eines Projekts oder nach Abgabe von Zwischenergebnissen empfiehlt sich ein längeres Projekt-Review, welches bis zu sechs Stunden dauern kann. Die Leitfrage für ein Team- oder Projektreview lautet:

„Was werden wir in einem ähnlichen Setting grundsätzlich anders machen? Welche grundsätzlichen Annahmen werden wir übernehmen?"

Werden Team- oder Projekt-Reviews angesetzt, empfiehlt es sich, diese außerhalb der üblichen Büroräume ohne Störquellen auszurichten.

Wenn die Teamretrospektiven durch erlebnispädagogische Elemente oder Teamspiele ergänzt werden, ist auch die Dauer von einem Tag akzeptabel.

Auch Post-Mortem-Analysen sind länger als die üblichen 90-Minuten-Retrospektiven anzusetzen. Die Analyse gescheiterter Projekte sollte auf drei Stunden Länge angesetzt werden.

5.14 Wahl der Methodenbausteine

Die Wahl der Methodenbausteine erfolgt unter Berücksichtigung der Teamstimmung, auf der die Teamentwicklung und die Projektphase basieren. Um die Retrospektiven für alle Teilnehmer und Teilnehmerinnen ereignisreich und spannend zu gestalten, sollten jeder Moderator und jede Moderatorin in jeder Retrospektive mindestens einen neuen beziehungsweise modifizierten Methodenbaustein ausprobieren[2].

Die Autoren Dave Gray, Sunni Brown und James Macanufo begründen diese Forderung unter der Überschrift *„Try Something new"* für Gamestorming wie folgt [Gray 2010]:

„The best way to hone your knowledge in exploring skills is to keep yourself honest. You won't discover and invent anything unless you get used to taking risks and trying new things on a regular basis. Make it a practice to try at least one new thing every time you game storm. It will keep you honest, force you to continuously develop and improve, and keep things fresh and alive for you. You won't inspire others unless you can stoke your own fires."

Für eine anderthalbstündige Retrospektive im Projektverlauf definiert der Moderator oder die Moderatorin den Ablauf des *Intros*[3] und wählt jeweils einen Methodenbaustein für jede der Retrospektivenphasen *Set the Stage, Gather Data, Generate Insights, Decide What to Do* sowie *Closing the Retrospective.* Gegebenenfalls ist ein weiterer Methodenbaustein zur Reduktion der Themen in den Ablauf zu integrieren, sofern diese Verengung noch nicht in einem der ausgewählten Methodenbausteine vorgesehen ist.

Während der Vorbereitung überlegt sich der Moderator beziehungsweise die Moderatorin, wie lange die jeweils ausgewählten Methodenbausteine dauern sollen. Diese Zeit kann durch intensive Diskussionen im Team überschritten werden. Damit diese Überschreitungen nicht die gesamte Zeitplanung sprengen, sollte sich der Moderator oder die Moderatorin

---

[2] Weitere Anregungen zu Moderationsmethoden findet ihr in den Büchern *Project Retrospectives* [Kerth 2000], *Agile Retrospectives* [Derby 2006] und *Gamestorming* [Gray 2010] oder im Text *„Methodenbausteine für Retrospektiven"* [Andresen 2016].

[3] In Kapitel 14 findet ihr die passende Checkliste zur Vorbereitung einer Retrospektive.

für jeden Methodenbaustein eine alternative Durchführung (den „Plan B") überlegen, die weniger zeitintensiv ist.

Eine Verkürzung kann durch

- eine Vereinfachung des eigentlichen Methodenbausteins oder
- die Durchführung eines alternativen Methodenbausteins

erreicht werden. Zur Vorbereitung der Retrospektiven gehört also die Definition der Methodenbausteine sowie der alternativen Vorgehensweisen, die konkrete Vorbereitung und Zusammenstellung aller Materialien.

Für eine anderthalbstündige Retrospektive sind mindestens acht Flipcharts (Willkommen mit *Agenda, oberste Direktive, Vegas-Regel* sowie für jede Retrospektivenphase ein Flipchart) anzufertigen. Für jedes Flipchart ist eine Vorbereitungszeit von fünf Minuten anzusetzen.

Direkt vor der Retrospektive ist durch den Moderator oder die Moderatorin der Retrospektivenraum zu inspizieren und gegebenenfalls aufzuräumen, die Moderationsmaterialien sind bereitzustellen.

Entsprechend steigt die Vorbereitungszeit für länger angesetzte Projekt- beziehungsweise Team-Reviews. Für diese werden für jede Retrospektivenphase mehrere Methodenbausteine aneinandergekoppelt. Alternativ werden Methodenbausteine erweitert und länger durchgeführt.

Bei längeren Sitzungen sind Pausenzeiten und Verpflegung ebenfalls zu planen.

5.15 Zeitvorgaben innerhalb der Retrospektive

Zur Planung einer Retrospektive gehört es, die Zeiten für den Ablauf insgesamt und die Methodenbausteine zu planen. Es ist Aufgabe des Moderators beziehungsweise der Moderatorin,

- diese Zeitvorgaben dem Retrospektiventeam bekannt[4] zu machen.
- die Einhaltung der Zeiten zu sichern und einzufordern oder
- bewusst eine Veränderung der Zeitvorgaben herbeizuführen. Das Team ist über diese Entscheidung zu informieren.

Es ist hilfreich, dass alle Teilnehmer und Teilnehmerinnen die verbleibende Zeit für Methodenbausteine sehen oder nachrechnen können.

Fürs Nachsehen empfehlen sich Timer oder Eieruhren mit einer großen Anzeigefläche. So sehen Teilnehmer und Teilnehmerinnen mit einem Blick, wie viel Zeit ihnen in dem entsprechenden Methodenbaustein noch bleibt. Zeitangaben sollten immer so formuliert sein, dass sie für alle Teilnehmer und Teilnehmerinnen gut merkbar sind:

4 Dies erfolgt im Allgemeinen durch Angabe einer Agenda.

„Ihr habt für diese Übung genau acht Minuten Zeit. Wir treffen uns hier also um 10.15 Uhr wieder mit den Ergebnissen.“

5.16 Teilnehmer und Teilnehmerinnen

Wie bereits im Abschnitt 1.7, *Veränderungen im Team*, ausgeführt, ist genau zu klären, wer Mitglied des Teams ist - und wer nicht. An einer Retrospektive nehmen alle aktiven Teammitglieder teil. Weitere Personen - wie Vorgesetzte oder auch Zulieferer - sind nicht eingeladen.

Dies wahrt das Vertrauen in einer Gruppe, die zu einem Team werden möchte und soll. Gleichwohl kann das Team sich entscheiden, weitere Personen in die Retrospektive einzuladen. Dieser Schritt gehört fest zur Aufnahme weiterer Personen ins Team.

In den regelmäßigen Projektretrospektiven ermittelt das Team störende Verhaltensweisen, implizite Regeln und Vorgehensmuster, welche die Teammitglieder inkrementell und iterativ verändern. Dabei ist ein optimiertes Projektvorgehen das Ziel.

Über die eigentliche Projektarbeit hinaus gibt es in Teams häufig weitere Themen, die sich nur schwer in anderthalb Stunden ermitteln und ändern lassen. Daher sind länger dauernde Team-Reviews in größeren Abständen sehr sinnvoll:

Tipp

Das Projektteam trifft sich regelmäßig zu Projektretrospektiven. Schwerpunkt dieser Retrospektiven sind Projektprozesse. Zwei- bis dreimal im Jahr trifft sich das Team zu einem Team-Review. Schwerpunkte dieser Retrospektiven sind die ganzheitliche Kommunikation und der Aufbau eines guten Beziehungsgeflechts im Team.

5.17 Retrospektiven unter einem Motto

Moderatoren und Moderatorinnen entwickeln häufig Ehrgeiz, Retrospektiven zu einem Motto auszurichten. Entsprechend entwickeln sie Methodenbausteine, die alle unter einem Motto stehen. Das sechs Phasen der Retrospektive werden dann in einer Rahmenhandlung zusammengefasst. Eingängige Beispiele sind der Straßenverkehr, ein Fahrzeug oder ein Fußballspiel[5].

Thematische Retrospektiven machen häufig den Teams sehr viel Spaß. Sie ebnen den Weg in (offensichtliche) Übertragungen, die für das Team sehr hilfreich sein können. Gleichzei-

[5] Mit Dank an Tobias Ranft für die Fußballinspiration. Der Fußballdurchlauf wird im Kapitel 7, Intro, als Flipchart gezeigt.

tig kann eine starke Einschränkung auf ein Thema für das Team hinderlich sein. Wenn das Team krampfhaft versucht, in der Themenwelt sprachlich zu verharren, kann dies wesentliche Erkenntnisse verhindern. Hier ist Fingerspitzengefühl durch die Moderation gefragt. Wenn dieses Phänomen auftritt, bittet der Moderator oder die Moderatorin darum, dass die Beteiligten ihre Wortmeldung ohne Übertragung formulieren.

In einigen Fällen sind die entsprechenden Methodenbausteine nicht gut in die Themenwelt zu übertragen. Hier hilft es, die Bausteine in der ursprünglichen Form zu belassen. Das Thema kann dann auf dem Anleitungs-Flipchart visuell aufgenommen werden. Wählt der Moderator oder die Moderatorin das Grundthema „Film“, genügt schon die Zeichnung von Filmrollen oder Kino-Hinweisschildern, um weitere Methodenbausteine in das Thema einzubetten.

6 Post-Mortem-Analyse

Mit Post-Mortem-Analysen[1] (PMA) ermittelt das Projektteam während einer Projektkrise oder nach einem Projektabbruch positive und negative Entwicklungen innerhalb des Projektverlaufs. Post-Mortem-Analysen sollten auch im Falle schwerwiegender Fehler (insbesondere in Produktion) durchgeführt werden.

Durch das Explizieren von Verhaltensweisen, Regeln und durch das nachträgliche Aufzeigen von Symptomen und Signalen kann das Team für die Zukunft ein anderes Verhalten vereinbaren.

Dabei steht eine Frage im Fokus für alle Beteiligten:

> *„Was hätte ich tun können, um in ähnlichen Situationen einen positiven Ausgang zu erreichen?"*

Im Gegensatz zu einfachen Retrospektiven basieren Post-Mortem-Analysen auf einer Betrachtung und Auswertung von Projektdaten, welche vor der eigentlichen Sitzung erfasst werden. Das PMA-Team versucht während der PMA durch eine ausführliche Analyse, den Projektverlauf sauber nachzuzeichnen und daraus mögliche Handlungsoptionen abzuleiten.

Die Projektdaten werden *vor* der PMA-Sitzung zusammengetragen und während der PMA durch das Team ergänzt und ausgewertet. Teile der Ergebnisse der PMA werden im Unternehmen – entsprechend der Vereinbarung des Teams – veröffentlicht. Ziel ist es, die Wissensbasis rund um Projekte im Unternehmen zu vergrößern.

Viele Teams scheuen Post-Mortem-Analysen. Die negativen Gefühle – wie Versagensangst, Angst vor Reputationsverlust und Schuldgefühle – fordern ihren Tribut.

Um eine positive Verarbeitung des Projekts – und damit Lernen in der Organisation – zu ermöglichen, gilt es durch geeignete Methodenbausteine eine offene, angstfreie Atmosphäre zu unterstützen.

Da Rituale eine Unternehmenskultur fördern können, empfiehlt es sich, Post-Mortem-Analysen genauso wie Retrospektiven zu ritualisieren. In vielen Unternehmen hat sich die Regel bewährt:

---

[1] Post Mortem wird wörtlich mit nach dem Tod ersetzt. Der Begriff Post-Mortem-Analyse hat sich – vorwiegend in klassischen Projektmethoden – als Methodenbaustein etabliert, der nach einem ungewollten, nicht erfolgreichen Projektende ansetzt. Die PMA wird gezielt als Element des Wissensmanagements in Unternehmen genutzt.

Tipp

Innerhalb von 24 Stunden nach Auftreten eines schwerwiegenden Fehlers halten die Beteiligten eine Post-Mortem-Analyse ab.

Dabei ist für das jeweilige Team oder das Unternehmen zu klären, was unter einem schwerwiegenden Fehler zu verstehen ist. Nicht jeder Fehler wird in einer Post-Mortem-Analyse geklärt. Ziel der Post-Mortem-Analysen ist es, schwerwiegende Fehler (insbesondere Blocker) umgehend zu besprechen und Handlungsoptionen für alle Beteiligten zu entwickeln.

Die Durchführung einer Post-Mortem-Analyse ist genauso ritualisiert geboten, wenn ein Projektteam in der Krise steckt oder beschlossen hat, das Projekt abzubrechen.

Tipp

Post-Mortem-Analysen werden grundsätzlich in Projektkrisen und nach Projektabbrüchen durchgeführt.

6.1 Emotionen der Beteiligten

Egal, ob der Auslöser ein schwerwiegender Fehler, eine Projektkrise oder ein Projektabbruch ist, solange das Unternehmen in einer negativen Fehlerkultur lebt, führen diese Anlässe zu einem schlechten Gewissen bei den Beteiligten. In den Frust und Ärger über das (Team-)Versagen mischt sich auch das eigene schlechte Gewissen. In einigen Fällen scheuen Beteiligte auch einen detaillierten Blick auf das Geschehen, weil sie Angst vor dem Erkennen eigenen Fehlverhaltens haben.

Diese Gefühle sind nicht zu unterschätzen. Der rationalen Begründung, durch eine klare Analyse zu lernen, steht das schlechte Gefühl des Versagens gegenüber. In einer positiven Lernkultur wissen alle Teammitglieder, dass ihnen eine kritische Analyse des Geschehenen nicht zum Nachteil gereicht. Im Gegenteil: Alle wissen, dass durch eine kritische Würdigung der Prozesse, Verhaltensweisen und Vorkommnisse alle lernen und das Vorgehen verbessern können und werden. In einer positiven Lernkultur leben alle Beteiligten die *oberste Direktive* (siehe Abschnitt 4.2.3).

Sofern die Fehlerkultur des Unternehmens noch stark negativ belegt ist, also der Vorgang des Lernens weniger wichtig ist als das Wissen, werden alle Beteiligten versuchen, die Analyse möglichst klein zu halten.

Tipp

Das Verhalten rund um Post-Mortem-Analysen zeigt die Fehlerkultur im Unternehmen auf.

Die vorhandenen und entstehenden Emotionen sind sehr unterschiedlicher Natur. Norman Kerth fasst die Emotionen rund um Projektabbrüche wie folgt zusammen [Kerth 2000]:

„These behaviours, which are common among people who feel they have failed, are

- saving face

- grieving over loss

- accepting a lowered self-esteem."

Retrospektiven und insbesondere Post-Mortem-Analysen sind die ersten Schritte in Richtung einer Lernkultur. Diese Schritte sind behutsam und transparent zu gehen.

Damit das Team sinnvoll zu Lernergebnissen aus der PMA kommt, müssen alle Teammitglieder einen sinnvollen Umgang mit ihren Emotionen finden. Dabei kommt es stark auf die Alpha-Stimmen im Team an. Wenn diese den Umgang mit eigenen Fehlern offen vorführen – und so jedem im Team deutlich machen, dass Offenheit erwünscht ist und nicht zu beruflichen Nachteilen führt –, hat das Team eine Chance, tiefgehende PMA-Ergebnisse zu erzielen.

So haben das Team und das Unternehmen die Chance, sich aus einer Fehlerkultur in Richtung Lernkultur zu verändern.

Damit die Alpha-Stimmen im Team diese Vorbildfunktion wahrnehmen können, sollte der Moderator beziehungsweise die Moderatorin in einem Vorbereitungsgespräch zur PMA die besondere Bedeutung des Vorbilds bei der Ausprägung einer positiven Fehlerkultur herausstellen.

Falls Teilnehmer und Teilnehmerinnen darauf setzen, ihre eigenen korrekten Handlungen zu betonen, und Schuldzuweisungen aussprechen, ist eine direkte Intervention durch den Moderator oder die Moderatorin gefragt. Der obersten Direktive kommt während der Post-Mortem-Analyse eine große Bedeutung zu. Weder Schuldzuweisungen innerhalb des Teams, gegenüber Zuliefern, anderen Firmenmitarbeitern und -mitarbeiterinnen sowie dem Auftraggeber oder der Auftraggeberin helfen dem Team weiter.

Während der Post-Mortem-Analyse geht das Team immer von der Prämisse aus, dass das Umfeld in einem Folgeprojekt gleich und zumindest ähnlich agiert. Als Lösungsstrategien entwickeln sich zwei grundsätzliche Wege:

- Durch eine Änderung des Teamverhaltens verläuft eine Projektsituation mit ähnlichen Vorzeichen anders.
- Durch eine Änderung des Verhaltens anderer Projektbeteiligter verläuft eine auf der gleichen Ausgangslage stattfindende Projektsituation anders.

Das PMA-Team sollte in jedem Fall nach Vorgehensweisen suchen, die innerhalb des PMA-Teams umgesetzt werden können. Ermittelt das PMA-Team Lösungen, die andere Projektbeteiligte involvieren, ist festzulegen, wie diese zu einer Verhaltensänderung aufgefordert werden sollen.

Das Aufzeigen „externer" Handlungsoptionen hat zwei grundlegende Nachteile:

- Es liegt nicht in der Macht des Teams, dass die Änderung herbeigeführt wird.
- Das Team zieht sich auf den Standpunkt zurück, dass „erst die externe Lösung in Kraft treten muss". Das „Erst dann, wenn ..."-Antipattern sorgt für Stillstand im Team.

Daher ist eine Lösung zu bevorzugen, die auf ein verändertes Verhalten im Team setzt oder einen neuen Prozess im Team definiert.

6.2 Ziel der Post-Mortem-Analyse

Wählen die Projektbeteiligten den einfachen Weg und gehen der PMA aus dem Weg, ist die Wiederholung des Projektversagens abzusehen. Das nächste Projekt wird als *SWBLM*-Projekt („So wie beim letzten Mal") durchgeführt. Es lohnt sich der genaue Blick auf das erfolgte Projektgeschehen. Jede Erkenntnis, die aus dem vergangenen Projekt gezogen werden kann, wird zukünftigen Projekten helfen.

Mit jeder Post-Mortem-Analyse werden die Teammitglieder – und auch andere Mitarbeiter und Mitarbeiterinnen – lernen, dass durch Offenheit und ehrlichen Umgang mit Fehlern die weitere Arbeit optimiert werden kann. Mit jeder Post-Mortem-Analyse verändert sich die Fehlerkultur im Unternehmen zum Besseren.

Es ist dabei wichtig,

- den richtigen Ton zu finden. Hier hilft die oberste Direktive.
- allen Beteiligten Sicherheit im Umgang zu geben. Dies geschieht über die Vegas-Regel.

Tipp

Ziel der Post-Mortem-Analyse ist es, das Zustandekommen einer bestimmten Projektsituation zu verstehen und zukünftig zu vermeiden.

Die Vegas-Regel steht in Konkurrenz zu dem Ziel, (Teil-)Ergebnisse der Post-Mortem-Analyse im Unternehmen zu veröffentlichen. Durch eine breite Wissensweitergabe versucht das Team zu verhindern, dass andere Teams in ähnlichen Situationen ähnliche Fehlentscheidungen treffen.

Diese Veröffentlichung steht unter Vorbehalt der Vegas-Regel. Es werden daher nur die Ergebnisse der PMA – nicht aber der Diskussionsverlauf – veröffentlicht:

Tipp

Das PMA-Team veröffentlicht unter Berücksichtigung der Vegas-Regel Ergebnisse der PMA im Unternehmen. Ergebnisse sind Maßnahmen und Teamregeln.

In Unternehmen, in denen zu befürchten ist, dass durch das Zugeben von Fehlern dem oder der Einzelnen berufliche Nachteile entstehen, werden die Teilnehmer und Teilnehmerinnen nur dann offen in der PMA miteinander kommunizieren, wenn sie sich sicher sind, dass gezeigtes verletzliches Vertrauen nicht missbraucht wird.

6.3 Ablauf im Detail

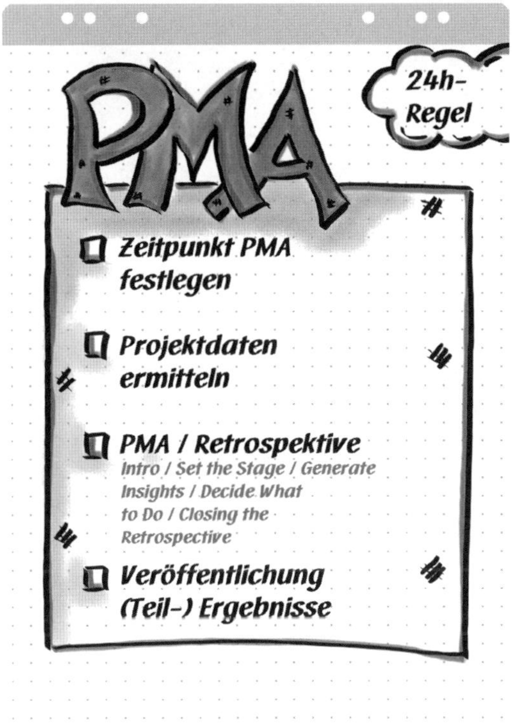

Bild 6.1 Ablaufplan einer Post-Mortem-Analyse

Nachdem das Team beschlossen hat, dass eine Post-Mortem-Analyse durchgeführt werden soll, werden Zeitpunkt und Dauer festgelegt. Nach Rücksprache mit dem Team ermittelt der Moderator oder die Moderatorin Daten und Kennzahlen, die während der Post-Mortem-Analyse genutzt werden.

Die eigentliche Sitzung verläuft im Wesentlichen nach dem Muster einer Retrospektive. Die notwendigen Anpassungen sind nachfolgend dargestellt. Während in einer Retrospektive das Team im Schwerpunkt nach Teamregeln und -maßnahmen sucht, stellt die PMA die Frage

„Was kann ich in einer ähnlichen Situation anders machen?"

in den Vordergrund. Aus dieser Betrachtung *können* sich Teamregeln entwickeln, müssen es aber nicht.

Nachgelagert zur Sitzung erfolgt eine unternehmensweite Veröffentlichung von Ergebnissen. Das Team stimmt genau ab, welche (Teil-)Ergebnisse in welcher Form der Unternehmensöffentlichkeit kundgetan werden.

6.4 Vorbereitung

Der Moderator oder die Moderatorin bestimmt mit den Verantwortlichen[2] die Rahmenbedingungen für die Post-Mortem-Analyse:

- Dauer
- Teilnehmer und Teilnehmerinnen

Neben diesen Parametern bitter der Moderator oder die Moderatorin alle PMA-Teilnehmer und -Teilnehmerinnen darum, die notwendigen Daten und Kennzahlen zu ermitteln, die für die PMA notwendig sind.

6.4.1 Dauer

Die Dauer von Post-Mortem-Analysen ist abhängig vom Projektumfang und vom Zeitpunkt des Scheiterns. Die Mindestdauer ist auf zwei Stunden anzusetzen. Die maximale Länge beträgt vier Stunden. Eine weitere Verlängerung ist nicht sinnvoll. Alles, was in dieser Zeit nicht gesagt wird, wird auch in Folgesitzungen nicht formuliert werden.

Bestehende Probleme werden voraussichtlich zu weiteren Fehlern, Projektkrisen oder -abbrüchen führen. In den zugehörigen Post-Mortem-Analysen wird das Team den bis dahin nicht genannten Themen auf den Grund gehen.

6.4.2 Teilnehmer und Teilnehmerinnen

An der Post-Mortem-Analyse nimmt ein möglichst großer Kreis Projektbeteiligter teil. Ziel der Post-Mortem-Analyse ist ein umfassender Erkenntnisgewinn, daher sind auch PMA-Teams größer als „normale" Retrospektiventeams. Dies geschieht unter anderem auch, um Schuldzuweisungen gegenüber Personen zu vermeiden, die nicht an der PMA teilnehmen.

Durch eine große Besetzung kann das PMA-Team auch tiefgehende Ursachen für Fehlentwicklungen identifizieren. Gleichzeitig kann eine große PMA-Besetzung in manchen Fällen auch eine Lösung verhindern, wenn mit den Teilnehmenden auch ein Elefant in den Raum kommt.

Um dies zu verhindern, ist eine aufmerksame und auf kleine Signale hörende Moderation gefragt. Wenn es dem Moderator oder der Moderatorin gelingt, zusammen mit dem Team den Elefanten im Raum zu identifizieren, werden die Vorteile der „großen" PMA-Besetzung überwiegen.

Wenn „Elefanten im Raum" sind, empfehlen sich Analyse-Methodenbausteine, deren Detailbearbeitung in Pärchen- oder Kleingruppenarbeit erfolgt.

---

2 In Abhängigkeit von der gewählten Projektmethode sind „die Verantwortlichen" sehr unterschiedliche Personen und Rollen. In agilen Teams ist diese Abstimmung mit dem gesamten Projektteam vorzunehmen. In Methoden wie SCRUM werden der Product Owner und der SCRUM-Master besonderes Gewicht bei der Bestimmung des Vorgehens haben. Wird das Projekt klassisch geführt, ist das Wort des Projektmanagements und der Projektsteuerung ausschlaggebend.

6.5 Datenerhebung

Mögliche Daten, die für eine Retrospektive ermittelt werden könnten, sind:

- Termine (zum Beispiel definierte und tatsächliche Liefer- und Auslieferungstermine)
- Kostenverlauf
- Ressourceneinsatz (Plan, Verlauf)
- Qualitätsmerkmale (Anzahl der Hot-Fixes, Bugzahl, Testabdeckung)
- Geplante und tatsächlich realisierte Features
- Anforderungsänderungen (realisierte und geplante Änderungen, Verlauf, erkannte Änderungen, Abgleich Lasten-/Pflichtenheft zur Ermittlung nicht erkannter Änderungen)
- Eskalationsgespräche (Zeitpunkt, Gründe)

Diese Liste ist nicht vollständig. In Abhängigkeit vom Projektauftrag und dem Projektvorgehen sind andere Daten zu erheben. Dabei sollte sich das Team auf wenige Kennzahlen konzentrieren. Bei einer großen Anzahl von Kennzahlen wird es für das Team schwerer, eine Haltung zu den Geschehnissen zu entwickeln.

In allen Fällen sollte die Datenerhebung immer den zeitlichen Verlauf (das heißt die vereinbarten Termine) aufzeigen.

Nachfolgend ist dokumentiert, auf welche Art sich die Retrospektivenphasen für eine PMA[3] verändern.

6.6 Intro

Das Intro einer PMA gibt den Teilnehmern und Teilnehmerinnen eine zeitliche Orientierung im PMA-Verlauf. Dafür ist der gesamte Verlauf der PMA – inklusive der Vor- und Nachbereitung – auf einem Agenda-Flipchart aufgeführt.

Ein großes Augenmerk liegt auf der Vegas-Regel. Ziel einer PMA ist es, dass die Ergebnisse im Unternehmen geteilt werden. Hier gilt es, mit Fingerspitzengefühl die Öffnungsklausel der Vegas-Regel anzuwenden. Eine Beschlusskontrolle entfällt.

Der genaue Ablauf einer PMA-Intro wird mit dem *Intro #04* (siehe Abschnitt 7.4) erläutert.

---

[3] Alle Methodenbausteine, die für die Projektphasen „Projektkrise" oder „Projektabbruch" geeignet sind, können für Post-Mortem-Analysen genutzt werden. Geeignete Methodenbausteine sind ab dem Kapitel 7, Intro, entsprechend ausgezeichnet.

6.7 Set the Stage

Die Teilnehmer und Teilnehmerinnen sind während *Set the Stage* emotional abzuholen. Das liegt zum einen daran, dass das Projektteam gerade eine Projektkrise erlebt beziehungsweise einen Projektabbruch durchlebt hat. Zum anderen ist zu bedenken, dass das PMA-Team vergrößert ist. Neben Retrospektivenprofis finden sich womöglich „Neulinge" im Raum, die Unsicherheiten über einen offenen Umgang mit Kritik und Fehlern spüren können.

Bei den emotionalen Ebenen ist in *Set the Stage* der passende Raum zu geben. Dabei achtet der Moderator oder die Moderatorin darauf, dass die oberste Direktive nicht verletzt wird.

6.8 Gather Data

Während *Gather Data* werden die im Vorfeld der PMA-Sitzung erhobenen Daten durch die Teilnehmer und Teilnehmerinnen aufgenommen und ergänzt. Die Ergänzung kann sowohl auf der sachlichen als auch auf der emotionalen Ebene erfolgen.

Für das Offenlegen impliziter Regeln kann es sehr interessant sein, zu wissen, wer wann auf welches Geschehen mit welchen Emotionen reagiert hat.

6.9 Generate Insights

Die Ursachenforschung geht während Post-Mortem-Analysen sehr tief. Das Team sollte sich auf die Suche nach Hauptursachen machen – und sich nicht von oberflächlichen Themen ablenken lassen. Entsprechend sind Methodenbausteine wie *„5 Whys"* (siehe Abschnitt 10.1) besonders zielführend. Damit das PMA-Team zu guten Ergebnissen kommt, sind die Moderatoren und Moderatorinnen besonders gefragt.

Es gilt, das Ungesagte zu benennen und die Elefanten im Raum zu enttarnen. In vielen Fällen erkennen die Moderationskräfte – durch die größere Distanz zu den Inhalten – die grundsätzlichen Abläufe besser. Gerade in Post-Mortem-Analysen sind entsprechende Kommunikationsimpulse zu setzen. Ob das PMA-Team diese Angebote annimmt, liegt in der Verantwortung desselben. Ohne diese Moderationsintervention wird es den PMA-Teams aber noch schwerer fallen, Lösungen zu entwickeln.

Genauso wie für „normale" Retrospektiven sind wenige Maßnahmen, deren Bearbeitung vorwiegend im Team liegt, zu bevorzugen. Um dies zu erreichen, ist bereits während *Generate Insights* der Fokus auf die entsprechenden Ereignisse und Regeln zu richten.

Baut das zu erstellende IT-System auf einer teilweise fehlerhaften Datenbank als Zulieferung auf, so gilt es während *Generate Insights* zwei Fragen zu beantworten:

- Warum haben wir erst so spät gemerkt, dass die Zulieferung fehlerhaft ist?
- Warum ist die Datenbank teilweise fehlerhaft?

Die Klärung der ersten Frage hat Vorrang, weil die Lösung hierfür im PMA-Team zu leisten ist. Mit dem Fokus auf der Lösung des zweiten Themas läuft das PMA-Team Gefahr, dem *„Erst dann, wenn …“*-Antipattern zum Opfer zu fallen.

6.10 Decide What to Do

Nachdem das Team über neue Teamregeln und Maßnahmen befunden hat, klärt das Team explizit, welche dieser Inhalte mit dem Rest des Unternehmens geteilt werden.

Es wird auch festgelegt, auf welche Art der Wissenstransfer geschehen soll. Diese Entscheidung ist so zu treffen, dass die Vegas-Regel nicht verletzt wird. Das bedeutet, dass der Entschluss zur Veröffentlichung einvernehmlich zu erfolgen hat.

6.11 Closing the Retrospective

Das Schließen der Retrospektive dient auch dem emotionalen Beenden des vergangenen Projekts. Dementsprechend ist dem *Closing the Retrospective* mehr Platz einzuräumen als in „normalen“ Retrospektiven. Die gewählten Methodenbausteine sollten den Teilnehmern und Teilnehmerinnen die Möglichkeit geben, sowohl die Post-Mortem-Analyse abzuschließen als auch weitergehende Emotionen über den gesamten Projektverlauf zu äußern.

7 Intro

Mit dem Intro stimmt der Moderator oder die Moderatorin alle Beteiligten auf die Retrospektive ein.

> **Tipp**
>
> Das Team erhält einen Überblick über den geplanten Retrospektivenablauf, die oberste Direktive und die Vegas-Regel. Zur Beschlusskontrolle erinnert der Moderator oder die Moderatorin an die Beschlüsse der letzten Retrospektive.

Viele Moderatoren und Moderatorinnen bewahren die Flipcharts für die oberste Direktive und die Vegas-Regel auf, so dass sie diese wiederverwenden können. Ebenfalls zur Zeitersparnis kann für die Beschlusskontrolle das originale Ergebnis-Flipchart der letzten Retrospektive genutzt werden.

Die oberste Direktive, die Vegas-Regel und die Beschlüsse der letzten Retrospektive sollten während der gesamten Retrospektive zu sehen sein.

Falls ein Team mit der Umsetzung von Beschlüssen wiederholt Schwierigkeiten hat, ist es sinnvoll, dass Thema – *Warum kommen wir nicht in die Umsetzung? Was hindert uns?* – direkt in *Gather Data* zu setzen. In diesem Fall findet keine Beschlusskontrolle im Intro statt.

7.1 Intro #01

Teamphase: alle Teamphasen

Projektphase: alle Projektphasen

Vorbereitungszeit: 15 Minuten

Material: vorbereitete Flipcharts: Willkommen, Agenda, oberste Direktive, Vegas-Regel, gegebenenfalls weitere Teamregeln sowie Beschluss-Flipchart der vorherigen Retrospektive

7.1.1 Vorgehen

Bild 7.1 Das dritte Flipchart enthält die oberste Direktive im Wortlaut.

Das Intro wird über bis zu sechs nacheinander durch den Moderator oder die Moderatorin aufgeblätterte Flipcharts gestaltet. Es empfiehlt sich, die entsprechenden Flipcharts dauerhaft während der Retrospektive zu zeigen. Mittels Kreppband oder Magnetstreifen sind diese schnell an die Wand übertragen. Die Flipcharts enthalten folgende Informationen:

1. Willkommen
2. Agenda (mit Phasentiteln/Titel der Methodenbausteine und Zeitangaben)
3. Oberste Direktive als Text
4. Vegas-Regel als Text
5. Gegebenenfalls weitere Teamregeln (die während vergangener Retrospektiven aufgestellt wurden)
6. Flipchart mit Beschlüssen der letzten Retrospektive

Dabei werden nach dem Aufblättern alle Flipcharts außer der Willkommensnachricht an die Wände umgehängt, damit sie während der Retrospektive ständig zu sehen sind.

Für die Beschlusskontrolle wird das Original-Flipchart aus der letzten Retrospektive gezeigt. Dieses wird auch an die Wand umgehängt.

Der Moderator oder die Moderatorin liest alle Flipcharts vor, insbesondere auch die Beschlüsse der letzten Retrospektive. Dabei macht er oder sie deutlich, dass die Ergebnisse erst im Verlauf der Retrospektive diskutiert werden.

Der Moderator oder die Moderatorin bittet explizit darum, dass alle Beteiligten ihre Gedanken und Wahrnehmungen zu den letzten Beschlüssen in die Retrospektive – insbesondere ins *Gather Data* – einfließen lassen.

7.1.2 Besonderheiten

Wenn aktive Teammitglieder für die Retrospektive verhindert sind (zum Beispiel, weil sie krank oder im Urlaub sind), klärt der Moderator oder die Moderatorin explizit, wie die Vegas-Regel für diesen Fall zu verstehen ist.

7.2 Intro #02

Teamphase: Norming, Performing, Adjourning

Projektphase: alle Projektphasen

Vorbereitungszeit: 15 Minuten

Material: vorbereitete Flipcharts: Willkommen, Agenda (mit Klebepunkt oder PostIt®), oberste Direktive, Vegas-Regel, gegebenenfalls Flipchart für weitere Teamregeln; Ausdrucke der letzten Retrospektivenbeschlüsse (jeweils ein Ausdruck für jeden Teilnehmer und jede Teilnehmerin)

7.2.1 Vorgehen

Bild 7.2
Der Marker zeigt die Phase der Retrospektive an.

Für das Intro #02 werden für vier Punkte Flipcharts gezeigt. Zur Beschlusskontrolle erhält jeder Teilnehmer und jede Teilnehmerin einen Ausdruck des Fotoprotokolls der letzten Beschlüsse.

1. Willkommen
2. Agenda im Raster: ToDo, Doing sowie Done
3. Oberste Direktive
4. Vegas-Regel
5. Gegebenenfalls Hinweis auf weitere Teamregeln
6. Ausdrucke der letzten Beschlüsse

Das Agenda-Flipchart enthält ein Raster „ToDo", „Doing" und „Done". Nachdem der Moderator oder die Moderatorin den geplanten Ablauf erläutert hat, hängt er oder sie das Flipchart dauerhaft sichtbar auf. Mittels eines Klebepunkts oder eines PostIts® wird genau angezeigt, in welcher Phase sich die Retrospektive befindet.

Jeder Teilnehmer und jede Teilnehmerin erhält zur Beschlusskontrolle einen Ausdruck des letzten Ergebnis-Flipcharts mit der Aufforderung, eine Beschlusskontrolle für sich selbst vorzunehmen und die Ergebnisse in die kommende Retrospektive einfließen zu lassen.

7.2.2 Besonderheiten

Gerade geübte Retrospektiventeams wissen so genau, welche Art von Beitrag für die Retrospektive in der jeweiligen Phase dienlich ist. Diese Darstellung der Agenda und die sich daraus ergebende Moderation unterstützen dieses Wissen.

7.3 Intro #03

Teamphase: Performing, Adjourning

Projektphase: Implementierung, Qualitätssicherung, Auslieferung

Vorbereitungszeit: 5 Minuten

Material: vorbereitetes Flipchart

7.3.1 Vorgehen

Bild 7.3 Für die oberste Direktive, die Vegas-Regel und die Beschlusskontrolle sind visuelle Marker auf das Flipchart geheftet. Der Fußball läuft als Zeitmarker mit.

Die Elemente des Intros sind auf einem Flipchart zusammengefasst:

- Titel der Methodenbausteine mit Zeitangaben (Agenda),
- visuelle Marker für die oberste Direktive, die Vegas-Regel, gegebenenfalls weitere Teamregeln sowie für die Beschlusskontrolle,
- ein Zeitmarker zur Anzeige der Retrospektivenphase[1].

Der Moderator oder die Moderatorin begrüßt alle Teilnehmer und Teilnehmerinnen. Er beziehungsweise sie führt drei visuelle Marker (zum Beispiel aus selbstklebenden Moderationskarten erstellte Aufkleber) für die Intro-Elemente mit sich. Nacheinander erinnert der Moderator oder die Moderatorin an diese Elemente und heftet gleichzeitig die visuellen Marker an das Agenda-Flipchart.

Dabei bittet er oder sie die Teilnehmer und Teilnehmerinnen, die oberste Direktive und die Vegas-Regel nochmals in eigenen Worten zu erläutern.

[1] Zeitmarker sind entweder als Minuten (10 Minuten für „Intro“) oder als absolute Zeit („17.00 - 17.10 Intro“) angegeben.

Das Agenda-Flipchart ist während der gesamten Retrospektive für alle Teilnehmer und Teilnehmerinnen sichtbar.

Nachdem das Intro abgeschlossen ist, das heißt an die oberste Direktive und die Vegas-Regel erinnert wurde und die Ergebnisse der letzten Retrospektive mündlich aufgeführt wurden, startet der Moderator oder die Moderatorin in Set the Stage.

Bei einem Phasenwechsel beziehungsweise beim Wechsel eines Methodenbausteins zeigt der Moderator oder die Moderatorin dies an, indem er beziehungsweise sie den Zeitmarker umheftet.

7.3.2 Besonderheiten

Die Texte der obersten Direktive und der Vegas-Regel werden in diesem Intro nicht für die Teilnehmer und Teilnehmerinnen visualisiert. Das setzt voraus, dass die Teilnehmer und Teilnehmerinnen diese beiden Regeln sicher beherrschen. Um das abzusichern, bittet die Moderationskraft, dass die Teilnehmer und Teilnehmerinnen die oberste Direktive und die Vegas-Regel in eigenen Worten wiederholen.

7.3.3 Varianten

Der Moderator oder die Moderatorin kreuzt die bereits bearbeiteten Agenda-Inhalte mit einem Stift ab.

Der Moderator oder die Moderatorin bittet alle Teilnehmer und Teilnehmerinnen, einen Servicetweet zu verfassen. Der Servicetweet beinhaltet die Retrospektivenregeln, das heißt, die oberste Direktive und die Vegas-Regel werden durch die Teilnehmer und Teilnehmerinnen mit maximal 140 Zeichen zusammengefasst. Diese Zusammenfassung nimmt der Moderator oder die Moderatorin auf und hängt sie an das Agenda-Flipchart.

7.4 Intro #04 (PMA)

Teamphase: alle Teamphasen

Projektphase: Projektkrise, Projektabbruch

Vorbereitungszeit: 15 Minuten

Material: vorbereitete Flipcharts: Willkommen, Agenda, oberste Direktive, Vegas-Regel

7.4.1 Vorgehen

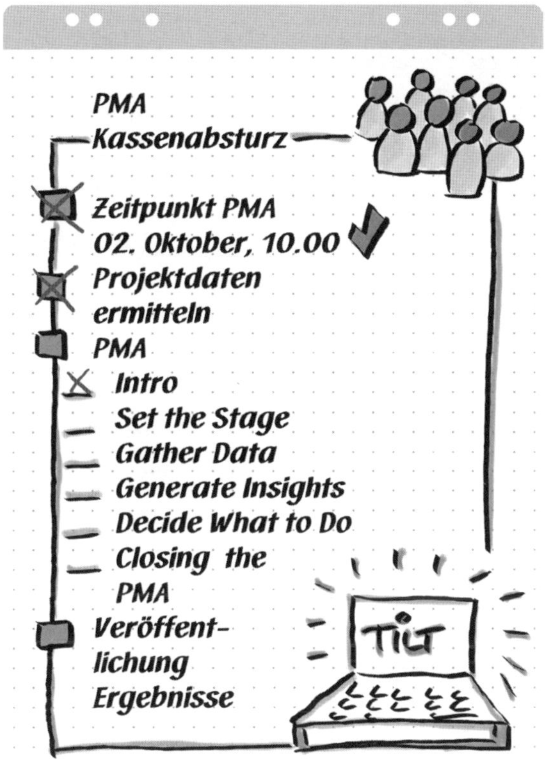

Bild 7.4 Das Übersichts-Flipchart stimmt in das Thema ein.

Während des Intros werden durch den Moderator oder die Moderatorin mittels Flipcharts die folgenden Bestandteile besprochen:

- Willkommen
- Ablauf der PMA mit Teilagenda der aktuellen Sitzung
- Oberste Direktive
- Vegas-Regel

Der Moderator oder die Moderatorin ordnet mit dem Ablauf-Flipchart die Post-Mortem-Analyse (PMA) zeitlich ein. Sofern eine 24-Stunden-Regelung gilt, stellt die Moderationskraft fest, ob die PMA innerhalb der definierten 24-Stunden nach dem PMA-Anlass abgehalten wird.

Die Punkte „Zeitpunkt der PMA festlegen“ sowie „Projektdaten ermitteln“ sind bereits abgehakt. Die Teilagenda für die PMA-Sitzung[2] weist die Punkte

1. Intro
2. Set the Stage

[2] Eine Visualisierung des Ablaufplans findet ihr in Abschnitt 6.3.

3. Gather Data
4. Generate Insights
5. Decide What to Do
6. Closing the Retrospective

mit Zeitangaben auf. In *Gather Data* werden die bereits erfassten Daten durch die Teilnehmer und Teilnehmerinnen ergänzt. Hierauf weist der Moderator oder die Moderatorin genauso hin wie auf die gültige oberste Direktive und die Vegas-Regel.

Dies ergänzt er oder sie um den Hinweis, dass es dennoch Ziel sei, sich auf die Veröffentlichung von Ergebnissen zu einigen. Diese Einigung erfolgt im Rahmen von *Decide What to Do*: Es wird geklärt, ob und welche Ergebnisse veröffentlicht werden.

7.5 Intro #05

Teamphase: Storming, Norming

Projektphase: alle Projektphasen

Vorbereitungszeit: 15 Minuten

Material: vorbereitete Flipcharts: Willkommen, zusammenfassendes Flipchart mit Vegas-Regel, oberster Direktive und Auswahl aus drei Themenkomplexen, Flipchart zur Beschlusskontrolle, je ein Klebepunkt für jeden Teilnehmer und jede Teilnehmerin

7.5.1 Vorgehen

Eine Priorisierung von Themenkomplexen sehr früh vorzunehmen, ermöglicht es dem Team, diesen Themenkomplex sehr detailliert zu diskutieren. Mit dem *Intro #05* wählt das Team direkt zu Beginn einen von drei Themenkomplexen aus. Alle weiteren Methodenbausteine werden dann mit dem Fokus der während des Intros bestimmten Fragestellung bearbeitet.

Zur Vorbereitung erstellt der Moderator oder die Moderatorin drei Flipcharts:

1. Willkommens-Flipchart
2. Zusammenfassendes Flipchart für oberste Direktive, Vegas-Regel sowie zur Auswahl des Themenkomplexes
3. Aufstellung aller während der letzten Retrospektive vereinbarten Ergebnisse

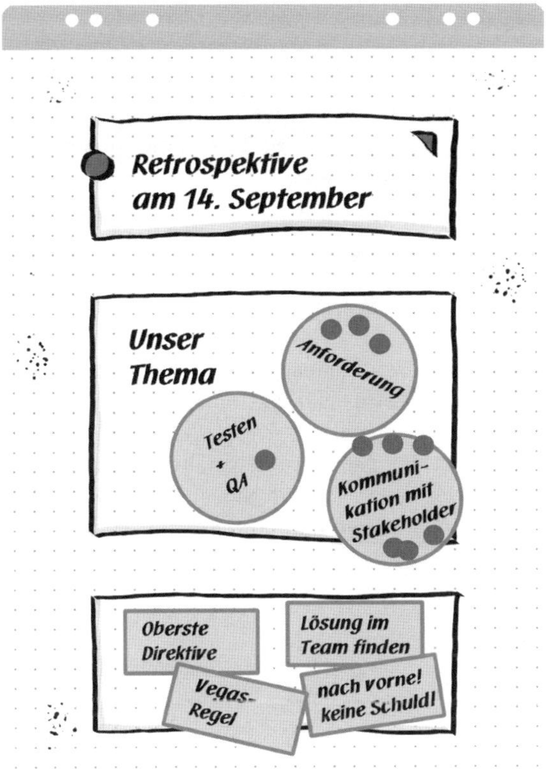

Bild 7.5 Neben der Auswahl der drei Themen für diese Retrospektive wird auf dem Flipchart auch an wichtige Teamregeln, die oberste Direktive und die Vegas-Regel erinnert.

Auf dem zusammenfassenden Flipchart sind neben einer Erinnerung an die Vegas-Regel auch drei Themenkomplexe angegeben, aus denen die Teilnehmer mittels eines Klebepunkts den Themenbereich auswählen, den sie für die kommende Retrospektive konzentriert bearbeiten möchten. Mögliche Themenkomplexe können sein:

- **Projektphasen:** Idee, Plan, Konzept, Implementierung, Qualitätssicherung, Auslieferung
- **Kommunikationsrituale:** Projektsteuerung, Anforderungen (Aufnahme/Analyse), Abnahme (Vorgehen/Kriterien)
- **Kommunikation im Team:** Übergaben, Daily Standup, Projektwand
- **Projektparameter:** Anforderungen, Qualität, Aufwände

Nach der Auswahl des Themenkomplexes wird dieser auf dem Flipchart farblich gekennzeichnet. Dieses Flipchart wird so aufgehängt, dass es während der gesamten Retrospektive für alle Teilnehmer und Teilnehmerinnen gut sichtbar ist. So bleibt auch die Erinnerung an die oberste Direktive und die Vegas-Regel dauerhaft sichtbar.

Zusätzlich zeigt der Moderator oder die Moderatorin die Beschlüsse der letzten Retrospektive zur Beschlusskontrolle auf einem Flipchart. Er beziehungsweise sie weist darauf hin, dass die Teammitglieder nur diejenigen Themen behandeln sollten, die in den gewählten Fokus der Retrospektive fallen.

7.5.2 Besonderheiten

Eine frühzeitige Verengung auf Themenkomplexe ist besonders hilfreich für Teams, die sich gerade im *Storming* oder *Norming* befinden. Durch die Vorgabe der drei Themen erfolgt eine Vorgabe durch die Moderation. Es kann sein, dass diese Vorgabe (insbesondere während des *Storming*) auf Widerstand im Team stößt.

In diesem Fall hat der Moderator oder die Moderatorin zwei Optionen:

- Er oder sie bittet das Team, aus den genannten drei Optionen auszuwählen.
- Er beziehungsweise sie bittet um die Nennung weiterer genereller Themenstellungen, die zur Wahl gestellt werden.

In jedem Fall bleibt die Verengung auf einen Themenkomplex für die gesamte Retrospektive bestehen. In der nachfolgenden Retrospektive sind zwei Flipcharts zur Beschlusskontrolle zu zeigen – es kann sein, dass Ergebnisse durch die frühe Themenauswahl nicht weiter reflektiert wurden. Dies ist in der nachfolgenden Retrospektive nachzuholen. Damit geht der Moderator oder die Moderatorin auf die Störung, das heißt den offen artikulierten Widerstand ein, ohne die Intention der detaillierten Diskussion zu verlieren.

7.6 Intro #06

Teamphase: alle Teamphasen

Projektphase: alle Projektphasen

Vorbereitungszeit: 10 Minuten

Material: vorbereitete Flipcharts: Agenda-Flipchart und Flipchart zur Beschlusskontrolle

7.6.1 Vorgehen

Im Vorfeld der Retrospektive erstellt der Moderator oder die Moderatorin zwei Flipcharts:

1. Flipchart mit Agenda, Erinnerung an oberste Direktive und Vegas-Regel
2. Flipchart mit Beschlüssen der letzten Retrospektive und einem Abstimmungsfeld

Nach Ankunft der Teilnehmer und Teilnehmerinnen ergänzt der Moderator oder die Moderatorin die maximale Stimmenzahl im Abstimmungsfeld.

Der Moderator oder die Moderatorin begrüßt die Teilnehmer und Teilnehmerinnen der Retrospektive und stimmt in die Retrospektive ein, indem er beziehungsweise sie die Agenda vorliest.

Gleichzeitig erinnert der Moderator oder die Moderatorin sowohl an die oberste Direktive als auch an die Vegas-Regel.

Anschließend trägt er beziehungsweise sie die Beschlüsse der letzten Retrospektive vor. Er oder sie bittet um ein Handzeichen, wie gut dem Team die Umsetzung der Beschlüsse gelungen ist. Dabei bedeuten

- 5 Finger: Super gut gelungen
- 3 Finger: Zufriedenstellend
- 1 Finger: Misslungen

Auf 1-2-3 zeigen alle Teilnehmer und Teilnehmerinnen ihre Bewertung auf die Frage:

„Wie gut ist euch die Umsetzung der Beschlüsse gelungen?“

Der Moderator oder die Moderatorin zählt die Finger und notiert die entsprechende Bewertungszahl im Abstimmungsfeld. Dann wird das Beschluss-Flipchart umgehängt, so dass es während der gesamten Retrospektive zu sehen ist. Der Moderator beziehungsweise die Moderatorin unterbindet gegebenenfalls einsetzende Diskussionen über das Abstimmungsergebnis und verweist auf die nachfolgenden Phasen.

Die beiden Flipcharts werden so aufgehängt, dass sie während der gesamten Retrospektive gut zu sehen sind.

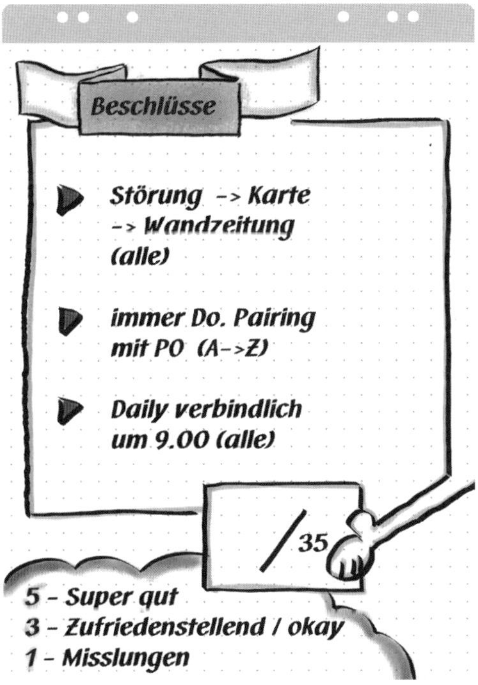

Bild 7.6 Bei sieben Teilnehmern und Teilnehmerinnen sind maximal 35 Stimmen zu vergeben.

7.6.2 Besonderheiten

Durch eine wertende Frage im Intro kann der Moderator oder die Moderatorin den Fokus der Retrospektive auf ein bestimmtes Thema lenken. Bitte achtet darauf, dass ihr die Teilnehmer und Teilnehmerinnen gut im *Set the Stage* abholt. Die Gefahr ist groß, dass die Teilnehmer und Teilnehmerinnen das Thema aufgreifen und versuchen, sich vor allem auf der Sachebene damit auseinanderzusetzen.

7.6.3 Varianten

Die Bewertungsfrage kann durch den Moderator oder die Moderatorin verändert werden. Diese Fragen wirken als Impuls für die gesamte Retrospektive. Alternative Fragen sind:

1. Hatten die Beschlüsse den erwarteten Hebel für euch?
2. Wie zufrieden bist du mit dem Ergebnis der Beschlüsse?

An Stelle eines visuellen Markers kann der Moderator oder die Moderatorin die oberste Direktive und die Vegas-Regel jeweils auf einer großen Moderationskarte notieren und diese im Verlauf des Intros auf das zugehörige Flipchart anheften.

8 Set the Stage

Set the Stage ist die erste durch die Teilnehmer und Teilnehmerinnen dominierte Phase der Retrospektive.

> **Tipp**
> Während *Set the Stage* kommen die Teilnehmer und Teilnehmerinnen in der Retrospektive an, sie äußern ihre Stimmung und die Erwartungen, mit der oder denen sie in die Retrospektive starten.

8.1 Bewertungsraster

Teamphase: Norming, Performing, Adjourning

Projektphase: alle Projektphasen

Vorbereitungszeit: 5 Minuten

Material: Flipchart mit einem Raster, Klebepunkte, Flipchart-Stift für Moderator oder Moderatorin

8.1.1 Vorgehen

Alle Teilnehmer und Teilnehmerinnen werden gebeten, auf einem vorbereiteten Flipchart mit einem Klebepunkt die Effizienz des letzten Sprints zu bewerten.

Nachdem jeder seine Bewertung angeklebt hat, bittet der Moderator oder die Moderatorin darum, dass alle ihre Bewertung begründen. Dabei sind Kommentare oder Diskussion der Beurteilungen durch die anderen Teilnehmer und Teilnehmerinnen nicht erwünscht.

Ziel ist es, einen Eindruck von der Stimmung der Beteiligten zu erhalten. Durch die Erläuterungen aller Teilnehmer und Teilnehmerinnen entsteht ein Gesamteindruck. Auch kann es interessant sein, wie Einzelne das Gesamtbild einordnen.

Der Moderator oder die Moderatorin vermerkt in dem Feld neben den Bewertungen die entsprechenden Kommentare.

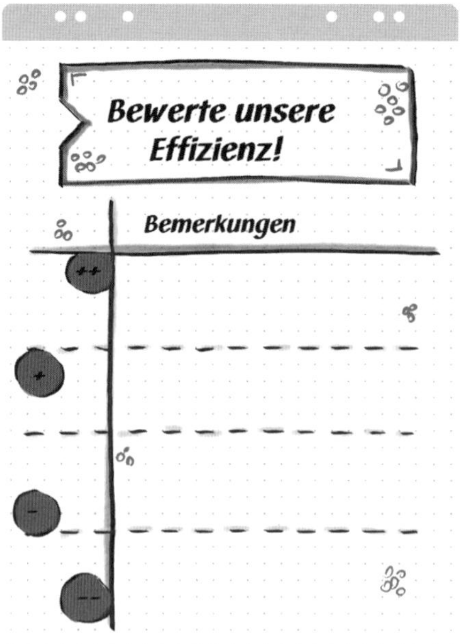

Bild 8.1 Links ist Platz für die Bewertungspunkte. In der rechten Spalte werden die zugehörigen Kommentare ergänzt.

8.1.2 Besonderheiten

Mit einer gezielten Eingangsfrage wird das Thema der Retrospektive maßgeblich bestimmt. Wenn der Moderator oder die Moderatorin eine offene Themenauswahl – also eine späte Themenzuspitzung während der Retrospektive – wünscht, sollte er oder sie einen anderen Methodenbaustein auswählen.

8.1.3 Varianten

Im Falle einer zugespitzten Themenbearbeitung stimmt dieser Methodenbaustein gut in das entsprechende Thema ein. Dafür sind die Leitfragen entsprechend zu wählen:

„Übergaben“

„Wissenstransfer“

„Informationsfluss“

„Kommunikationsverhalten“

„Abstimmungen mit dem Auftraggeber/der Auftraggeberin“ oder

„Vorbereitungen zur Auslieferung“

Um die Grundstimmung des Teams zu erfassen, ist eine Kombination dieses Methodenbausteins mit dem *„Blitzlicht“* (siehe Abschnitt 12.3) denkbar, bei dem die Teilnehmer und Teilnehmerinnen reihum ihr Blitzlicht-Statement zu den Fragen beantworten:

„Wie geht es dir aktuell?“

„Welches Ereignis hat dich veranlasst, deine Bewertung *so* vorzunehmen?“

Zur Unterstützung aller Teilnehmer und Teilnehmerinnen sollten diese Fragen auf einem Flipchart visualisiert werden. Häufig schweifen Teilnehmer und Teilnehmerinnen in offenen Befragungen inhaltlich ab – hier gilt es seitens der Moderation auf die eigentliche Fragestellung zurückzuführen. Gemäß der „Blitzlicht“-Regeln bleiben die Aussagen des Blitzlichts durch alle anderen Beteiligten unkommentiert.

8.2 Bühne frei!

Teamphase: alle Teamphasen

Projektphase: alle Projektphasen

Vorbereitungszeit: 5 Minuten

Material: vorbereitetes Flipchart mit dem Bild einer geöffneten Bühne, Moderationskarten und Stifte für alle Teilnehmer und Teilnehmerinnen.

8.2.1 Vorgehen

Bild 8.2
Zur Unterstützung der Teilnehmer und Teilnehmerinnen sind die drei Fragen auf dem Flipchart notiert.

Die Teilnehmer und Teilnehmerinnen werden gebeten, auf Moderationskarten Antworten auf die drei folgenden Fragen zu formulieren:

„Wie fühlst du dich gerade?"

„Wie beschreibst du das aktuelle Teamgefühl?"

„Welche Erwartungen hast du an die heutige Retrospektive?"

Diese Fragen sind auch auf dem Flipchart aufgeführt, so dass die Teilnehmer und Teilnehmerinnen während der Beantwortung nachlesen können.

Nachdem alle ihre Karten geschrieben haben, bittet der Moderator oder die Moderatorin alle Beteiligten, ihre Karten an das Flipchart anzuheften. Dies geschieht ohne eine Kommentierung durch die Teilnehmer und Teilnehmerinnen.

Dabei können die Teilnehmer und Teilnehmerinnen die Antworten bereits bestehenden Antworten zuordnen – diese Zuordnung ist keine Pflicht.

Der Moderator oder die Moderatorin liest alle Karten vor, so dass alle Teilnehmer und Teilnehmerinnen im Bilde über die gegebenen Antworten sind. Nachfragen sind während des Vorlesens nur zum Klären von Aussagen – nicht aber für die Diskussion von Aussagen – zugelassen. Dies ist durch die Moderation zu gewährleisten.

8.2.2 Varianten

Nachdem alle Teilnehmer und Teilnehmerinnen ihre Karten angeklebt haben und diese vorgelesen wurden, können diese in einer Puschelrunde alle Aussagen kommentieren. Wichtig ist, dass immer nur eine Person zur gleichen Zeit spricht – und dass nur Kommentare auf die Karten gegeben werden. Sofern die Teilnehmer und Teilnehmerinnen beginnen, in ihren Kommentaren aufeinander Bezug zu nehmen, muss der Moderator beziehungsweise die Moderatorin eingreifen.

Wenn der Moderator oder die Moderatorin die Puschelrunde eröffnet, gibt er oder sie implizit die lineare oder eine unstrukturierte Reihenfolge vor – indem er oder sie den Puschel an den oder die Erste in der Reihe oder jemandem Beliebigen zuwirft.

8.3 Effizienz des Teams

Teamphase: Forming, Performing, Adjourning

Projektphase: alle Projektphasen

Vorbereitungszeit: 5 Minuten

Material: vorbereitetes Flipchart, Moderationskarten und Stifte für alle Teilnehmer und Teilnehmerinnen

8.3.1 Vorgehen

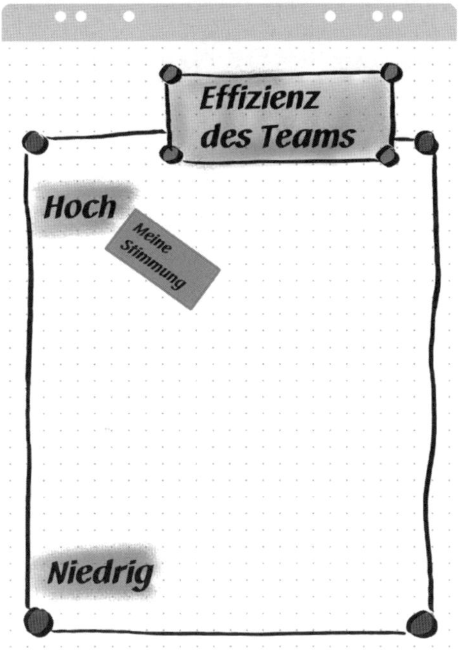

Bild 8.3
Das Raster für die Bewertung ergibt sich aus dem Abstand zwischen „hoch" und „niedrig".

Mit dem vorbereiteten Flipchart stellt die Moderationskraft zwei Fragen auf einmal:

1. Durch Aufhängen der eigenen Moderationskarte indiziert der Teilnehmer oder die Teilnehmerin, wie hoch er beziehungsweise sie die Effizienz des Teams einschätzt.
2. Auf der Moderationskarte skizziert der Teilnehmer oder die Teilnehmerin die eigene Stimmung.

Während die Teilnehmer und Teilnehmerinnen ihre Stimmung auf Moderationskarten schreiben, schweigen alle Beteiligten.

Nachdem das Schreiben beendet ist, stellen die Teilnehmer und Teilnehmerinnen nacheinander ihre Antworten vor und hängen die Moderationskarten an das Flipchart. Häufig begründen die Teilnehmer und Teilnehmerinnen die Bewertung von sich aus, die sie mit dem Aufhängen vornehmen. Wenn diese Bewertung nicht erfolgt, sollte der Moderator oder die Moderatorin nachfragen.

8.3.2 Besonderheiten

Die Frage nach der Effizienz wird von einigen Teams aggressiv beantwortet. Dann zeigt sich die implizite Annahme, dass Schnelligkeit wichtiger ist als die im Projekt erreichte Qualität – und die Ohnmacht, die Teammitglieder über diese Bewertung empfinden. Gleichzeitig zeigt sich in der Aggression eine implizite hierarchische Annahme: „Deine Meinung ist wichtiger als meine." Die Frage nach der Effizienz kann ein guter Einstieg in eine Qualitätsdebatte sein. Der Einstieg sollte dann offen einmoderiert werden:

„Wir werden diesen Widerspruch nur lösen können, wenn wir ihn aussprechen und ehrlich Handlungsoptionen für alle Beteiligten diskutieren."

Wenn sich aggressive Kommentare in dieser Phase zeigen, sollte das Thema „Produktqualität/Zeitdruck" in *Gather Data* im Detail besprochen werden. Hierauf hat sich der Moderator oder die Moderatorin vorzubereiten.

8.4 Erwartungsbaum

Teamphase: Forming, Storming

Projektphase: Idee, Plan, Konzept, Implementierung

Vorbereitungszeit: 5 Minuten

Material: vorbereitetes Flipchart mit der Zeichnung eines leeren Baums (Äste, Stamm, Wurzeln), Moderationskarten (Blätterform), Stifte für alle Teilnehmer und Teilnehmerinnen

8.4.1 Vorgehen

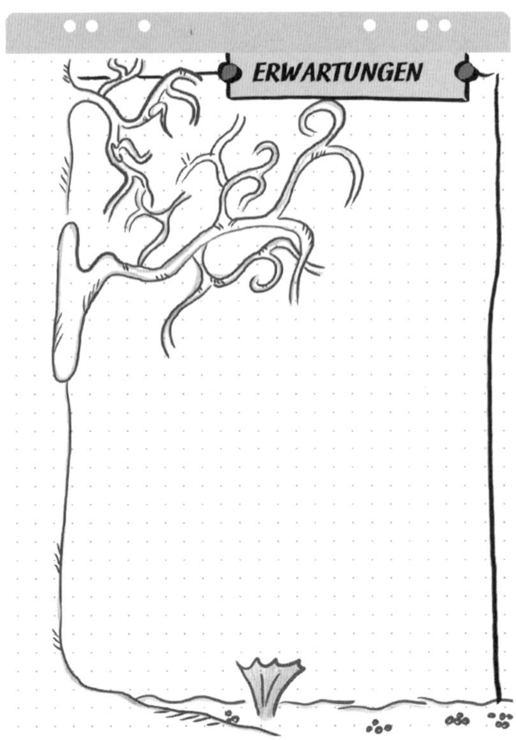

Bild 8.4 Ab acht Teilnehmern und Teilnehmerinnen solltet ihr den Erwartungsbaum auf ein großes Pinnwandpapier malen, damit alle Moderationskarten ihren Platz finden.

Der Moderator beziehungsweise die Moderatorin hat vor der Retrospektive ein Flipchart vorbereitet, auf dem ein Baum gezeichnet ist. Er oder sie bittet alle Teilnehmer und Teilnehmerinnen darum, in der Stille Wünsche, Hoffnungen, Erwartungen für die kommende Retrospektive auf je eine Moderationskarte zu schreiben.

Die Stille ist wichtig, damit nicht durch Bemerkungen anderer Ängste entstehen. Die Frage

> „Ist mein Beitrag klug genug?"

könnte ein Teammitglied genauso von einem Beitrag abhalten wie

> „Wenn Person XYZ das so sieht, wird niemand meiner Beobachtung folgen!"

Durch die Stille sichert der Moderator oder die Moderatorin die Möglichkeit, dass alle Teilnehmer beziehungsweise Teilnehmerinnen die Chance nutzen können, ihren Anliegen und Gefühlen Raum zu geben.

Diejenigen, die ihrer Meinung nach fertig sind, können die Karten bereits am Baum aufhängen.

Nachdem alle ihre Karten angeheftet haben, liest der Moderator oder die Moderatorin die Karten vor. Wenn ein Teilnehmer oder eine Teilnehmerin eine Karte nicht versteht, wird der Schreiber beziehungsweise die Schreiberin gebeten, diese Karte näher zu erläutern. Es ist aus Moderationssicht darauf zu achten, dass solche Erklärungen nicht in eine detaillierte Beschreibung von aktuellen Phänomenen oder Ursachenforschung übergehen. Es geht lediglich darum, ein grundsätzliches Verständnis des geschriebenen Wortes und womöglich eine Einordnung durch den Schreiber oder die Schreiberin zu hören. Auch eine Debatte über die getroffenen Aussagen ist auf eine spätere Phase der Retrospektive zu vertagen.

Ziel ist es, dass alle Teilnehmer verstehen, mit welchem Grundgefühl alle Beteiligten in diese Retrospektive starten.

8.4.2 Varianten

An Stelle eines Baums kann auch eine leere Blumenwiese oder ein Himmel genutzt werden, in den Luftballons aufsteigen.

Inhaltlich kann der Erwartungsbaum dahingehend erweitert werden, dass nicht nur positive Erwartungen, sondern auch andere Forderungen zugelassen werden:

> „Was erwarte ich von dieser Retrospektive?" (grün)
>
> „Was darf hier nicht passieren?" (rot)

Wird der Erwartungsbaum mit zwei Fragen versehen, sind beide Fragen auf dem Flipchart zu visualisieren. Es empfiehlt sich für die Beantwortung auf zwei verschiedene Farben zu setzen. Damit die Zuordnung gut gelingt, sollten die entsprechenden Fragen bereits farbcodiert vorgegeben werden.

8.4.3 Besonderheiten

Diese Methode eignet sich besonders gut für frühe Teamphasen, weil bewusst Gefühle in Bezug auf die Retrospektive thematisiert werden.

Der Erwartungsbaum wird während *Closing the Retrospective* (siehe Abschnitt 12.8) wieder „gepflückt".

8.5 Erwartungshorizont

Teamphase: alle Teamphasen

Projektphase: Implementierung, Qualitätssicherung, Auslieferung, Projektkrise

Vorbereitungszeit: 5 Minuten

Material: vorbereitetes Flipchart mit Bewertungsmaßstab, Moderationskarten und Stifte für alle Teilnehmer und Teilnehmerinnen

8.5.1 Vorgehen

Bild 8.5 Die ersten drei Teilnehmer beziehungsweise Teilnehmerinnen haben ihre Voten bereits abgegeben. Die Stimmung wird über Emoticons visualisiert.

Auf einem Flipchart ist ein Bewertungsmaßstab mit den Endpunkten „Absichtserklärungen“ und „konkrete Ergebnisse“ aufgetragen. Die Teilnehmer und Teilnehmerinnen erhalten eine Moderationskarte, um auf dieser Karte die eigene Stimmung zu verbalisieren oder zu visualisieren.

Nachdem alle ihre aktuelle Stimmung auf den Moderationskarten eingetragen haben, gehen die Teilnehmer und Teilnehmerinnen nacheinander zum Flipchart und hängen ihre Moderationskarte an die Stelle, die die aus ihrer Sicht voraussichtliche Ergebnisqualität der Retrospektive bestimmt.

Die Teilnehmer und Teilnehmerinnen erläutern ihre aktuelle Stimmungslage und begründen kurz ihre Bewertung in Bezug auf die Ergebnisqualität. Tiefergehende Diskussionen unterbindet der Moderator oder die Moderatorin mit Hinweis auf die nachfolgenden Phasen.

8.5.2 Besonderheiten

Wenn der Moderator oder die Moderatorin das Gefühl hat, dass das Team Schwierigkeiten hat, Vereinbarungen umzusetzen, kann dieser Methodenbaustein hilfreich sein, um die Wahrnehmung hierfür im Team zu schärfen.

Bei Bedarf kann dieser Methodenbaustein in *Gather Data* mit der *„Beschlusskontrolle“* (Abschnitt 9.2) oder der *„Beschlussübersicht“* (Abschnitt 9.3) fortgesetzt werden.

8.5.3 Varianten

Im Erwartungshorizont können auch andere Team- und Projektparameter abgefragt werden. Als weitere Parameter sind Teamstimmung, Kommunikationsverhalten, Übergaben und Produktqualität denkbar.

8.6 Filmzitat

Teamphase: alle Teamphasen

Projektphase: alle Projektphasen

Vorbereitungszeit: 5 Minuten

Material: vorbereitetes Flipchart mit Handlungsanweisung, Moderationskarten und Flipchart-Stift für den Moderator oder die Moderatorin

8.6.1 Vorgehen

Bild 8.6
Um das Vervollständigen des Satzes zu erleichtern, ist der Satzanfang auf dem Flipchart angegeben.

Alle Teilnehmer und Teilnehmerinnen vervollständigen den folgenden Satz und begründen die entstehende Aussage:

„Ich fühle mich heute wie die Person XYZ im Film ABC, weil …"

Um anzuzeigen, wer an der Reihe ist, hält der- oder diejenige Person einen Puschel in der Hand. Die Äußerungen der Sprecher und Sprecherinnen bleiben durch alle anderen unkommentiert. Der Moderator oder die Moderatorin notiert in Stichworten den benannten Film und die geäußerte Stimmung und hängt diese Äußerungen an das Flipchart.

Gleichzeitig achtet der oder die Moderatorin darauf, dass alle Teilnehmer und Teilnehmerinnen ihre Auswahl begründen. Lässt ein Teilnehmer oder eine Teilnehmerin diesen Part aus, fordert der Moderator oder die Moderatorin die Begründung nachträglich ein.

Wenn ein Teilnehmer oder eine Teilnehmerin sein oder ihr Filmzitat gegeben hat, reicht er beziehungsweise sie den Puschel an jemand anderen im Team weiter.

Der Moderator oder die Moderatorin kontrolliert, dass alle Teilnehmer und Teilnehmerinnen zu Wort gekommen sind.

8.6.2 Besonderheiten

Manchmal fällt es Beteiligten schwer, die eigene Stimmung in einem Film auszudrücken. Wenn dies der Fall ist, bittet der Moderator oder die Moderatorin um eine Beschreibung der Stimmung ohne ein Filmzitat.

In manchen Teams entspinnt sich um diesen Methodenbaustein, wer die witzigste Antwort gibt. Dann zögern manche, bevor sie den Puschel nehmen. Hier hilft eine stringente Moderation und das schnelle Einfordern eines Zitats.

8.6.3 Varianten

Der Methodenbaustein *„Filmzitat“* kann in der Phase *Closing the Retrospektive* wiederaufgenommen werden. Dann ist die Fragestellung derart zu verändern, dass die Auswahl der Rolle und der Stimmung die erlebte Retrospektive und die sich daraus ergebenden Zukunftswünsche und -hoffnungen reflektiert.

8.7 Kneten

Teamphase: Norming, Performing, Adjourning

Projektphase: Implementierung, Qualitätssicherung, Auslieferung

Vorbereitungszeit: 5 Minuten

Material: vorbereitetes Flipchart mit Überschrift, Knetgummi und Knetfläche (beispielsweise Tisch) für alle Teilnehmer und Teilnehmerinnen, Stoppuhr

8.7.1 Vorgehen

Der Moderator oder die Moderatorin bittet alle Teilnehmer und Teilnehmerinnen, in sich zu gehen und ein Bild für die Stimmung zu finden, die sie in Bezug auf die Zeit bis zur letzten Retrospektive fühlen. Für dieses Finden eines Stimmungsbilds lässt der Moderator oder die Moderatorin den Teilnehmern und Teilnehmerinnen Zeit in der Stille.

Der Moderator oder die Moderatorin vergewissert sich, dass die Teilnehmer und Teilnehmerinnen ein Wort oder ein Bild für die Stimmung gefunden haben, und weist in die eigentliche Aufgabe ein:

> „Nachdem ihr alle euer Bild gefunden habt, gebe ich euch jetzt jeweils Knetgummi. Bitte arbeitet das Knetgummi so aus, dass es für euer Bild steht.“

Die Teilnehmer und Teilnehmerinnen bearbeiten ihr Knetgummi entsprechend. Sie haben für das Ausarbeiten ihres Stimmungsbilds drei Minuten. Der Moderator oder die Moderatorin merkt an, wenn die letzte Minute beginnt.

Alle Teilnehmer und Teilnehmerinnen stellen ihre Knetergebnisse und ihre Gedanken dazu vor. Die Aussagen bleiben unkommentiert. Nachfragen zum Verständnis sind erlaubt. Der Moderator beziehungsweise die Moderatorin achtet darauf, dass diese Nachfragen nicht eine Diskussion eröffnen, welche *Gather Data* beziehungsweise *Generate Insights* vorwegnimmt.

Bild 8.7 Auch Methodenbausteine ohne Handlungsanweisung werden mit Flipcharts visualisiert. Dies dient dem Team als Erinnerungsstütze.

8.7.2 Besonderheiten

„*Kneten*" ist meist ein lustiger und lautstarker Einstieg in die Retrospektive. Denn den wenigsten gelingt auf Anhieb ihr Knetwerk – und das bleibt nicht unkommentiert. Das ungewohnte Material mit der gleichzeitigen Abstraktionsleistung der Stimmungsdarstellung fordert die meisten Teilnehmer und Teilnehmerinnen stark. Manchen Teilnehmern und Teilnehmerinnen wird beim Kneten bewusst, mit welchen Emotionen sie im letzten Sprint unterwegs waren. Dieser Teil wird meist nicht in der intellektuellen Leistung deutlich, wenn der Teilnehmer oder die Teilnehmerin ein Bild für sich findet. Die Emotionen zeigen sich während des Knetens selbst. Hier gilt es, angemessen und ohne eine Minderung der Stimmung für Ruhe zu sorgen.

Häufig bleiben Bilder, die während dieses Methodenbausteins gefunden wurden, lange als Kennzeichen für bestimmte Stimmungen und Verhaltensweisen bestehen.

In Teams, die nicht besonders geübt in Retrospektiven sind, gibt es häufig das Vorurteil, dass moderierte Retrospektiven „etwas von einem Kindergarten" hätten. Um diese ablehnende Haltung nicht zu provozieren, sollte der Methodenbaustein „*Kneten*" nur in geübten Teams genutzt werden.

8.8 Pantomime

Teamphase: alle Teamphasen, besonders aufschlussreich im *Forming*

Projektphase: alle Projektphasen

Vorbereitungszeit: 5 Minuten

Material: vorbereitetes Flipchart, Stoppuhr

8.8.1 Vorgehen

Bild 8.8
Das Titel-Flipchart stimmt alle Beteiligten auf den Methodenbaustein ein.

Der Moderator oder die Moderatorin bittet alle Teilnehmer und Teilnehmerinnen, nacheinander aufzustehen und mit einer pantomimischen Darstellung ihre Gefühle zum letzten Sprint darzustellen. Die anderen Teilnehmer und Teilnehmerinnen der Retrospektive versuchen, das Gefühl als Wort zu erraten. Wird das Gefühl innerhalb von 30 Sekunden nicht erraten, bittet der Moderator oder die Moderatorin um eine Aufklärung durch den Darsteller beziehungsweise die Darstellerin.

8.8.2 Besonderheiten

Die Pantomime ist besonders für die ersten Teamphasen interessant, weil neben den Gefühlen zum Sprint auch Wissen über die Teilnehmer und Teilnehmerinnen ausgetauscht wird.

8.8.3 Varianten

An Stelle der pantomimischen Darstellung können die Teilnehmer auch um eine Handgeste oder um einen Gesichtsausdruck gebeten werden.

Insbesondere kann das Team nach einer „typischen Geste“ während des Zeitraums seit der letzten Retrospektive gefragt werden. Die mit diesem Methodenbaustein gesammelten Gefühle können stichwortartig durch den Moderator oder die Moderatorin am Flipchart notiert werden. Dieses Flipchart dient der Inspiration in *Gather Data*.

8.9 Retro-Feedback

Teamphase: Forming

Projektphase: alle Projektphasen

Vorbereitungszeit: 15 Minuten

Material: vorbereitete DIN-A4-Arbeitsbögen (jeweils ein Bogen für jeden Teilnehmer und jede Teilnehmerin), Stifte für alle Teilnehmer und Teilnehmerinnen

8.9.1 Vorgehen

Auf vorbereiteten DIN-A4-Bögen[1] ist die Frage „Was/wer wäre der Sprint, wenn er ... wäre?“ aufgedruckt. Diese Frage wird durch den Moderator oder die Moderatorin vor der Retrospektive ergänzt. Dabei werden genauso viele Fragebögen erzeugt, wie Teilnehmer und Teilnehmerinnen in der Retrospektive sind. Mögliche Fragen ergeben sich durch die Ergänzungen:

- eine Pflanze,
- ein Ort,
- ein Auto,
- eine Farbe,
- eine Rolle in Star Trek.

Die Fragestellungen sollten möglichst unterschiedlich und auch überraschend sein. Die Frage, was der Sprint als Fortbewegungsart sei, wird ganz andere Antworten erzeugen als die Frage, welches Wetter der Sprint sei.

Die Teilnehmer und Teilnehmerinnen beginnen mit einem dieser Zettel und beantworten die Frage. Auf ein Zeichen durch den Moderator oder die Moderatorin werden die Zettel nach rechts weitergegeben. Alle Beteiligten beantworten nun die zweite Frage. Wiederum auf Signal des Moderators oder der Moderatorin geben alle ihre Zettel an den rechten Sitznachbarn oder die -nachbarin weiter. Der Moderator beziehungsweise die Moderatorin

[1] Eine PDF-Vorlage für diesen Methodenbaustein findet ihr bei [Andresen2013].

achtet darauf, dass die Teilnehmer und Teilnehmerinnen jeweils genügend Zeit haben, die vorherigen Antworten durchzulesen. Dieser Zeitbedarf erhöht sich mit jeder Weitergabe ein kleines bisschen. Jede Frage wird von jedem Teilnehmer und jeder Teilnehmerin genau einmal beantwortet.

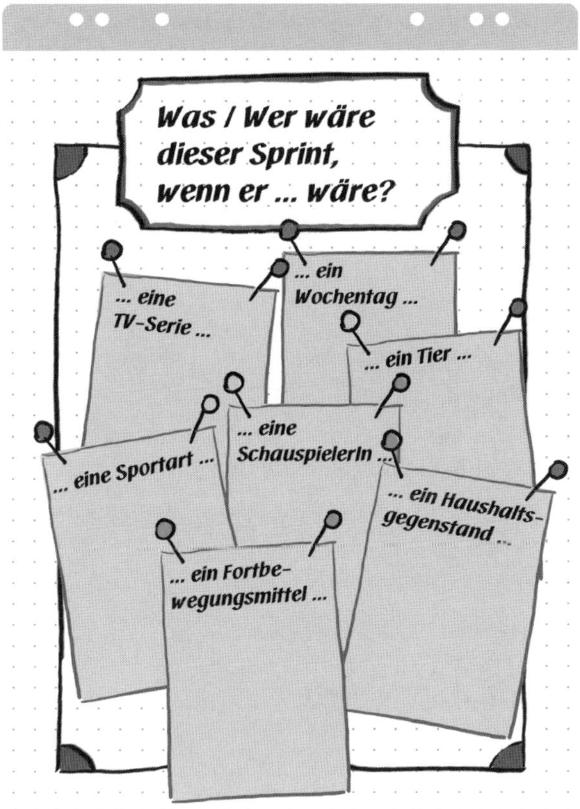

Bild 8.9 Die Fragen umfassen alle Lebensbereiche.

Schließlich liest der Moderator beziehungsweise die Moderatorin die Antworten vor. Der Moderator oder die Moderatorin heftet die Fragebögen an das Flipchart.

Einige Antworten werden Nachfragen hervorrufen. Diese sind kurz mit den Beteiligten zu klären. Der Moderator oder die Moderatorin achtet darauf, dass diese Erläuterungen nicht bereits der Datensammlung in *Gather Data* vorgreifen.

8.9.2 Besonderheiten

Je nach Interessenlage der Gruppe können auch besondere Themen gewählt werden. Hier kann der Moderator beziehungsweise die Moderatorin sehr individuell auf die Vorlieben und Kenntnisse des Retrospektiventeams eingehen. Dabei sollte er beziehungsweise sie darauf achten, dass die erfragten Punkte in der Wissensdomäne aller Beteiligten liegen.

8.9.3 Varianten

Bei mehr als acht Personen sollte der Moderator oder die Moderatorin sich von jedem Teilnehmer und jeder Teilnehmerin nur drei Antworten geben lassen. Der daraus entstehende Eindruck genügt zum Einstieg in die Retrospektive.

Dieser Methodenbaustein kann um eine Puschelrunde ergänzt werden, in der die Teilnehmer und Teilnehmerinnen den Gesamteindruck kommentieren, der sich aus den Antworten ergibt.

8.10 Säulendiagramm

Teamphase: alle Teamphasen

Projektphase: Idee, Plan, Konzept, Implementierung, Qualitätssicherung, Auslieferung

Vorbereitungszeit: 5 Minuten

Material: vorbereitetes Flipchart mit Säulen, für alle Teilnehmer und Teilnehmerinnen je ein Bewertungszettel und Stift, Flipchart-Stift für den Moderator oder die Moderatorin

8.10.1 Vorgehen

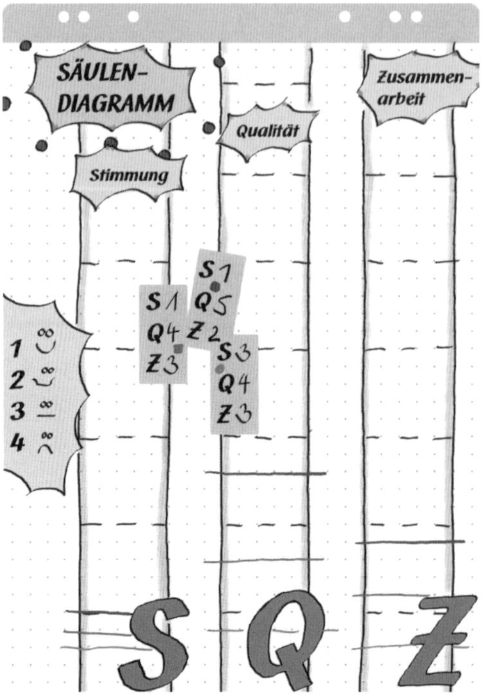

Bild 8.10
Drei von acht Teilnehmern beziehungsweise Teilnehmerinnen haben bereits ihre Stimme abgegeben.

Auf einem Flipchart trägt der Moderator oder die Moderatorin in der Vorbereitung der Retrospektive drei Säulen auf. Es erleichtert die Eintragungen, wenn auf den Säulen in Abständen Zählmarken (5, 10, 15, ...) aufgeführt sind. Diese Säulen werden mit „Stimmung“, „Qualität“ sowie „Zusammenarbeit“ betitelt. Darüber hinaus werden die Säulen mit den Buchstaben „S“, „Q“ sowie „Z“ gekennzeichnet, die oben genannte Titel abkürzen und einen Bezug zu den Bewertungszetteln herstellen. Das Flipchart wird um eine Bewertungslegende ergänzt. Für jeden Teilnehmer und jede Teilnehmerin bereitet der Moderator oder die Moderatorin einen Bewertungszettel vor, der in die Bereiche „S“, „Q“ sowie „Z“ unterteilt ist.

Der Moderator oder die Moderatorin bittet die Retrospektiventeilnehmer und -teilnehmerinnen um eine Bewertung der drei Bereiche für den Zeitraum seit der letzten Retrospektive. Die Stimmung, „S“, bezieht sich jeweils direkt auf die Teilnehmer und Teilnehmerinnen. Mit der Qualität, „Q“, ist das Arbeitsergebnis des Teams gemeint. Für die Zusammenarbeit, „Z“, beurteilen die Teilnehmer und Teilnehmerinnen die gelebte Kooperation im Team. Die Fragen beziehen sich ausdrücklich nicht auf Personen außerhalb des Teams.

Wenn Teammitglieder sich hierzu gerne äußern möchten, verweist der Moderator beziehungsweise die Moderatorin auf die Phase *Gather Data*. *Set the Stage* fokussiert auf die Stimmung der Teilnehmer und Teilnehmerinnen sowie auf das Team als solches.

Die Teilnehmer und Teilnehmerinnen füllen die Bewertungszettel aus. Nachdem alle ihre Zettel ausgefüllt haben, werden diese an den Moderator oder die Moderatorin ausgehändigt. Die Moderationskraft trägt die entsprechenden Bewertungen auf dem Flipchart ab. Dabei sind die einzelnen Bewertungen abzulesen.

Nachdem alle Bewertungen abgetragen sind, können die Teilnehmer und Teilnehmerinnen das entstandene Bild kurz kommentieren. Dafür gibt der Moderator oder die Moderatorin einen Puschel aus. Dieser wird denjenigen Personen zugeworfen, die das Gesamtbild kommentieren möchten. Die Teilnehmer und Teilnehmerinnen können jeweils einen Beitrag leisten. Tiefergehende Diskussionen und Analysen finden erst in den nachfolgenden Phasen statt.

8.10.2 Besonderheiten

In Abhängigkeit von der Teamgröße muss der Moderator oder die Moderatorin vorab die maximale Punktezahl für die drei Bewertungen und den Maßstab auf dem Flipchart zum Abtragen der gegebenen Punkte bestimmen. Ein entsprechender Maßstab ist auf dem Flipchart vorher abzutragen, damit das Eintragen der Punkte schnell erfolgen kann. Im Beispiel können maximal 28 Punkte eingetragen werden (begrenzt durch die „S-Säule“) – das Flipchart ist so für sieben Teilnehmer und Teilnehmerinnen zu nutzen.

8.10.3 Varianten

Die Befüllung des Säulendiagramms kann auch per Zuruf erfolgen. Wichtig ist, dass die Retrospektiventeilnehmer und -teilnehmerinnen ihre eigene Meinung nennen. Daher sollte diese Variante nur in späteren Teamphasen genutzt werden, in denen die Teammitglieder in ihrem Teamstatus gefestigt sind. Alternativ können die Teilnehmer und Teilnehmerinnen vorab ihre Bewertungen auf dem Bewertungszettel eintragen – und rufen dann die Ergebnisse der Moderationskraft zu. Die Zurufvariante benötigt weniger Vorbereitungs- und Durchführungszeit. Daher empfiehlt sich diese Variante vor einem zeitlich aufwendigen Methodenbaustein.

Die Fragestellung zur Zusammenarbeit kann auf Personen bezogen werden, die nicht direkte Teammitglieder sind. In diesem Fall einigt sich das Retrospektiventeam vor der Stimmabgabe, mit wem die Zusammenarbeit beurteilt werden soll. Mögliche Kandidaten oder Kandidatinnen sind die Auftraggeber, die Kunden oder Kundinnen, disziplinarisch Vorgesetzte im Unternehmen.

Alternativ kann das Säulendiagramm visuell wachsen. Dafür erhalten die Teilnehmer und Teilnehmerinnen jeweils drei (farbige) DIN-A4-Blätter, auf denen insgesamt vier gleich große Streifen eingetragen sind. Diese sind mit den Bewertungsbildern (Icons) versehen. Die Teilnehmer und Teilnehmerinnen haben die Aufgabe, die Zettel bis zur Markierung abzureißen, die ihrer Bewertung entspricht. Danach heften die Teilnehmer und Teilnehmerinnen die entsprechenden Bögen an die jeweilige Säule. Diese Variante ist ungewöhnlich laut (viele Teams sind es nicht gewohnt, Blätter zu zerreißen). Die Säule wächst mit jedem Bewertungszettel automatisch heran.

Wer über große (!) Klebepunkte verfügt, kann auch einfach die Säule durch Aufkleben der Klebepunkte wachsen lassen.

8.11 Soziogramm

Teamphase: Forming, Norming, Performing, Adjourning

Projektphase: Idee, Plan, Konzept, Implementierung, Qualitätssicherung, Auslieferung

Vorbereitungszeit: 5 Minuten

Material: vorbereitetes Flipchart

8.11.1 Vorgehen

Der Moderator oder die Moderatorin bittet alle Teilnehmer und Teilnehmerinnen, sich frei im Raum aufzustellen. Er beziehungsweise sie fordert die Gruppe mit den folgenden Worten auf, einen neuen Platz im Raum zu finden.

> „Bitte stellt euch so auf, wie ihr während der letzten Zeit zusammengearbeitet habt. Je näher ihr euch zueinander stellt, desto besser hat eure direkte Zusammenarbeit funktioniert. Während der gesamten Übung schweigt ihr!"

Es wird ein Moment folgen, in dem das Team die Position bestimmt. Auch wenn die Teilnehmer und Teilnehmerinnen schweigen sollen, kann Unruhe aufkommen. Gerade wenn sich Unstimmigkeiten zwischen den Beteiligten über den Standpunkt abzeichnen, ist der Drang der Teilnehmer und Teilnehmerinnen groß, sich hierzu auszutauschen. An dieser Stelle greift der Moderator oder die Moderatorin ein und fordert Stille. Nachdem das Team zur

Ruhe gekommen ist, bittet der Moderator oder die Moderatorin um eine Kommentierung des jeweiligen Standpunkts sowie des sich ergebenden Gruppenbilds.

Dabei achtet die Moderationskraft darauf, dass alle Beteiligten zu Wort kommen.

Bild 8.11 Neben der mündlichen Erläuterung durch die Moderationskraft stimmt das Flipchart auch in das Thema ein.

8.11.2 Besonderheiten

Dieser Methodenbaustein kann das soziale Gefüge des Teams offenlegen. Dies kann starke Emotionen hervorrufen. Diese Emotionen sind offen und warm durch den Moderator oder die Moderatorin aufzufangen. Das Übergehen von Emotionen wäre für das Team nicht hilfreich.

8.11.3 Varianten

Dieser Methodenbaustein kann für den Einstieg in eine Retrospektive, die sich auf Zusammenarbeit konzentriert, genutzt werden. In diesem Fall bittet der Moderator oder die Moderatorin zunächst um eine Aufstellung in Bezug auf die erfolgte Zusammenarbeit in der Zeit vor der letzten Retrospektive. Nachdem das Team zur Ruhe gekommen ist, kommentieren die Teilnehmer und Teilnehmerinnen ihre Position.

Als Überleitung bittet dann die Moderationskraft das Team, sich so umzustellen, dass aus der Position abzuleiten ist, von welchen anderen Mitgliedern sich die Teilnehmer Unterstützung in dieser Zeit erhofft hätten, aber nicht erhalten haben. Der Moderator oder die Moderatorin bittet alle Teilnehmer und Teilnehmerinnen, ihre Position genau wahrzunehmen und für sich zu reflektieren. Nach einem Moment der Stille bittet der Moderator oder die Moderatorin alle Beteiligten, ihren Sitzplatz für die Retrospektive einzunehmen.

8.12 Sprintgalerie

Teamphase: Norming, Performing, Adjourning

Projektphase: alle Projektphasen

Vorbereitungszeit: 5 Minuten

Material: DIN-A4-Zettel, Flipchart-Stifte unterschiedlicher Farben, gegebenenfalls ergänzt um Wachsmalstifte oder Pastellfarben für jeden Teilnehmer und Teilnehmerin (oder für die Arbeitsgruppen), Kreppband

8.12.1 Vorgehen

Bild 8.12 Für alle Kunstwerke ist Platz auf dem Flipchart vorhanden.

Jeder Teilnehmer beziehungsweise jede Teilnehmerin erhält ein vorbereitetes Poster mit der Bitte, ein Bild des aktuellen Sprints zu zeichnen. Die Sprintgalerie kann durch fokussierte Fragen stärker eingegrenzt werden:

1. Wenn der letzte Sprint ein Fahrzeug wäre, wie sähe das Fahrzeug aus?
2. Wie hast du dich während des letzten Sprints gefühlt?
3. Zeichne den emotional stärksten Moment des letzten Sprints!

Alle haben für die Ausfertigung der Zeichnung sieben Minuten Zeit. Anschließend werden die Poster auf dem Flipchart angeheftet. Jeder Maler und jede Malerin erläutern kurz das Kunstwerk. Es sind Verständnisfragen - aber keine Kommentare - zugelassen.

8.12.2 Varianten

Zeitlich gut zu vergleichen sind bis zu drei Bilder. Bei größeren Retrospektiventeams empfiehlt es sich, Kleingruppen zu bilden, die jeweils ein Bild erstellen.

Alternativ zu den DIN-A4-Bögen könnt ihr selbstklebende Poster im DIN-A2-Format nutzen. Mit diesen könnt ihr eine richtige Sprintgalerie an der Wand erstellen. Damit das gut wirkt, sollte der Moderator oder die Moderatorin vor der Retrospektive schon passende Rahmen auf die selbstklebenden Poster zeichnen. (Das erhöht die Vorbereitungszeit etwas.)

8.12.3 Besonderheiten

Die Vorstellungsphase kann leicht in *Gather Data* übergehen, wenn die Teilnehmer beziehungsweise Teilnehmerinnen direkt kommentieren und ins Diskutieren kommen. Hier ist Fingerspitzengefühl des Moderators beziehungsweise der Moderatorin gefragt.

8.13 Stimmungsbilder

Teamphase: alle Teamphasen

Projektphase: alle Projektphasen

Vorbereitungszeit: 5 Minuten

Material: vorbereitetes Flipchart, je ein Klebepunkt für die Teilnehmer und Teilnehmerinnen

8.13.1 Vorgehen

Auf einem Flipchart sind insgesamt zwölf Stimmungsbilder als Icons aufgezeichnet. Nach Aufforderung durch den Moderator oder die Moderatorin kleben die Teilnehmer und Teilnehmerinnen ihren Klebepunkt an das Stimmungsbild, das ihrer aktuellen Stimmung am besten entspricht.

Bild 8.13
Insgesamt zwölf Stimmungen stehen zur Auswahl.

Nachdem alle Teilnehmer und Teilnehmerinnen ihren Punkt geklebt haben, bittet der Moderator oder die Moderatorin in einer Puschelrunde um die Beantwortung zweier Fragen:

„Wie fühlst du dich gerade? (Das heißt: welchen Punkt hast du geklebt?)"

„Welchen Schluss ziehst du aus dem Gesamtbild, dass sich hier für euch ergibt?"

Der Moderator oder die Moderatorin achtet darauf, dass alle Teilnehmer und Teilnehmerinnen genau diese Fragen beantworten – und sich nicht gegenseitig kommentieren.

8.13.2 Besonderheiten

Dieser Methodenbaustein kann sehr schnell durchgeführt werden. Damit kann der Moderator oder die Moderatorin schnell in einen Methodenbaustein überleiten, der voraussichtlich mehr als die übliche Zeit kosten wird.

8.13.3 Varianten

Dieser Methodenbaustein kann zum Start der Retrospektive genutzt werden, um am Ende im *Closing the Retrospective* wieder genutzt zu werden. Dafür nutzt der Moderator oder die Moderatorin zwei verschiedenfarbige Klebepunktsorten. Falls ihr ein Fotoprotokoll führt, sollte der Moderator im *Closing* eine Legende aufhängen, welche Farbe in welcher Phase genutzt worden ist. So bleibt das Ergebnis im Fotoprotokoll nachvollziehbar.

8.14 Tabu

Teamphase: Forming, Norming, Storming, Adjourning

Projektphase: Idee, Plan, Konzept, Implementierung, Qualitätssicherung, Auslieferung

Vorbereitungszeit: 15 Minuten

Material: für alle Teilnehmer und Teilnehmerinnen einen Arbeitsbogen und ein Stift, Aktenvernichter oder Schere + Papierkorb

8.14.1 Vorgehen

Bild 8.14 Ein Flipchart stimmt in den Methodenbaustein ein.

Der Moderator oder die Moderatorin hält DIN-A4-Bögen für alle Teilnehmer und Teilnehmerinnen bereit. Diese teilt er oder sie an alle Teilnehmer und Teilnehmerinnen aus und versorgt sie mit einem Schreibstift. Während der gesamten Übung sprechen die Teilnehmer und Teilnehmerinnen nicht.

Dann sorgt der Moderator oder die Moderatorin für Ruhe im Raum. Mit ruhiger Stimme trägt er oder sie folgende Anweisung vor:

> „In jeder Gruppe gibt es Dinge, über die wir nicht sprechen. Das können unangenehme Wahrheiten sein, implizite Regeln oder vielleicht auch Statusfragen oder unausgesprochene Konflikte. Wir werden diesem *Tabu* folgen und die Dinge nicht aussprechen. Aber wir werden das Tabu brechen … und ein Tabu aufschreiben. Bitte schreibt jeder ein Tabu auf den Zettel vor euch. Ich werde diese Botschaften nicht lesen. Aber schreibt dennoch leserlich. Fangt jetzt an und schreibt ein Tabu dieser Gruppe auf."

Dieser Übung begegnet manchmal Widerstand: „Das gibt es hier nicht, läuft doch super!" wäre eine Form der Verweigerung. Eine andere könnte sich mit „Aber ich weiß nicht, wie ich das aufschreiben soll" zeigen. Wieder andere könnten mit „Das mache ich nicht!" gegen diese Übung sein.

Diese Form des Widerstands zeigt, dass es für diese Teilnehmer und Teilnehmerinnen unangenehm viele Tabus gibt – oder sich das Team eher im Performing befindet. In diesem Falle ermuntert der Moderator oder die Moderatorin die Teilnehmer und Teilnehmerinnen, Dinge aufzuschreiben, die diesen in letzter Zeit aufgefallen sind, aber die zum Beispiel in den Retrospektiven nicht erörtert wurden.

Nachdem die Teilnehmer und Teilnehmerinnen ihr Tabu aufgeschrieben haben, bittet die Moderationskraft, dass alle Teilnehmer und Teilnehmerinnen ihren Zettel nach links weitergeben. Der Moderator oder die Moderatorin achtet darauf, dass die Teilnehmer und Teilnehmerinnen nicht miteinander sprechen oder die beschriebenen Tabus kommentieren.

Die Teilnehmer und Teilnehmerinnen werden nun gebeten, auf dem Zettel entweder ein weiteres Tabu zu beschreiben oder das beschriebene Tabu weiter auszuschmücken oder zu beschreiben.

Nachdem sie damit fertig sind, reichen die Teilnehmer und Teilnehmerinnen ihren Zettel nach links weiter. Dies geschieht so lange, bis jeder jeden Zettel einmal beschrieben hat. Genau in diesem Moment, also bevor der Erstschreiber oder die Erstschreiberin seinen oder ihren Zettel zurückerhalten würde, nimmt der Moderator oder die Moderatorin alle Zettel an sich und zerstört diese vor aller Augen mit einem Schredder oder einer Papierschere.

Er oder sie schließt den Methodenbaustein mit den Worten:

> „Es sind ja Tabus. Dabei sollten wir es belassen."

8.14.2 Besonderheiten

Wenn Teams starke Rollen- und Statuskonflikte austragen, kann Tabu nur bei Vollzähligkeit durchgeführt werden. Es wäre fatal, wenn eine Person mit Tabuthemen benannt wird, die nicht Teil der Retrospektive ist. In diesem Falle würde der Methodenbaustein die Konflikte vertiefen und nicht zur Lösung beitragen. Daher ist für diesen Methodenbaustein immer ein

Plan B vorzusehen. Dieser greift, wenn das Team nicht vollständig in der Retrospektive anwesend ist.

Tabu reizt die Teilnehmer und Teilnehmerinnen zu sprechen, weil die Beteiligten nicht wissen, was aus ihrem Zettel geworden ist. Mit diesem Methodenbaustein ist klar, dass es Unausgesprochenes gibt - und es gibt ein natürliches Bedürfnis, über die eigenen Kommentare zu sprechen.

Tabu wirkt also nach. Nicht nur in der eigentlichen Retrospektive, sondern auch danach. Daher ist es sehr wichtig, dass der Moderator oder die Moderatorin im *Closing the Retrospective* darauf hinweist, dass die Vegas-Regel insbesondere auch für die Zettel aus dem Methodenbaustein *Tabu* gilt. Die Teilnehmer und Teilnehmerinnen können sich untereinander dazu austauschen - diese Erkenntnisse dürfen aber nicht aus der Gruppe herausgetragen werden.

8.15 Teamthermometer

Teamphase: alle Teamphasen

Projektphase: alle Projektphasen

Vorbereitungszeit: 5 Minuten

Material: vorbereitetes Flipchart mit einem Thermometer, je ein Klebepunkt für jeden Teilnehmer beziehungsweise jede Teilnehmerin

8.15.1 Vorgehen

Auf einem Flipchart ist die Überschrift *„Die Team-Temperatur beträgt…“* notiert. Darunter ist ein Thermometer mit einer Skala von - 20 °C bis + 50 °C skizziert. Der Moderator beziehungsweise die Moderatorin bittet alle Beteiligten darum, die Teamtemperatur per Klebepunkt zu bestimmen. Als Referenzpunkt benennt der Moderator oder die Moderatorin 25 °C als angenehme und wünschenswerte Temperatur.

Danach bittet der Moderator oder die Moderatorin in einer Puschelrunde darum, dass die Teilnehmer und Teilnehmerinnen mit wenigen Worten den Anlass oder den Auslöser für die vermutete Teamtemperatur benennen. Diese Inhalte notiert er oder sie stichwortartig auf dem Flipchart.

In einer zweiten Puschelrunde können die Teilnehmer und Teilnehmerinnen nun das Gesamtbild kommentieren.

Der Moderator beziehungsweise die Moderatorin achtet darauf, dass die zwei Puschelrunden inhaltlich voneinander getrennt sind. Das heißt, wenn jemand in der ersten Runde beginnt, das Gesamtbild zu kommentieren, verweist die Moderationskraft auf die nachfolgende Kommentierungsrunde und schreibt nur den Anlass oder den Auslöser auf das Flipchart auf.

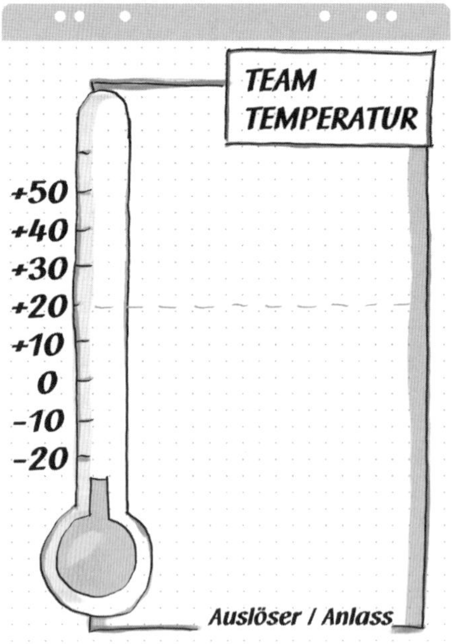

Bild 8.15
Die Beurteilung der Teamtemperatur kann sehr unterschiedlich ausfallen. Zeit für die Ursachenforschung!

8.15.2 Varianten

Wenn zu befürchten ist, dass das Team in der ersten Puschelrunde viel in Kommentare abgleitet, kann der Moderator oder die Moderatorin auch alle Teilnehmer und Teilnehmerinnen bitten, den Anlass oder den Auslöser selbst auf Moderationskarten zu schreiben. Die ausgefüllten Moderationskarten hängen die Teilnehmer und Teilnehmerinnen dann auf die Höhe der von ihnen gefühlten Teamtemperatur.

Danach liest der Moderator oder die Moderatorin alle Anlasse und Auslöser vor und bittet um eine Kommentarrunde.

Diese Variante ist ruhiger in der Durchführung. In der ersten Variante sind die Einstellungen und Gefühle der Beteiligten besser spürbar, weil sie ihre Anlässe und Auslöser persönlich vortragen.

■ 8.16 Tweets über den Sprint

Teamphase: alle Teamphasen

Projektphase: alle Projektphasen, insbesondere Projektkrise, Projektabbruch

Vorbereitungszeit: 5 Minuten

Material: vorbereitetes Flipchart, Moderationskarten, Stifte für alle Teilnehmer und Teilnehmerinnen

8.16.1 Vorgehen

Bild 8.16
Das Flipchart wird die Tweets aufnehmen.

Der Moderator oder die Moderatorin bittet darum, dass die Teilnehmer und Teilnehmerinnen einen Tweet über den letzten Sprint verfassen. Dabei öffnet die Moderationskraft den Raum, indem sie sagt:

„Tweets können Gefühle, Ergebnisse, wichtige Ereignisse enthalten. Nutzt Hashtags, wo es sinnvoll erscheint."

Nachdem alle ihren Tweet verfasst haben, sammelt die Moderationskraft die Karten ein. Er oder sie liest die Tweets vor und heftet sie an das Flipchart.

Es ist keine weitere Kommentierung vorgesehen. Die Gruppe startet mit diesen Tweets in die nächste Phase *Gather Data*.

8.16.2 Besonderheiten

Dies ist ein sehr fachlicher Einstieg in die Retrospektive. Darauf können Teammitglieder antworten, ohne ihre eigenen Stimmungen offenzulegen. Wenn Gefahr besteht, dass sich die Teammitglieder hinter der Fachlichkeit „verstecken" ist die Frage des Tweets umzuformulieren:

„Setzt einen Tweet ab, der eure Gefühle zum aktuellen Sprint beschreibt."

8.16.3 Bemerkungen

Die Einschränkung auf 140 Zeichen führt dazu, dass Teilnehmer und Teilnehmerinnen sehr fokussiert antworten. Sie bringen häufig ihre wichtigsten Punkte über Hashtags ein. Die Tweets sorgen für eine prägnante Erfassung des Geschehens.

8.16.4 Varianten

Um die Twitter-Situation möglichst konkret zu gestalten, kann es helfen, einen passenden Zettel auszugegeben. Auf diesem sind 140 Zeichen als Leerzeichen markiert, so dass die Teilnehmer und Teilnehmerinnen sehen, ob sie in der geforderten Zeichenzahl bleiben.

Diese Variante ist zeitintensiver als die zunächst beschriebene Variante, weil Teilnehmer und Teilnehmerinnen häufig mehrere Schreibversuche starten, um den Tweet optimal zu schreiben. (Dafür ist die Qualität der Texte dann auch „besser".)

Tweets zum Sprint können auch in *Gather Data* genutzt werden. In diesem Fall würde man nicht Einzelpersonen twittern lassen, sondern Kleingruppen darum bitten, passende Tweets zum Sprint zu verfassen. Durch die Kleingruppendiskussion entstehen Erkenntnisse zum Sprint – und die Teilnehmer und Teilnehmerinnen tauschen sich zum Thema aus. Diese Variante in *Gather Data* ist im Text [Andresen 2016] näher beschrieben.

8.17 Wenn ich nicht hier wäre, wäre ich ...

Teamphase: alle Teamphasen

Projektphase: alle Projektphasen

Vorbereitungszeit: 5 Minuten

Material: vorbereitetes Flipchart

8.17.1 Vorgehen

Der Moderator beziehungsweise die Moderatorin bittet alle Teilnehmer und Teilnehmerinnen nacheinander, den Satz „Wenn ich nicht hier in der Retrospektive wäre, wäre ich ..." zu vollenden und zu begründen.

Die Begründungen bleiben jeweils durch alle anderen unkommentiert. Eine Dokumentation der Antworten findet nicht statt.

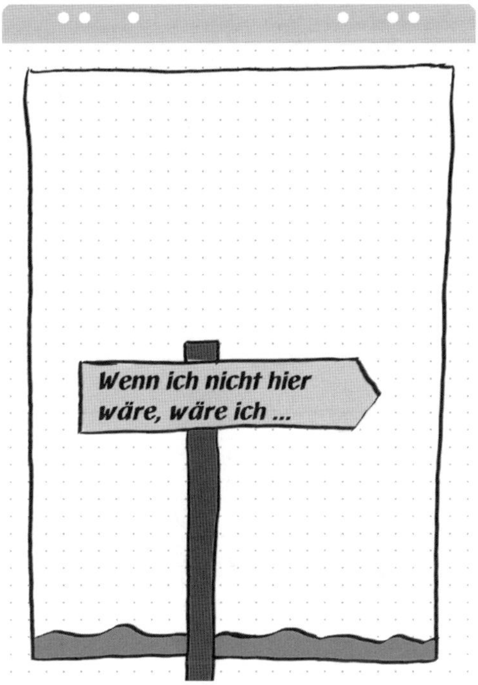

Bild 8.17 Damit alle Teilnehmer und Teilnehmerinnen den gleichen Satz vollenden, ist der Satzanfang auf dem Flipchart wiedergegeben.

8.17.2 Varianten

Um Beeinflussungen und Aussagen der Art „Ich schließe mich der Person XY an" zu vermeiden, kann der Moderator beziehungsweise die Moderatorin darum bitten, dass der Satz zunächst von allen Teilnehmern und Teilnehmerinnen auf einer Moderationskarte vollendet wird. Die Ergebnisse werden auf einem Flipchart gesammelt. Nacheinander begründen dann die Beteiligten ihre Aussagen. Zur Verdeutlichung, wer gerade die Begründung vornimmt, steht diejenige Person jeweils auf.

8.18 Vier-Felder-Retro

Teamphase: alle Teamphasen

Projektphase: alle Projektphasen

Vorbereitungszeit: 5 Minuten

Material: vorbereitetes Flipchart, jeweils vier Moderationskarten sowie Flipchart-Stift für jeden Teilnehmer beziehungsweise jede Teilnehmerin

8.18.1 Vorgehen

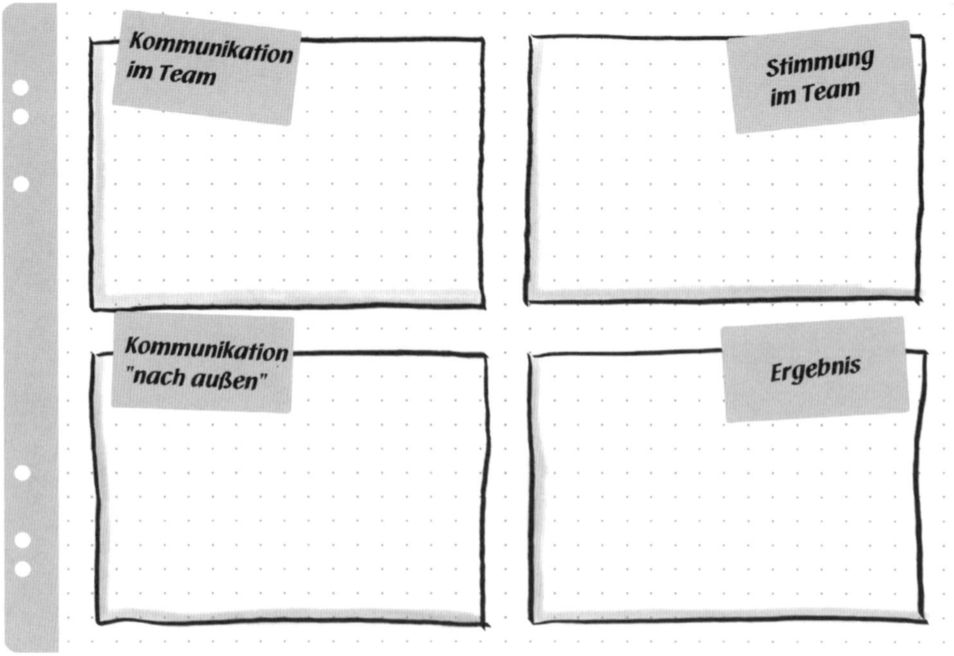

Bild 8.18 Um möglichst viele Moderationskarten anheften zu können, empfiehlt sich für diesen Methodenbaustein das Querformat.

Auf einem vorbereiteten Flipchart sind vier Felder eingezeichnet. Diese Felder sind mit den Überschriften

1. Stimmung
2. Kommunikation im Team
3. Kommunikation „nach außen“
4. Ergebnis

versehen. Der Moderator oder die Moderatorin bittet alle Teilnehmer und Teilnehmerinnen, mit jeweils einem kurzen Stichwort die entsprechenden Bereiche zu charakterisieren. Die Teilnehmer und Teilnehmerinnen erfüllen diese Aufgabe in der Stille. Nach Beendigung der Schreibarbeit hängen die Teilnehmer und Teilnehmerinnen ihre Antworten in das passende Feld auf dem Flipchart.

Nacheinander liest jeder Teilnehmer beziehungsweise jede Teilnehmerin ihre Karten vor. Sind Karten nicht verständlich, können alle Teilnehmer und Teilnehmerinnen nach einer kurzen Erläuterung verlangen.

Eine Einordnung der Antworten erfolgt nicht.

8.18.2 Besonderheiten

Dieser Methodenbaustein ist ein guter Einstieg in das Schwerpunktthema *„Kommunikation, Feedback und Absprachen im Team“.*

8.18.3 Varianten

An Stelle von Worten kann der Moderator beziehungsweise die Moderatorin auch jeweils um eine Zeichnung bitten. Zeichnungen zeigen häufig mehr als Worte.

8.19 Zwei Worte

Teamphase: alle Teamphasen

Projektphase: alle Projektphasen

Vorbereitungszeit: 5 Minuten

Material: vorgeschriebenes Flipchart mit Handlungsanweisung

8.19.1 Vorgehen

Bild 8.19
Durch einen geeigneten Untertitel kann der Moderator oder die Moderatorin die Aussagen zu einem bestimmten Themenbereich provozieren.

Der Moderator beziehungsweise die Moderatorin bittet alle Teilnehmer und Teilnehmerinnen nacheinander, in genau zwei Worten die Gefühlswelt und Gedanken zum aktuellen Projekt oder zum gerade abgelaufenen Sprint auszudrücken.

Jede Aussage bleibt unkommentiert. Die Antworten bleiben undokumentiert.

Meist führt dieser Methodenbaustein zu viel Lachen – und häufig auch zu Nachfragen. Dennoch fordert der Moderator beziehungsweise die Moderatorin zur Ruhe und Konzentration auf, wenn diese Regel verletzt wird.

8.19.2 Varianten

Alle Teilnehmer und Teilnehmerinnen schreiben auf zwei Moderationskarten ihre beiden Gedanken zum Projekt auf. Diese werden unkommentiert auf einem Flipchart gesammelt. Anschließend erläutern alle Teilnehmer und Teilnehmerinnen ihre Punkte.

Diese Variante nimmt gegebenenfalls schon Inhalte aus Gather Data voraus, stimmt aber sehr intensiv in die zu besprechenden Themen ein.

8.19.3 Besonderheiten

Die Regel, sich auf zwei Worte zu fokussieren, führt häufig zu viel Gelächter, denn sie kann und wird sehr humorvoll interpretiert werden, ist aber nicht für jeden beziehungsweise jede gut umzusetzen.

Das führt meist zu einem sehr lustigen Einstieg mit viel Gelächter. Gleichzeitig zwingt dieser Methodenbaustein jeden Teilnehmer beziehungsweise jede Teilnehmerin, sich auf das für ihn beziehungsweise sie Wesentliche zu konzentrieren.

Wenn den ersten Sprechern und Sprecherinnen sehr humorvolle Worte gelungen sind, kann dies andere so unter Zugzwang setzen, dass ihnen nichts mehr einfällt. In diesem Fall bittet der Moderator oder die Moderatorin direkt um die Beschreibung der aktuellen Gefühlslage in wenigen Worten.

8.20 Zeugnis

Teamphase: Norming, Performing, Adjourning

Projektphase: alle Projektphasen

Vorbereitungszeit: 15 Minuten

Material: ein vorbereitetes (selbstklebendes) Zeugnisposter sowie Flipchart-Stifte für jeden Teilnehmer und jede Teilnehmerin

8.20.1 Vorgehen

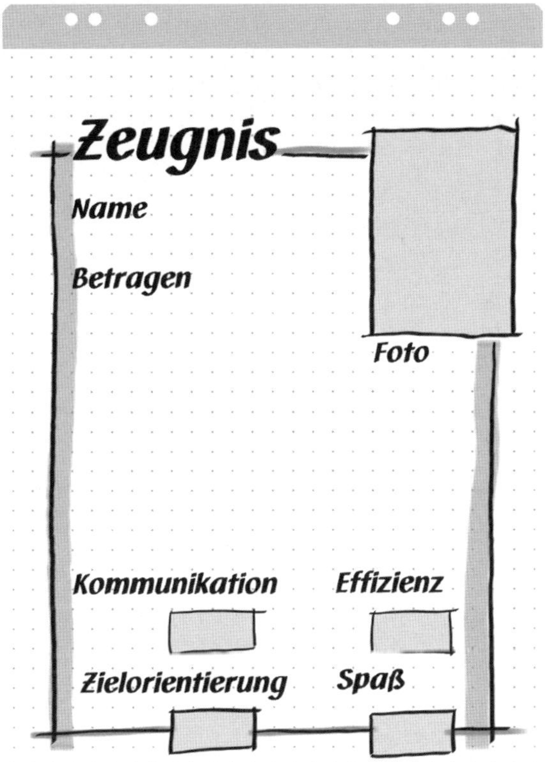

Bild 8.20 In Abhängigkeit von der Team- beziehungsweise Projektphase können auch andere „Spezialgebiete" benotet werden.

Die Teilnehmer und Teilnehmerinnen der Retrospektive werden durch den Moderator oder die Moderatorin aufgefordert, dem aktuellen Sprint ein Zeugnis auszustellen. Damit das Zeugnis komplett ist, muss der Sprint auch einen Namen erhalten. Folgende Angaben sind durch die Teilnehmer und Teilnehmerinnen in den Zeugnisbögen zu tätigen:

- Name des Sprints
- Kopfnote: Betragen (Schrifttext über max. drei Zeilen)
- Kommunikation (Schulnote 1 bis 6)
- Effizienz (Schulnote 1 bis 6)
- Zielorientierung (Schulnote 1 bis 6)
- Spaß (Schulnote 1 bis 6)

Nach der Ausfertigung der Zeugnisse werden diese nebeneinander aufgehängt. Die Urheber stellen ihre Zeugnisse jeweils kurz vor. Wenn Fragen in Bezug auf den Namen, die Kopfnote oder die Schulnoten bestehen, werden diese durch die Teilnehmer und Teilnehmerinnen gestellt.

8.20.2 Varianten

Neben einem Namen kann auf dem Zeugnisblatt auch ein Bild für den Sprint gefordert werden. Dann ist neben dem Platz für den Namen auch ein Platz für das Bild vorzusehen. Als Anweisung wird nur ein Bild des Sprints gefordert. Es bleibt der Fantasie der Teilnehmer und Teilnehmerinnen überlassen, welche Art von Bild sie zeichnen. Um die Zeichenkünste anzuregen, sind neben schwarzen Flipchart-Stiften auch andersfarbige Stifte vorzuhalten.

Bei mehr als vier Teilnehmern und Teilnehmerinnen sollte die Zeugniserstellung in Arbeitsgruppen erfolgen.

8.20.3 Besonderheiten

Die Integration der Kopfnote kann bereits Elemente des *Gather Data* aufnehmen. Ist dies der Fall, kann der Moderator oder die Moderatorin spontan zu einer Zeugniskonferenz einladen, bei der neben dem Betragen auch weitere, vom Team zu bestimmende Kriterien untersucht werden. Diese Datensammlung kann als Grundlage für *Gather Data* genutzt werden.

9 Gather Data

In der Phase *Gather Data* werden alle Daten, Fakten und Stimmungen zum in der Retrospektive betrachteten Zeitraum gesammelt, um sie in den weiteren Phasen weiter zu analysieren und entsprechende Handlungsoptionen zu entwickeln.

> **Tipp**
> Neben dem rationalen Wissen adressiert *Gather Data* auch Stimmungen und implizites Wissen (das heißt das Bauchgefühl) der Beteiligten.

9.1 Auf der Rennstrecke

Teamphase: alle Teamphasen

Projektphase: alle Projektphasen

Vorbereitungszeit: 20 Minuten

Material: vorbereitetes Flipchart, Liste der geplanten UserStorys im letzten Sprint, Moderationskarten in zwei Farben, Stifte für alle Teilnehmer und Teilnehmerinnen

9.1.1 Vorgehen

Der Moderator oder die Moderatorin stellt die Rennstrecke vor. Die Teilnehmer und Teilnehmerinnen der Retrospektive werden gebeten, reihum jeweils eine UserStory zu benennen, welche für den aktuellen Sprint geplant war.

Diese UserStorys werden von dem Teilnehmer oder der Teilnehmerin auf eine Moderationskarte geschrieben und mit einer Fahrzeugcharakterisierung versehen. Eine Fahrzeugcharakterisierung könnte zum Beispiel lauten:

> „Feature ABC – Der Prototyp des neuen Sportwagens blieb bei der Zuschauervorführung dramatisch im Schlamm stecken.“

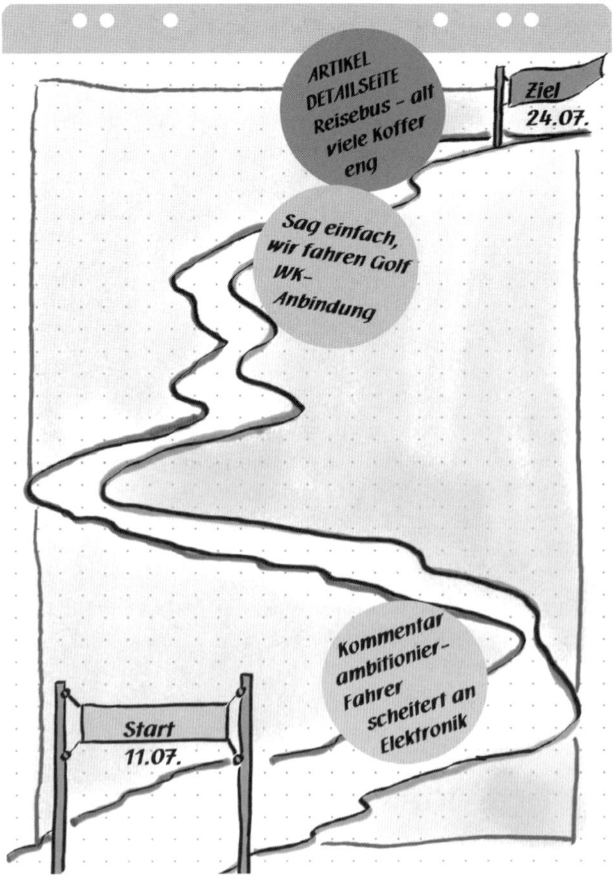

Bild 9.1 Wird vom Team ein längerer Zeitraum betrachtet, sollte die Rennstrecke auf einem Pinnwandpapier oder einem Whiteboard aufgetragen werden.

Die fertigen Karten werden von dem jeweiligen Teilnehmer oder der Teilnehmerin auf der Rennstrecke eingeordnet.

Das Team hat das Recht, diese Einordnung begründet (und mit Mehrheitsbeschluss) zu verschieben.

Wenn den Teilnehmern und Teilnehmerinnen keine UserStorys mehr einfallen, welche für den Sprint geplant waren, überprüft die Moderationskraft an Hand einer vorliegenden Liste, ob alle UserStorys benannt wurden. Falls UserStorys noch nicht benannt wurden, werden diese per Mehrheitsbeschluss im Team als ein Fahrzeug charakterisiert und farblich markiert aufgehängt.

9.1.2 Besonderheiten

Es kann für das Team wichtig sein, zu erkennen, welche Aufgaben durch das Team „vergessen“ wurden. Daher werden diese farblich gekennzeichnet.

9.1.3 Varianten

In einigen Teams sind UserStorys sehr kleine oder zu große Einheiten für die Einteilung auf der Rennstrecke. Hier sollte dann nach Tickets, Aufgaben, Features oder anderen geeigneten logischen Einheiten sortiert werden.

9.2 Beschlusskontrolle

Teamphase: Norming, Storming

Projektphase: alle Projektphasen

Vorbereitungszeit: 15 Minuten

Material: vorbereitetes Flipchart, Liste der Beschlüsse der letzten Retrospektiven, Moderationskarten in zwei Farben, Flipchart-Stift für Moderator oder Moderatorin

9.2.1 Vorgehen

Bild 9.2
Das Flipchart wartet auf die Auflistung der Beschlüsse der letzten drei Retrospektiven.

Der Moderator oder die Moderatorin bittet die Teilnehmer und Teilnehmerinnen, Beschlüsse der letzten drei Retrospektiven zu nennen. Damit nicht alle durcheinanderreden, darf nur der- oder diejenige, die den Puschel in der Hand hält, sprechen. Der Puschel wird auf Anforderung von Person zu Person geworfen. Wenn ein Beschluss genannt wird, einigen sich die Teilnehmer und Teilnehmerinnen im Konsent-Prinzip, in welche der drei Kategorien der Beschluss eingeordnet werden soll:

- Läuft …
- Geht so …
- War nichts …

Wenn das Team verkündet hat, dass diesem keine Beschlüsse mehr einfallen, kontrolliert der Moderator oder die Moderatorin an Hand einer mitgebrachten Liste, ob alle Beschlüsse genannt worden sind. Diese hängt die Moderationskraft in einer anderen Farbe in die Rubrik „Vergessen …" Anschließend lässt der Moderator oder die Moderatorin diese Maßnahmen oder Teamregeln vom Team in die oberen drei Kategorien einordnen.

Das entstehende Gesamtbild wird in einer Puschelrunde durch alle Teilnehmer und Teilnehmerinnen kommentiert.

9.2.2 Besonderheiten

Diese Beschlusskontrolle hilft vor allem Teams, die

- wenig Selbstdisziplin beim Umsetzen von Beschlüssen zeigen oder
- zu ambitionierten Beschlüssen neigen.
- Beide Fehlerquellen legt der Methodenbaustein offen. Entsprechend der Einordnung durch den Moderator oder die Moderatorin ist die Überleitungsfrage ins *Generate Insights*:

  „Was hindert uns daran, uns an die Beschlüsse zu halten?"

  „Warum vereinbaren wir immer so viele Dinge, die wir dann doch nicht einhalten?"

Für die Kategorie „War nichts …" ist zudem die folgende Frage hilfreich:

> „Mit welcher Erkenntnis/Hypothese haben wir diese Maßnahme/Teamregel vereinbart? Welche anderen Maßnahmen könnten diese Intention noch bedienen?"

9.3 Beschlussübersicht

Teamphase: alle Teamphasen

Projektphase: Implementierung, Qualitätssicherung, Auslieferung, Projektkrise

Vorbereitungszeit: 30 Minuten

Material: vorbereitetes Flipchart mit Beschlüssen der letzten Retrospektiven, Flipchart-Stift für den Moderator oder die Moderatorin, je drei Klebepunkte für alle Teilnehmer und Teilnehmerinnen

9.3.1 Vorgehen

Bild 9.3 Auf den blauen Karten sind die vereinbarten Teamregeln aufgeführt. In den Wolken stehen die vom Team definierten Maßnahmen.

Der Moderator oder die Moderatorin fasst während der Vorbereitung der Retrospektive alle Beschlüsse der letzten vier Retrospektiven zusammen und notiert diese auf Flipcharts. Dabei werden Regeln und Maßnahmen voneinander getrennt aufgeführt. Für die Maßnahmen werden auch die Verantwortlichen und das definierte Fertigstellungsdatum aufgeführt. Diese Zusammenstellung zeigt der Moderator oder die Moderatorin und hängt diese für alle sichtbar im Retrospektivenraum auf.

Auf Zuruf ergänzt der Moderator oder die Moderatorin kleine Zeichen, die den Umsetzungsstand der Teamregeln und Maßnahmen beschreiben:

- **Haken:** Umsetzung wurde abgeschlossen.
- **Schlangenlinie:** Umsetzung wurde begonnen, aber noch nicht beendet.
- **Minuszeichen:** Umsetzung wurde noch nicht begonnen.

Der Moderator oder die Moderatorin bittet nun alle Teilnehmer und Teilnehmerinnen um eine Auszeichnung, welche Beschlüsse darauf untersucht werden sollten, warum die Umsetzung noch nicht begonnen beziehungsweise noch nicht beendet wurde. Jeder Teilnehmer und jede Teilnehmerin erhält hierfür drei Klebepunkte.

Das Team nimmt drei nicht oder unvollständig bearbeitete Beschlüsse in die nächste Phase mit. Ziel ist es, herauszufinden, *warum* diese Beschlüsse nicht bearbeitet wurden, und entsprechende Gegenmaßnahmen zu beschließen.

9.3.2 Varianten

Zur Verdeutlichung des Umsetzungsstands können diese auf drei gesonderte Flipcharts übernommen werden. Das erste Flipchart ist dann mit „Abgeschlossen“, das zweite „In der Umsetzung“ und das dritte mit „Nicht begonnen“ überschrieben.

Das Team entscheidet per Zuruf, ob es mit den nicht vollständig umgesetzten oder den nicht umgesetzten Beschlüssen in die Phase *Generate Insights* wechselt.

9.3.3 Besonderheiten

Um auf die Beschlussübersicht einzustimmen, ist für *Set the Stage* der Methodenbaustein *„Erwartungshorizont“* (siehe Abschnitt 8.5) empfehlenswert.

Wählt der Moderator oder die Moderatorin den Methodenbaustein *„Beschlussübersicht“*, wird die Beschlusskontrolle der letzten Retrospektive während des *Intros* nicht vollzogen. Der Moderator oder die Moderatorin weist darauf explizit hin, dass die Beschlusskontrolle während *Gather Data* folgen wird, damit die grundsätzlichen Inhalte des *Intros* nicht vernachlässigt werden.

Je nach Vermutung des Moderators oder der Moderatorin, warum die Umsetzung in bestimmten Bereichen hakt, ist der Zeitpunkt der Priorisierung zu wählen. Vermutet die Moderationskraft eine tiefgehende, allgemeine Ursache für die Unbeweglichkeit des Teams, sollte das Team mit allen Themen in die Phase *Generate Insights* übergehen. Vermutet der Moderator oder die Moderatorin einzelne, eher singuläre Ursachen, sollte das Team sich bereits während *Generate Insights* mit wenigen Beschlüssen auseinandersetzen, welche noch nicht und nur unvollständig umgesetzt wurden.

Während *Generate Insights* ist ein Methodenbaustein zu wählen, mit welchem leicht Prozess- und Teamthemen offengelegt werden. Hierfür empfiehlt sich der Methodenbaustein *„Perfektes Projekt“* (siehe Abschnitt 10.11).

9.4 Burndown-Chart-Analyse

Teamphase: Performing, Adjourning

Projektphase: Projektende, Projektkrise

Vorbereitungszeit: keine (sofern Burndown-Chart des Sprints direkt benutzt werden kann, gegebenenfalls Übertragen der Burndown-Charts auf Flipchart-Papier)

Material: Illustration des Burndown-Charts über mehrere Sprints (oder die Iteration beziehungsweise das gesamte Release), Moderationskarten für Titel (Sprechblasenform), Stifte für alle Teilnehmer und Teilnehmerinnen, runde Moderationskarten für Ereignissammlung

9.4.1 Vorgehen

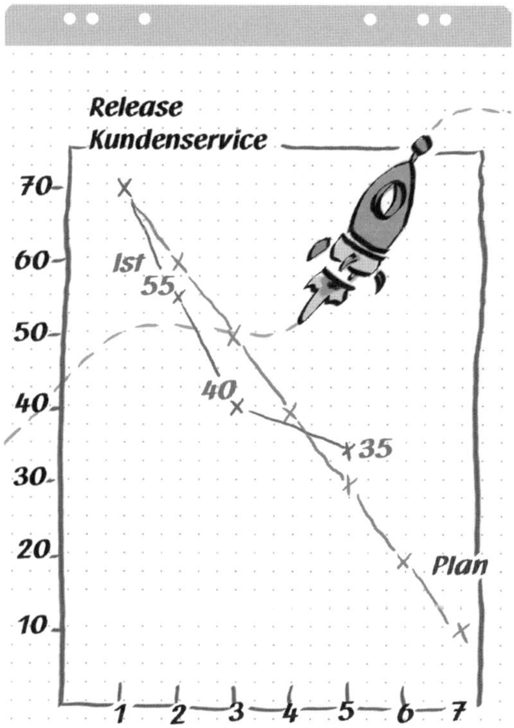

Bild 9.4 Betrachtet das Team einen längeren Zeitraum, sind Pinnwandpapier oder Whiteboards als Trägermedium zu bevorzugen.

Erfasst das Team die geplanten und bearbeiteten Aufgaben in Story-Punkten (oder Komplexitätspunkten), kann die übergreifende Analyse des entsprechenden Burndown-Charts dem Team helfen, übergreifende und tief verborgene Themen zu identifizieren.

Der Moderator oder die Moderatorin hängt das aktuelle Burndown-Chart an der Wand auf. Die Teilnehmer und Teilnehmerinnen diskutieren den Kurvenverlauf. Dabei sind mindestens

- starke Veränderungen der Steigungskurve (starker Anstieg, starker Abfall) und
- Leistungsplateaus

zu besprechen. Das Retrospektiventeam einigt sich, welche zwei Punkte in *Generate Insights* näher untersucht werden sollen. Diese werden jeweils mit einem Titel versehen.

Der gewählte Titel kann inhaltlich, fachlich oder technisch inspiriert sein. Um die Phase *Generate Insights* gut vorzubereiten, bittet der Moderator oder die Moderatorin die Teilnehmer und Teilnehmerinnen darum, möglichst viele Vorkommnisse, Gefühle und Absprachen, die auf diesen Punkt zuführen, auf Moderationskarten aufzulisten. Diese werden rund um die Analysepunkte angeheftet.

9.4.2 Varianten

Die grundlegende Analyse des Burndown-Charts kann in mehreren Varianten genutzt werden:

1. Dieser Methodenbaustein kann auch während Post-Mortem-Analysen verwendet werden. Um für die Post-Mortem-Analyse eine möglichst genaue Sicht auf das Release zuzulassen, sind weitere Messpunkte (möglichst alle, die das Team besitzt) in der Abbildung aufzutragen.
2. Um Abstimmungsschwierigkeiten im Team deutlich zu machen, kann es auch außerhalb einer Post-Mortem-Analyse sinnvoll sein, mehr Messpunkte aufzutragen. Mit entsprechenden Vertikalen werden die einzelnen Iterationen voneinander visuell getrennt.

9.4.3 Besonderheiten

1. Die Analyse der Burndown-Charts kann direkt in *Generate Insights* (siehe Abschnitt 10.2) fortgeführt werden.
2. Bei der Moderation ist darauf zu achten, dass die Teilnehmer und Teilnehmerinnen zunächst nur den Kurvenverlauf diskutieren – nicht aber direkt in die Ursachendiskussion einsteigen.

9.5 Dies ist Klaus!

Teamphase: alle Teamphasen

Projektphase: alle Projektphasen

Vorbereitungszeit: 10 Minuten

Material: drei vorbereitete Flipcharts mit Steckbrief, Flipchart für Zusammenfassung mit Überschrift, Stifte (möglichst viele Farben) für Teilnehmer und Teilnehmerinnen

9.5.1 Vorgehen

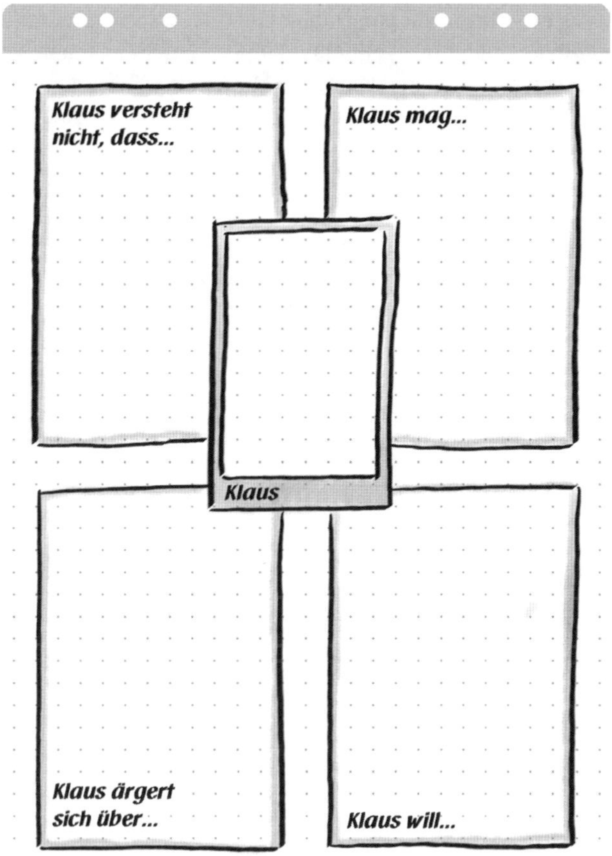

Bild 9.5 Die Charakterisierung des typischen Sprint-Teilnehmers erfolgt als Steckbrief.

„Klaus" ist ein typisches Teammitglied. Falls tatsächlich ein Klaus im Team sein sollte, ist ein anderer Titel für diesen Methodenbaustein zu wählen. Die Teilnehmer und Teilnehmerinnen der Retrospektive werden gebeten, Klaus zu charakterisieren. Falls mehr als drei Personen an der Retrospektive teilnehmen, sind passende Arbeitsgruppen zu bilden. Alle haben die Aufgabe, das Porträt zu vervollständigen. Die Aufgabe wird durch den Moderator oder die Moderatorin weiter spezifiziert.

Folgende Elemente sind dabei zu charakterisieren:

- **Klaus Bild** (Wie sieht das typische Teammitglied nach diesem Sprint aus?)
- **Klaus mag ...** (Was ist in diesem Sprint Gutes vorgefallen? Was sollte mehr vorkommen?)
- **Klaus versteht nicht, dass ...** (Was ist in diesem Sprint passiert, was unklar ist?)
- **Klaus ärgert sich über ...** (Was ist in diesem Sprint passiert, was für das Team unerfreulich ist?)
- **Klaus will ...** (Welche Handlungsoptionen liegen beim einzelnen Teammitglied?)

Die Teilnehmer beziehungsweise die Teilnehmerinnen erarbeiten die Porträts. Anschließend stellen sie sich gegenseitig alle Klaus-Porträts vor. Der Moderator oder die Moderatorin stellt sicher, dass alle Aussagen rund um Klaus von den Teammitgliedern verstanden wurden. Gegebenenfalls stellen die Teilnehmer und Teilnehmerinnen Verständnisfragen, um die Aussagen zu verstehen. Dabei achtet die Moderationskraft darauf, dass die Teilnehmer und Teilnehmerinnen nicht in die Ursachendiskussion einsteigen. Es geht zunächst um das faktische Verständnis der unterschiedlichen Sichten auf das typische Teammitglied „Klaus".

Der Moderator oder die Moderatorin fragt, welche Themen bei allen Klaus-Porträts vorkommen. Diese werden auf ein gesondertes Flipchart übertragen. Anschließend bittet der Moderator oder die Moderatorin die Teilnehmer und Teilnehmerinnen um eine Priorisierung dieser Themen. Gegebenenfalls müssen diese vorab gruppiert werden.

9.5.2 Besonderheiten

Durch die Frage im vierten Quadranten („Klaus will ...") wird voraussichtlich ein Teil des *Decide What to Do* vorweggenommen. Bitte achtet darauf, dennoch die *Generate Insights* sauber durchzuführen. Häufig verändern sich Vorschläge für Handlungsoptionen unter dem Eindruck der Ursachenanalyse.

In einigen Fällen werden „Wahrheiten über Klaus" nur von einer Gruppe formuliert werden. Finden diese großen Anklang bei den Teilnehmern und Teilnehmerinnen, übernimmt der Moderator oder die Moderatorin diesen Punkt mit in die Priorisierungsliste.

9.5.3 Varianten

Die Teilnehmer und Teilnehmerinnen stellen sich gegenseitig die Porträts des Klaus vor. Sie sorgen dafür, dass alle Punkte inhaltlich nachvollzogen werden können. Dann einigen sich die Teilnehmer und Teilnehmerinnen, welche Inhalte von mehreren Gruppen genannt wurden. Die Bewertung der Punkte für die nächste Phase findet dann direkt mit jeweils drei Klebepunkten durch die Teilnehmer und Teilnehmerinnen auf den Porträt-Flipcharts statt.

9.6 Feen am Werk!

Teamphase: alle Teamphasen

Projektphase: alle Projektphasen

Vorbereitungszeit: 5 Minuten

Material: vorbereitetes Flipchart

9.6.1 Vorgehen

Bild 9.6
Hier waren Feen am Werk.

„Feen am Werk“ – der Moderator oder die Moderatorin bittet die Teilnehmer und Teilnehmerinnen der Retrospektive, in Pärchen jeweils zwei Moderationskarten zu beschreiben. Die Karten sind farbcodiert. Die Farbcodierung ist auf dem Flipchart vorgegeben:

- Wann war im letzten Sprint eine Fee am Werk? Was ist feenhaft gut gelungen? (orange)
- Wo hättet ihr im Sprint ein Feenwerk benötigt? Was hätte ein wenig Feenstaub gebraucht, damit es (besser) geklappt hätte?

Nachdem alle Pärchen ihre Karten geschrieben haben, stellen die Pärchen ihre Ergebnisse jeweils vor. Sie heften diese an das passende Flipchart. Sofern sich Doppelungen ergeben, hängen sie diese Karten direkt zueinander.

Alle können während der Vorstellung Verständnisfragen stellen. Dabei steigt das Team *noch nicht* in die Ursachendiskussion ein. Es geht nur darum, die jeweilige Aussage zu verstehen. Nachfragen sind also der Art:

> „Kannst du das konkret erläutern, wie du das meinst? An welchem konkreten Beispiel machst du das fest?“

Bei den entsprechenden Antworten ist darauf zu achten, dass auch die Antwortenden nicht die Ursachendiskussion vorwegnehmen.

Nachdem alle Punkte vorgestellt worden sind, verändert der Moderator oder die Moderatorin auf Zuruf die Zuordnung der Karten. Das Team sucht nach ähnlichen Phänomenen oder Aussagen, diese sollten zusammenhängen.

Nun einigt sich das Team auf bis zu zwei Themen, die in die nächste Phase mitgenommen werden sollen.

„Welche beiden Themen sollten wir uns genauer ansehen? Du hast bis zu zwei Stimmen!"

Hierfür kreist der Puschel durch die Teilnehmer und Teilnehmerinnen. Der- oder diejenige mit dem Puschel benennt bis zu zwei Themen für die nächste Phase und begründet die Auswahl. Die Moderationskraft führt eine Strichliste auf dem Flipchart. Vergisst ein Teilnehmer oder eine Teilnehmerin die Begründung für die Auswahl, fordert der Moderator oder die Moderatorin diese nach. Die Begründungen beschreiben die Inhalte noch stärker und sind ein wichtiger Bestandteil dieses Methodenbausteins.

9.6.2 Varianten

Wer Feen zu zauberhaft findet, kann an andere magische Gestalten anknüpfen. Vielleicht unterstützen in euren Sprints ja „Superman" oder „Bob der Baumeister"?

9.7 Firmenzeitung

Teamphase: Forming, Storming, Norming

Projektphase: alle Projektphasen

Vorbereitungszeit: 15 Minuten

Material: vorbereitetes Flipchart mit Handlungsanweisungen, pro Arbeitsgruppe ein Flipchart mit Firmenzeitungsraster, bunte Stifte für alle Teilnehmer und Teilnehmerinnen, gegebenenfalls Pastellkreiden oder Wachsmaler zur weiteren Illustration; vorbereitetes Flipchart für die Zusammenfassung

9.7.1 Vorgehen

Der Moderator oder die Moderatorin teilt das Team in Redaktionsteams auf. Bei der Firmenzeitung ist nicht klar, ob es sich um ein seriöses, investigatives oder eher ein Boulevard-Blatt handelt. Dieses legt jedes Redaktionsteam für sich selbst fest. Jedes dieser Teams (mit einer Besetzung von maximal fünf Personen) erhält eine leere Firmenzeitung, die sich in mehrere Bereiche unterteilt. Die Bereiche können jeweils mit einer oder mehreren Geschichten (das heißt Überschriften, aber auch Teaser-Texten und Grafiken/Bildern) gefüllt werden.

Der Moderator beziehungsweise die Moderatorin erläutert die unterschiedlichen Rubriken, die es in der Firmenzeitung zu füllen gibt:

- **Super:** Hier ist Platz für Erfolgsgeschichten des letzten Sprints. Das können Geschichten fürs Herz und für den Kopf sein.
- **Aufreger:** Hier ist Platz für emotional (negativ) bewegende Geschichten und Vorkommnisse im letzten Sprint. Dabei können Symptome genauso beschrieben werden wie Ursachen (wenn es sich um ein investigatives Redaktionsteam handelt).
- **Ausbaufähig:** Einiges ist auf dem Weg. Es ist nicht perfekt, aber es lässt Platz für Hoffnung. Dies ist der Raum in der Zeitung dafür.
- **Ohne Titel:** Für das letzte Sechstel des Zeitungstitels ist kein Bereichstitel vorgegeben. Das Redaktionsteam füllt diesen Platz nach eigenen Vorstellungen.

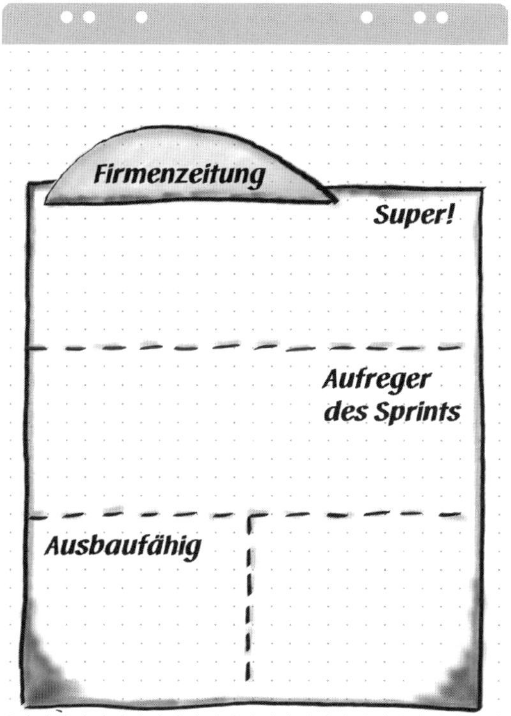

Bild 9.7 Durch die Vorgabe der Rasterflächen bestimmt der Moderator oder die Moderatorin die Gewichtung der Themenbereiche.

Nachdem alle Redaktionsteams ihre Zeitungen vollendet haben (dafür sollte maximal die Hälfte des Methodenbausteins genutzt werden), stellen die Teams den anderen Teammitgliedern ihre Zeitungstitel vor. Alle haben das Recht, Nachfragen zu stellen. Diese werden direkt geklärt. Danach folgen zwei Moderationspunkte:

1. Das Team stellt gemeinsam fest, welche Punkte übereinstimmend auf allen Firmenzeitungen vertreten sind.
2. Anschließend bittet der Moderator oder die Moderatorin alle Teilnehmer und Teilnehmerinnen darum, diejenigen Themen zu benennen, die in der nächsten Phase bearbeitet werden sollten. Dies geschieht per Zuruf.

Immer, wenn ein Einverständnis in der Gruppe entsteht, werden die entsprechenden Punkte durch den Moderator oder die Moderatorin auf ein vorbereitetes Flipchart aufgeschrieben.

9.7.2 Varianten

Je nach Team- und Projektphase sollte sich der Moderator oder die Moderatorin vor diesem Methodenbaustein überlegen, wie die Arbeitsgruppen einzuteilen sind:

- Unterteilung nach Disziplinen im Team
- Unterteilung nach Erfahrungsgrad (Junioren, Intermediates, Senioren)
- Trennung Teamleitung und Teammitglieder

Die Einteilung hat großen Einfluss auf das Arbeitsergebnis. Wenn es im Team noch große Wissensunterschiede gibt oder noch große Machtgefälle beziehungsweise -ansprüche spürbar sind, ist zu empfehlen, die entsprechenden führenden Stimmen vom Rest zu separieren.

Wenn die Disziplinen im Team sehr unterschiedliche Ansprüche vertreten, ist eine Einteilung in Disziplinen sinnvoll, um gegebenenfalls auftretende Meinungsunterschiede zu verdeutlichen.

In ausgewogenen Teams führt das Bearbeiten in interdisziplinären Teams bereits in der Gruppenphase zu einer differenzierten Sicht des Geschehens.

9.7.3 Besonderheiten

Um die Dynamik in diesem Methodenbaustein zu erhalten, sollte die Vorstellung der Firmenzeitungen im Stehen (im Halbkreis um die aufgehängten Zeitungen herum) stattfinden. Das Team sollte auch während der Themenzusammenführung und der Auswahl der wichtigen Themen für die nächste Phase stehen. Erst zum Beginn der nächsten Phase setzen sich die Teammitglieder wieder an ihre Plätze.

Das freie Feld wird häufig von den Kleingruppen sehr kreativ genutzt. Oft enthalten die Ausfertigungen in diesem Bereich humorvolle Hinweise zu oder Andeutungen der „Elefanten im Raum“.

9.8 Fünf Dysfunktionen eines Teams

Teamphase: Forming, Storming, Norming

Projektphase: alle Projektphasen

Vorbereitungszeit: 5 Minuten

Material: vorbereitetes Flipchart, je ein Klebepunkt für jeden Teilnehmer und jede Teilnehmerin

9.8.1 Vorgehen

Bild 9.8 Die fünf Dysfunktionen bedingen sich gegenseitig und sind daher als Pyramide dargestellt.

Auf einem Flipchart trägt der Moderator oder die Moderatorin die fünf Dysfunktionen eines Teams in einer Pyramide auf, wie sie im Abschnitt 2.6, *Fünf mögliche Schwierigkeiten in der Teamarbeit*, beschrieben sind.

Der Moderator oder die Moderatorin erläutert und erklärt dem Team in Stichworten die Dysfunktionen. Anschließend bittet er beziehungsweise sie alle Beteiligten, mit einem Klebepunkt diejenige Stufe zu markieren, auf der sich jeweils nach Meinung der Beteiligten das Team befindet.

Der Moderator oder die Moderatorin bittet alle Teilnehmer und Teilnehmerinnen, ihre Wahl zu begründen. Durch diese Begründungen entsteht häufig der Wunsch bei anderen Teilnehmern und Teilnehmerinnen, ihren eigenen Bewertungspunkt umzukleben. Das dürfen diese.

Entsprechend der mehrheitlichen Wahl des Teams analysiert das Team die auftretenden Phänomene im Team genauer. Mögliche Methodenbausteine hierfür sind *„Stärken und Schwächen"* (siehe Abschnitt 9.16) und *„Datenanalyse"* (siehe Abschnitt 10.5).

9.8.2 Besonderheiten

Wenn die Beurteilung des Teams sehr unterschiedlich ausfällt, sollte die niedrigste gewählte Stufe der Pyramide untersucht werden. Für die Teamentwicklung ist es interessant, darüber Bewusstsein herzustellen, warum die Beurteilung so unterschiedlich im Team ausfällt.

Wenn sich in dieser Phase große Unstimmigkeiten zeigen, ist es sinnvoll, die Teamentwicklung zu forcieren. Hierzu könnte der Moderator oder die Moderatorin ein geeignetes Teamspiel anleiten oder im *Closing the Retrospective* einen Methodenbaustein nutzen, in dem die Teilnehmer und Teilnehmerinnen ihre Wertschätzung füreinander ausbauen können.

9.9 Here be Dragons!

Teamphase: Forming, Storming, Norming

Projektphase: alle Projektphasen

Vorbereitungszeit: 15 Minuten

Material: vorbereitetes Flipchart mit einem Bilderrahmen (oder mehrere vorbereitete selbstklebende Poster), Stifte in vielen Farben, Pastellkreiden oder Wachsmalstifte, weitere Moderationsmaterialien zum Ausschmücken

9.9.1 Vorgehen

Der Moderator oder die Moderatorin bittet, die mittels eines anderen Methodenbausteins in *Gather Data* gefundenen, gruppierten Punkte nochmals anzusehen. Diese Inhalte können zum Beispiel aus *„Stärken und Schwächen"* (siehe Abschnitt 9.16) oder *„Was zieht, was bremst?"* (Abschnitt 9.20) hervorgehen.

> „Stellt euch vor, diese Punkte seien Elemente einer mittelalterlichen Landkarte – entscheidet, ob sie die Planeten, die Welt, einen Kontinent, ein Land oder eine Stadt beschreiben. Tragt diese Punkte in eure Landkarte ein – und findet dafür einen passenden Namen. Schmückt die Landkarte aus, wie es sich für eine mittelalterliche Karte gehört. Denn, wo unbekanntes Land ist, könnten Drachen sein!"

Sind mehr als sechs Teilnehmer und Teilnehmerinnen vorhanden, sollten mehrere Arbeitsgruppen zum Zeichnen gebildet werden.

Die Gruppen stellen nach dem Zeichnen ihr Werk den anderen Teilnehmern und Teilnehmerinnen vor. Der Moderator oder die Moderatorin stellt nach der Vorstellung die Frage:

> „Habt ihr das Gefühl, dass die Karten euch gut beschreiben?"

Dieser Methodenbaustein wird im Anschluss an einen anderen Methodenbaustein aus *Gather Data* durchgeführt. Dieser Methodenbaustein dient der Priorisierung und Gruppierung von Informationen.

Bild 9.9 Die Gestaltung des Bilderrahmens wird die Visualisierung der Teilnehmer und Teilnehmerinnen beeinflussen.

Dieser Methodenbaustein ist dann angebracht, wenn beim Aufnehmen von Daten aus einem inhomogenen Team viele Einzelpunkte genannt werden. Die visuelle Verdichtung hilft allen Beteiligten, ein gemeinsames Bild von der aktuellen Lage zu entwickeln. Die während dieser Phase gefundenen Beschreibungen haben eine große Kraft und begleiten die Teams häufig länger.

Beim Ausmalen der Landkarte findet das Team häufig erste Erklärungen und Verknüpfungen zwischen den Punkten, die es mit in die Landkarte zeichnet. Dieser Input ist sehr wertvoll und sollte in *Generate Insights* reflektiert werden.

Durch das Aneinanderkoppeln zweier Methodenbausteine wird mehr Zeit für *Gather Data* als üblich gebraucht. Daher sind die anderen Methodenbausteine kürzer anzusetzen.

9.9.2 Besonderheiten

Nutzt das Team diesen Methodenbaustein während einer PMA, wird den Emotionen, die mit einer Projektkrise oder einem -abbruch verbunden sind, Raum gegeben. Dies kann dem Erkennen von Elefanten im Raum dienlich sein, kann aber auch destruktiv genutzt werden.

9.10 Methodenbausteine

Teamphase: Performing, Adjourning

Projektphase: Plan, Konzept, Implementierung, Qualitätssicherung, Auslieferung, Projektkrise, Projektabbruch

Vorbereitungszeit: 5 Minuten

Material: vorbereitetes Flipchart mit zehn Wissensbereichen oder fünf Projektleitlinien nach Anderson (siehe Abschnitt 3.3), Moderationskarten und Flipchart-Stifte für alle Teilnehmer und Teilnehmerinnen

9.10.1 Vorgehen

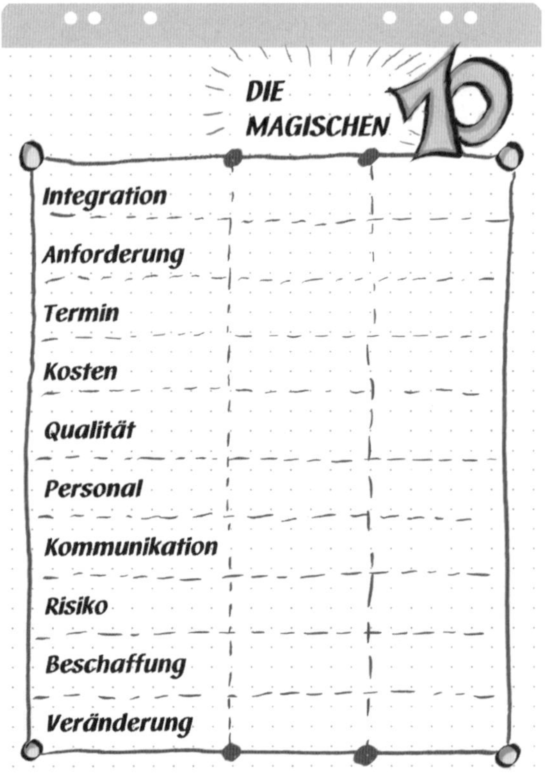

Bild 9.10 Dieser Methodenbaustein ermöglicht eine analytische Betrachtung des eigenen Vorgehens.

Wenn ein Team schon längere Zeit besteht, lohnt sich ein klarer Blick auf die verwendeten (und implizit genutzten) Methodenbausteine. Hier hilft ein analytischer Abgleich mit bekannten und bewährten Projektmustern. Die Analyse basiert auf den in *Typische Projektphasen* (siehe Abschnitt 3.3) vorgestellten Fragestellungen.

Die Teilnehmer und Teilnehmerinnen werden in Pärchen gebeten, entsprechend der Wissensbereiche oder der Leitlinien implizite und explizite Methodenbausteine auf Moderationskarten aufzuschreiben. Nachdem dies erfolgt ist, werden die Methodenbausteine von den Teilnehmern und Teilnehmerinnen zum Flipchart mit diesen Überschriften hinzugefügt.

Der Moderator oder die Moderatorin erfragt anschließend die folgenden Punkte:

- Welche Punkte sind gut „erfüllt"?
- Welche Punkte fehlen euch? Warum?

Die Kommentare des Teams werden ebenfalls auf dem Flipchart mit Moderationskarten kommentiert. Das Team wählt anschließend einen Punkt aus, der entweder nur implizite Methodenbausteine oder nach Meinung des Teams zu wenige Methodenbausteine enthält.

Zur Wahrung der Gesprächskultur nutzt das Team für diese Ergänzungen einen Puschel. Nur diejenige Person, die den Puschel in der Hand hält, hat das Rederecht.

9.10.2 Besonderheiten

Je nach Grundstimmung des Teams sind die zehn Wissensbereiche des Projektmanagements oder Andersons Leitlinien für ein gutes Projekt abzufragen. Hat sich das Team im Rahmen des Projekts auf klassisch-hierarchische Projektelemente geeinigt, sind die zehn Wissensbereiche vorzuziehen. Arbeitet das Team agil, sind die Leitfragen David Andersons zur Analyse zu nutzen. Alternativ dazu könnt Ihr auch das agile Manifest mit seinen vier Hauptsätzen und den 12 Prinzipien überprüfen.

Dieser Methodenbaustein kann in *Generate Insights* fortgesetzt werden. Um dieses Vorgehen zu erleichtern, empfiehlt es sich, auf dem Flipchart Reihen mit den Fragestellungen aufzunehmen, die auf dem nachfolgenden Flipchart fortgesetzt werden.

Diese Abfolge von Methodenbausteinen kann Teams – insbesondere in Post-Mortem-Analysen – helfen, strukturelle Fehler im Projektvorgehen zu erkennen.

9.11 Pent-A-Meter

Teamphase: alle Teamphasen

Projektphase: alle Projektphasen

Vorbereitungszeit: 30 Minuten

Material: vorbereitetes Flipchart mit Pent-A-Meter und aufgetragenen Bewertungspunkten des Teams, Bewertungsbögen für alle Teilnehmer und Teilnehmerinnen (vorab verteilt und ausgewertet)

9.11.1 Vorgehen

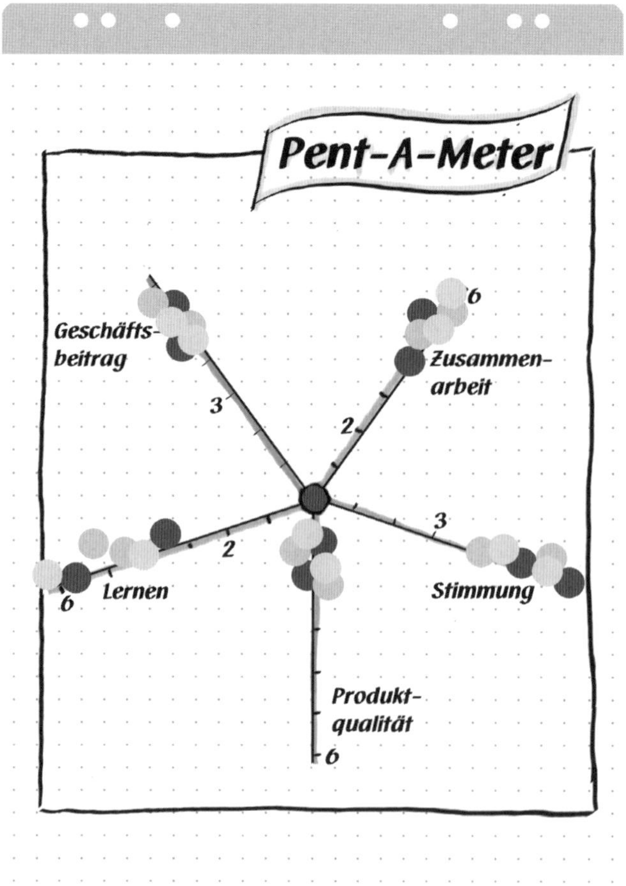

Bild 9.11 In diesem Beispiel sollte die Gruppe „Zusammenarbeit" und „Lernen" diskutieren.

Vor der Retrospektive verteilt der Moderator oder die Moderatorin einen Bewertungsbogen an alle Teilnehmer und Teilnehmerinnen, auf denen diese in Schulnoten von 1 bis 6 die folgenden Bereiche bewerten sollen:

- Produktqualität des letzten Sprints
- Geschäftsbeitrag des letzten Sprints
- Lernen im Team
- Zusammenarbeit im Team
- Stimmung im Team

Die Bewertungsergebnisse überträgt der Moderator oder die Moderatorin in ein Diagramm. Die Achsenbezeichnungen im Diagramm entsprechen den Fragestellungen des Bewertungsbogens. Das Team diskutiert das sich ergebende Bild und leitet daraus ab, welche Themen es in den nachfolgenden Phasen näher untersuchen möchte.

Für eine weitere Bearbeitung empfehlen sich vor allem folgende Phänomene:

- Das Team hat mehrheitlich eine extrem gute oder schlechte Note gewählt.
- Das Team hat das Thema sehr widersprüchlich bewertet.

Das Team stimmt über das näher zu bearbeitende Thema per Handzeichen ab. Dieses Thema sollte weiter beschrieben und detailliert werden. Dies kann durch eine Kopplung mit einem weiteren Methodenbaustein aus *Gather Data* erfolgen – oder durch einen Methodenbaustein in *Generate Insights*, der eine weitere Beschreibung der aus dem gewählten Thema resultierenden Phänomene zulässt. Mögliche Methodenbausteine hierfür sind *„Stärken und Schwächen“* (siehe Abschnitt 9.16) und *„Datenanalyse“* (Abschnitt 10.5).

9.11.2 Besonderheiten

Bei Bedarf können die Fragestellungen auch über das Projektteam hinausweisen. Mit Fragen nach der „Zusammenarbeit mit allen Projektbeteiligten“ oder der „Zusammenarbeit mit dem Auftraggeber/der Auftraggeberin“ kann der Moderator oder die Moderatorin das Team bewusst zu einer Diskussion dieser Themen führen.

9.11.3 Varianten

Die Erfassung der Bewertungspunkte kann auch während der Retrospektive erfolgen. Dabei sind folgende Vorgehensweisen denkbar:

- Alle Teilnehmer und Teilnehmerinnen erhalten jeweils einen besonders farbigen Stift, um ihre Bewertungen farbig getrennt voneinander in das Pent-A-Meter eintragen zu können.
- Alle Beteiligten erhalten gleichfarbige Bewertungspunkte, so dass die entsprechenden Bewertungen halbanonym vorgenommen und später keinem der Beteiligten mehr zugeordnet werden können.
- Die Teilnehmer und Teilnehmerinnen bewerten die entsprechenden Punkte auf einem Bewertungsbogen, der durch den Moderator oder die Moderatorin eingesammelt wird. Diese Bewertungen werden dann durch ihn beziehungsweise sie auf das Pent-A-Meter übertragen.

Die Übertragung der Daten beziehungsweise der Bewertungsvorgang sind in größeren Teams zeitintensiv. In diesen Fällen ist die Vorabbestimmung der Werte empfehlenswert. Die gemeinsame Ermittlung der Daten wirkt meist für die Teilnehmer und Teilnehmerinnen authentischer. Das Ergebnis wird stärker als ein Teamergebnis angenommen.

9.12 Quadrantenanalyse

Teamphase: alle Teamphasen

Projektphase: alle Projektphasen

Vorbereitungszeit: 5 Minuten

Material: vorbereitetes Flipchart mit eingezeichneten Quadranten, jeweils vier Moderationskarten, Flipchart-Stifte sowie je zwei Klebepunkte für alle Teilnehmer und Teilnehmerinnen

9.12.1 Vorgehen

Bild 9.12 Die Abfragen suchen nach einer emotionalen, nicht nach einer faktischen Beschreibung des letzten Sprints.

Auf einem Flipchart sind vier Quadranten aufgezeichnet. Diese sind mit einem lachenden und einem weinenden Smiley, einer Glühbirne und einem Fragezeichen überschrieben.

Jedes Teammitglied erhält genau vier Moderationskarten, um diese Überschriften zu kommentieren. Alle Teilnehmer und Teilnehmerinnen notieren auf je einer Karte genau eine Anmerkung, einen Gedanken oder einen Kommentar – passend zu den Überschriften.

Nachdem alle Teammitglieder ihre Antworten im Stillen geschrieben und an das Flipchart geheftet haben, geht der Moderator oder die Moderatorin mit dem Team alle Antworten durch. Sind Karten für das Team unverständlich, bitten die Teammitglieder den Autor oder die Autorin der Karte, den Eintrag näher zu erläutern. Offensichtliche Mehrfachnennungen von Themen werden übereinander geheftet, so dass am Ende jedes Thema nur einmal auf dem Flipchart vertreten ist.

Jedes Teammitglied erhält nun zwei Klebepunkte und kann die besonders wichtigen Themen auszeichnen. Mehrfachbepunktungen sind zulässig. Zwei oder drei der am häufigsten gewählten Themen werden in die nächste Phase übernommen.

9.12.2 Varianten

Jedes Teammitglied erhält beliebig viele Moderationskarten. Diese Variante führt vor allem in frühen Teamphasen zu vielen Einträgen, da das Team noch sehr kontroverse Ansichten über Stärken und Schwächen der Beteiligten hat. Die Vielzahl der Antworten wird voraussichtlich viele interessante Punkte enthalten – gleichzeitig ist die Vielzahl der Themen nur schwer auf wenige Themen für die nächste Phase zu fokussieren. Diese Variante erfordert eine gute Kenntnis des Teams und viel Moderationssicherheit.

9.12.3 Besonderheiten

Der hier vorgestellte Methodenbaustein *„Quadrantenanalyse“* wurde in ähnlicher Form von Diana Larsen und Ester Derby in „Agile Retrospectives“ [Derby 2006] beschrieben. Dieser Methodenbaustein ähnelt auch den später beschriebenen *„Vier Schlüsselfragen“* (siehe Abschnitt 10.16), welche auf Norman Kerth zurückgehen.

Die Analysentiefe unterscheidet sich bei diesen Methodenbausteinen. Während in der Quadrantenanalyse einzelne Themen hervorgehoben werden, suchen die *„Vier Schlüsselfragen“* nach Informationen auf übergeordneter Projektebene.

9.13 Ratschlag an mein Alter Ego

Teamphase: Norming, Performing, Adjourning

Projektphase: alle Projektphasen, insbesondere Projektkrise, Projektabbruch

Vorbereitungszeit: 5 Minuten

Material: vorbereitetes Flipchart, Moderationskarten und Stifte für alle Pärchen

9.13.1 Vorgehen

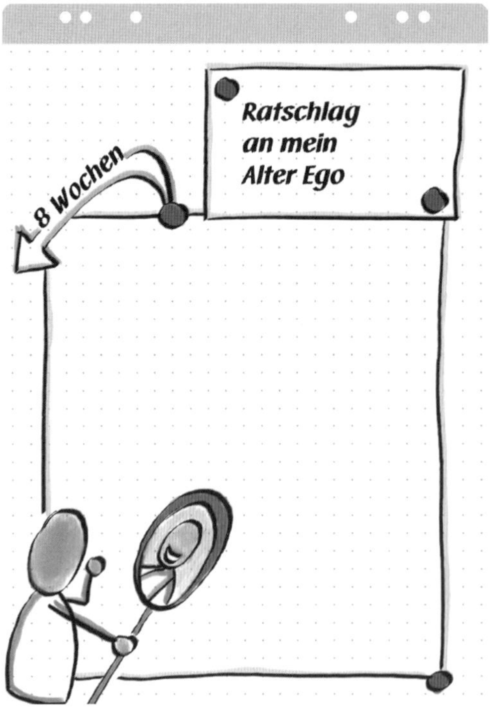

Bild 9.13
Das Flipchart stimmt auf den Perspektivwechsel ein.

Ihr erzählt eine Geschichte, die in Kleingruppen gelöst wird:

> „Heute passiert etwas, was nur Nerds passieren kann. Ihr sitzt hier ... und ‚fump' trefft ihr euer Alter Ego. Ihr trefft euer Alter Ego in der Vergangenheit. Das weiß noch nicht, was die nächsten drei Sprints passieren wird. Aber ihr wisst es – denn ihr kommt ja aus dem Heute zu ihm oder ihr. Setzt euch in Pärchen zusammen und gebt jeweils eurem Alter Ego einen Ratschlag, was er oder sie für die nächsten drei Sprints unbedingt beachten oder machen sollte. Nutzt das Wissen von heute für diesen Ratschlag."

Die Ratschläge werden von den Pärchen auf Moderationskarten aufgeschrieben. Der- oder diejenige, die den Rat erhalten hat, trägt anschließend der Gruppe den jeweiligen Ratschlag vor. Diese werden an ein Flipchart geheftet.

Anschließend bittet der Moderator oder die Moderatorin die Gruppe darum, die Moderationskarten thematisch zu sortieren. Diese Themensammlung nimmt die Gruppe in die nächste Phase mit.

9.13.2 Varianten

Dieser Methodenbaustein ist auch für Teams lohnenswert, die auf Grund der Team- oder der Projektsituation auf einen längeren Zeitraum zurückblicken möchten. Dieser Methodenbaustein kann gut für einen übergeordneten Projektblick genutzt werden.

9.14 Schmutzige Wäsche waschen

Teamphase: alle Teamphasen

Projektphase: alle Projektphasen

Vorbereitungszeit: 15 Minuten

Material: vorbereitetes Flipchart, Wäscheleine, Wäscheklammern, ausgeschnittene Wäschestücke auf Papier (pro Teilnehmer/Teilnehmerin drei Wäschestücke), Stifte für alle Teilnehmenden

9.14.1 Vorgehen

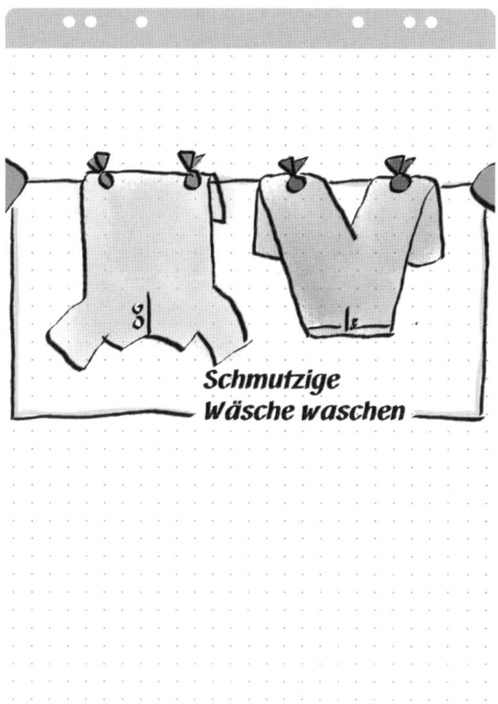

Bild 9.14 Die eigentliche „schmutzige Wäsche" wird im Raum aufgehängt.

Der Moderator oder die Moderatorin spannt im Retrospektivenraum eine Wäscheleine auf. Da die Leine später nur Papier tragen wird, reicht es, die Leine mit Kreppband an der Wand zu fixieren.

Der Moderator oder die Moderatorin verteilt an alle Beteiligten aus Papier ausgeschnittene Wäschestücke. Um den Effekt zu steigern, sollten die T-Shirts, Pullover, kurzen und langen Hosen sowie Unterwäsche auf farbigem Papier ausgedruckt sein. Alle Teilnehmer und Teilnehmerinnen werden gebeten, „ihre schmutzige Wäsche zu waschen".

Die Anweisung belässt der Moderator oder die Moderatorin so vage. Gleichzeitig weist er oder sie nochmals auf die Bedeutung der obersten Direktive hin. Schmutzige Wäsche sollte immer mit den Worten „ich“ oder „wir“ beginnen.

Die Teilnehmer und Teilnehmerinnen geben ihre Antworten (jeweils einen Punkt auf ein Kleidungsstück). Nachdem alle ihre Punkte aufgeschrieben haben, hängt jeder unter der Erklärung des jeweiligen Punkts seine oder ihre schmutzige Wäsche auf.

9.14.2 Besonderheiten

„Schmutzige Wäsche waschen“ ist im Alltag ein Phänomen, dass Menschen in Konflikten auf Koalitionssuche gehen, indem sie Geschichten erzählen. Wenn es im Team ungeklärte Konflikte gibt, könnte dieser Methodenbaustein dazu führen, dass Teilnehmer und Teilnehmerinnen das Interesse verspüren, diese zu benennen. Das ist für sich etwas Gutes, gleichzeitig gilt es die oberste Direktive einzuhalten.

Es ist entsprechend Fingerspitzengefühl des Moderators oder der Moderatorin in kritischen Teamphasen (*Storming, Norming*) und in kritischen Projektphasen gefragt.

Wenn sich sehr viele schmutzige Wäsche mit direkten Vorwürfen zeigt, ist eine Konfliktmoderatorin oder -mediation angezeigt. Hierfür muss der Moderator oder die Moderatorin klären, ob diese ihren richtigen Platz in der Retrospektive haben – oder ob die Moderation beziehungsweise Mediation als Auftrag für bestimmte Personen mitgenommen wird.

9.15 Sechs Blinde untersuchen einen Elefanten

Teamphase: alle Teamphasen

Projektphase: alle Projektphasen

Vorbereitungszeit: 5 Minuten

Material: vorbereitetes Flipchart, große Moderationskarten für drei Kleingruppen, Stifte für Kleingruppen

9.15.1 Vorgehen

Der Moderator oder die Moderatorin erzählt das Gleichnis von den sechs Blinden, die einen Elefanten untersuchen.

> Sechs Blinde haben die Aufgabe, einen Elefanten zu beschreiben. Dabei untersuchen die Blinden unterschiedliche Stellen des Elefanten. Sie befühlen den Rüssel, den Stoßzahn, ein Bein, den Bauch, den Schwanz und das Ohr. Auf die Frage hin, wie ein Elefant so sei, antworten sie, dass der Elefant wie ein Ast, eine Röhre, eine Säule, eine Wand, ein Seil und wie ein Handfächer sei.

Je nachdem, von wo wir das Projekt beschreiben, sieht es unterschiedlich aus. Ich bitte euch, drei Gruppen zu bilden, die unser aktuelles Projekt aus genau einer Perspektive beschreiben. Beschreibt das Projekt aus Sicht - des Endkunden oder der Endkunden - des Auftraggebers oder der Auftraggeberin sowie aus Sicht - des Anforderungsmanagements.

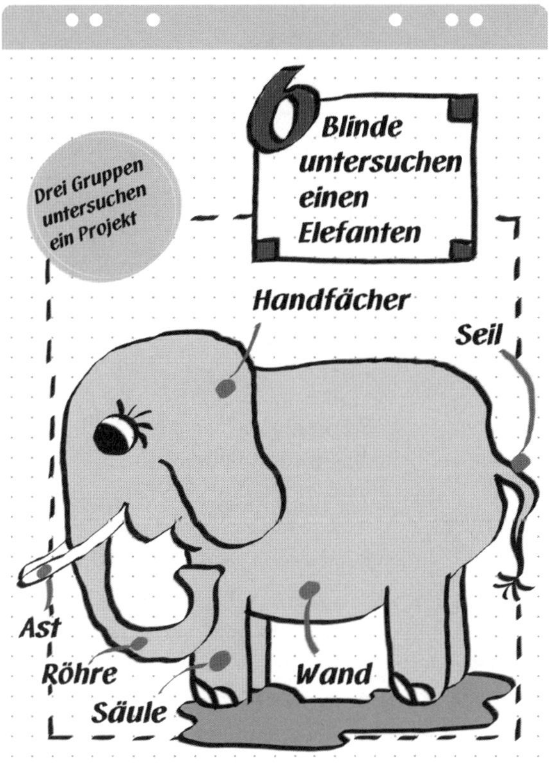

Bild 9.15
Das Gleichnis von den sechs Blinden dient der Veranschaulichung der eigenen beschränkten Perspektive.

Dabei ist ein umfassendes, klares Bild aus der jeweiligen Perspektive zu zeichnen. Für die Ausarbeitung der Sichten haben die Kleingruppen acht Minuten Zeit. Sie notieren dazu Stichworte auf Moderationskarten.

Diese heften sie in der anschließenden Vorstellung ihrer Perspektive an das Flipchart.

Die Gruppe nutzt die restliche Zeit des Methodenbausteins, um die vorgestellten Perspektiven zu diskutieren und zu kommentieren.

9.15.2 Besonderheiten

Dieser Methodenbaustein verpflichtet die Teilnehmer und Teilnehmerinnen auf eine bestimmte Perspektive. Wenn zum Projektumfeld Spannungen bestehen, sollte die Moderationskraft zwischen den Kleingruppen pendeln und bei Bedarf nochmals die Einhaltung der obersten Direktive einfordern.

9.15.3 Varianten

Die Perspektive, die mit diesem Methodenbaustein abgefragt wird, ist auf eure Projektverhältnisse abzustimmen. Mögliche andere Perspektiven sind

- Produktmanagement
- Fachliche Vorgesetzte
- Steuerungsgruppe
- Vorstand/Geschäftsführung

9.16 Stärken und Schwächen

Teamphase: alle Teamphasen

Projektphase: alle Projektphasen

Vorbereitungszeit: 10 Minuten

Material: drei vorbereitete Flipcharts (mit den Titeln „Stärken", „Schwächen" und „Unser Sprint"), Moderationskarten und Stifte für alle Teilnehmer und Teilnehmerinnen

9.16.1 Vorgehen

Auf zwei Flipcharts sind die Überschriften „Stärken" und „Schwächen" aufgetragen. Jeder Retrospektiventeilnehmer beziehungsweise jede -teilnehmerin erhält zwei Moderationskarten. Eine Karte davon ist grün („Stärke"), die andere ist rot („Schwäche").

Alle sind aufgefordert, für den letzten Sprint eine Stärke und eine Schwäche des Teams aufzuschreiben. Diese werden in der Stille aufgehängt.

Nach dieser Sammlung liest der Moderator beziehungsweise die Moderatorin die Karten vor. Gegebenenfalls sind die Karten durch die Autoren oder Autorinnen zu erläutern. Entsprechend des gemeinsamen Verständnisses hängt der Moderator beziehungsweise die Moderatorin die Karten auf ein drittes Poster um. Dabei werden diese thematisch gruppiert. Schließlich vergibt das Team einen sprechenden Titel für die gruppierten Karten.

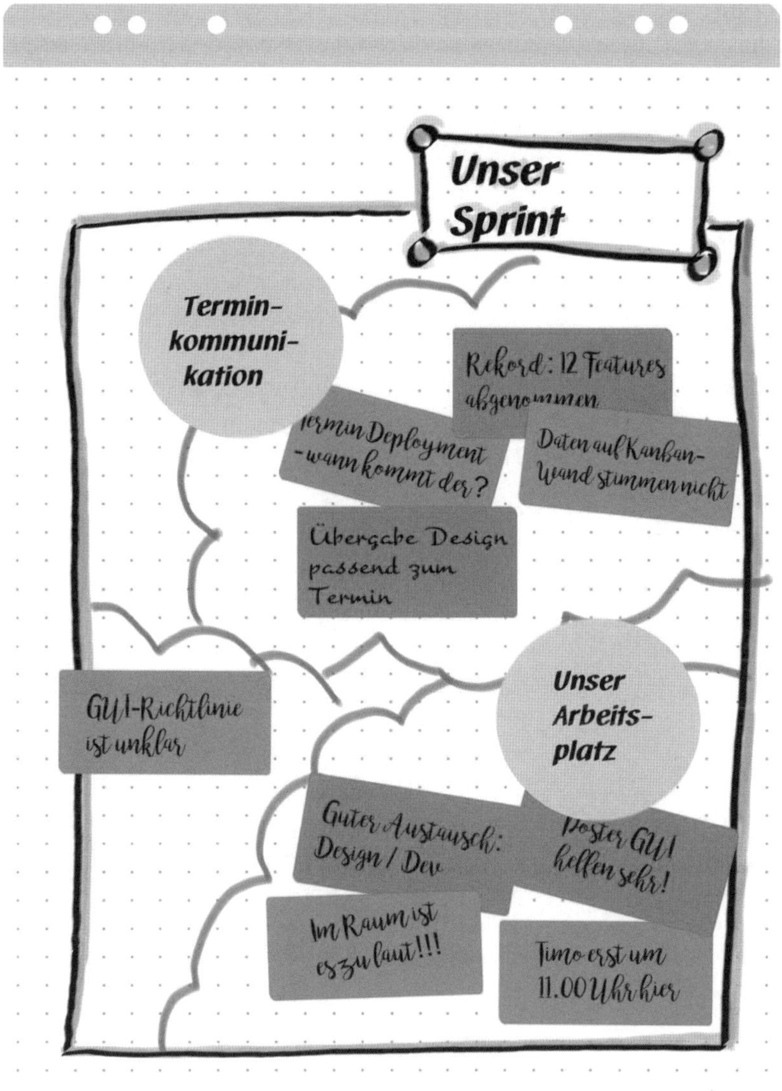

Bild 9.16 Es werden sowohl positive als auch negative Einträge zu Themenbereichen zusammengefasst.

9.16.2 Besonderheiten

Teams neigen dazu, eher fachlich-thematische Gruppen zu bilden („das ist eher Controlling", „das hat mit dem Deployment zu tun"). Bei der Gruppierung ist eine aktive Moderation gefragt. Gibt es auch Querverbindungen der Art: „Hier haben wir zu viel vorausgesetzt" oder „Hier fehlte gutes Erwartungsmanagement"? Um entsprechende Überschriften zu erreichen, sollte der Moderator oder die Moderatorin überzeichnende Vorschläge machen.

Das Team wird diese Vorschläge „einfangen" und dabei gute Gruppierungen identifizieren. Häufig induzieren Querverbindungen stärkere Prozessveränderungen als fachlich-thematische Sammlungen.

9.17 Stimmungskurve

Teamphase: alle Teamphasen

Projektphase: alle Projektphasen

Vorbereitungszeit: 10 bis 20 Minuten

Material: vorbereitetes Flipchart oder Pinnwandpapier, Moderationskarten und je ein Stift für alle Teilnehmer und Teilnehmerinnen

9.17.1 Vorgehen

Bild 9.17
Betrachtet das Team einen längeren Zeitraum, sollte die Stimmungskurve auf einem Flipchart im Querformat oder auf einem großen Pinnwandpapier aufgetragen werden.

Über die Stimmungskurve lassen sich Unstimmigkeiten im Team und Prozessungenauigkeiten identifizieren. Auf einem Flipchart ist ein Achsenkreuz aus Zeit (mit eingezeichneten Wochentagen und bekannten teamweiten Terminen) und Stimmung (von schlecht über neutral bis sehr gut) aufgetragen. Jedes Teammitglied erhält einen Stift und die Aufforderung (halbanonym), die Stimmungskurve in das Achsenkreuz einzutragen. Die Linien werden nicht mit Namen versehen. Der Moderator oder die Moderatorin ermittelt zusammen mit dem Team „Ausreißer" und versucht gemeinsam mit dem Team, Kommentare/Anlässe zu identifizieren, die zu den Ausreißern geführt haben. Diese Kommentare werden in der Zeichnung ergänzt.

Gegebenenfalls werden Kommentare zusammengefasst. Die Punkte, die Anlass für besondere Freude, besonderen Ärger oder Teamausreißer sind, werden durch das Team mit einer Beschreibung in die nächste Phase mitgenommen.

9.17.2 Besonderheiten

Die Stimmungskurve kann auch als Einstieg in eine Post-Mortem-Analyse genutzt werden. Dann wird diese Methode nicht eingesetzt, um Daten zu ermitteln, sondern um eine emotionale Basis für die sachliche Klärung in der Post-Mortem-Analyse zu liefern.

9.18 Teamaktivitäten

Teamphase: alle Teamphasen

Projektphase: Idee, Plan, Konzept, Implementierung, Qualitätssicherung, Auslieferung

Vorbereitungszeit: 5 Minuten

Material: vorbereitetes Flipchart mit Fünfer-Raster, Moderationskarten, Flipchart-Stifte sowie drei Klebepunkte für jeden Teilnehmer und jede Teilnehmerin

9.18.1 Vorgehen

Auf einem Flipchart sind fünf Bereiche eingezeichnet. Diese Bereiche sind mit „Starten!", „Stoppen!", „Mehr!", „Weniger!" und „So lassen!" betitelt.

Der Moderator oder die Moderatorin bittet alle Teilnehmer und Teilnehmerinnen der Retrospektive, darüber nachzudenken, welche Verhaltensweisen das Team seit der letzten Retrospektive gezeigt hat. Es sind dabei sowohl Verhaltensweisen des gesamten Teams als auch Vorgehen Einzelner zu benennen.

Sobald ein Teilnehmer oder eine Teilnehmerin eine Moderationskarte beschrieben hat, hängt er beziehungsweise sie die Karte in den Bereich, die er oder sie als angemessen empfindet. Diese Phase erfolgt in Schweigen – das heißt ohne Nachfragen zu Details und ohne Diskussionen. Die Moderationskraft sorgt für die Einhaltung dieser Regel. Um das Finden von Aktivitäten zu erleichtern, liest der Moderator oder die Moderatorin in Abständen die bisher gefundenen Aktivitäten vor.

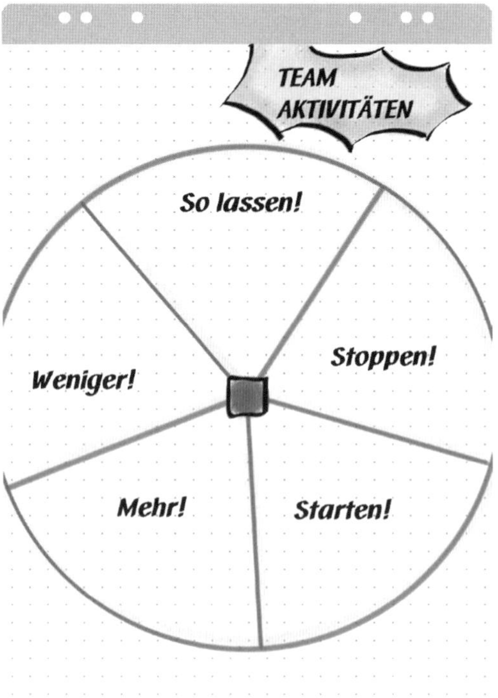

Bild 9.18 Die fünf Bereiche sind farblich voneinander getrennt.

Nachdem das Team das Beschriften und Anheften der Moderationskarten beendet hat, liest der Moderator oder die Moderatorin nochmals zusammenfassend alle Karten vor. Wenn das Team dabei Inhalte entdeckt, die das gleiche Phänomen beschreiben, nimmt der Moderator oder die Moderatorin eine dieser Karten ab.

Das Team einigt sich, in welchem der fünf Bereiche die verbleibende Karte hängen soll.

Nach der Konsolidierung und Klärung aller Moderationskarten erhält jeder Teilnehmer und jede Teilnehmerin drei Klebepunkte, damit die Teilnehmer und Teilnehmerinnen diejenigen Phänomene auswählen können, welche in den folgenden Phasen weiterbearbeitet werden können.

Das Team nimmt in die folgende Phase zwei Themen mit.

9.18.2 Besonderheiten

Mit diesem Methodenbaustein werden neben negativen Phänomenen auch positive Verhaltensweisen benannt. Dies hilft dem Team, sich über erfolgreiche (implizite) Regeln bewusst zu werden.

9.19 Urlaubsberichte

Teamphase: Norming, Performing, Adjourning

Projektphase: Idee, Plan, Konzept, Implementierung, Qualitätssicherung, Auslieferung

Vorbereitungszeit: 5 Minuten

Material: Flipchart, Flipchart-Stift für Moderator oder Moderatorin, DIN-A4-Papiere und Stifte für alle Teilnehmer und Teilnehmerinnen

9.19.1 Vorgehen

Bild 9.19 Der Moderator oder die Moderatorin platziert die Anmerkungen direkt auf dem begleitenden Flipchart.

Der Moderator teilt das Retrospektiventeam durch Abzählen in zwei Kleingruppen. Jede Kleingruppe erhält den Auftrag, die Zeit im Team seit der letzten Retrospektive in Form eines Urlaubsberichts zu verfassen.

Die erste Gruppe soll eine positive Darstellung verfassen, während die zweite Gruppe gebeten wird, eine kritische Abhandlung zu erzeugen. Für diese Aufgabe haben die Gruppen jeweils fünfzehn Minuten Zeit.

Die Form der Berichterstattung ist den Gruppen freigestellt. Es kann sich um eine stichwortartige Aufzählung oder einen ausgefeilten Text handeln. (Das Flipchart für diesen

Methodenbaustein sollte eine mögliche Platzierung des Texts aufzeigen, um die Gruppen zu inspirieren.)

Nachdem die Gruppen ihre Schreibarbeit beendet haben, stellt jeweils ein Vertreter oder eine Vertreterin der Gruppe dem gesamten Team das Ergebnis vor. Während der Vorstellung notiert der Moderator oder die Moderatorin alle Argumente, die in dem positiven beziehungsweise negativen Urlaubsbericht vermerkt sind, auf dem Flipchart.

Das gesamte Team kontrolliert diese Mitschrift darauf, ob alle genannten Argumente aufgeführt wurden. Mit der Sammlung dieser Phänomene wechselt das Team in die Phase *Generate Insights.*

9.19.2 Varianten

Eine Alternative zur Erstellung von Urlaubsberichten ist das Verfassen von Liebes- und Hassbriefen, wie sie Sven Röpstorff im Blog-Artikel *„Lieber Sprint, ich hasse Dich …“* [Roepstorff 2011] beschrieben hat. Analog zum obigen Methodenbaustein erhalten die zwei Gruppen jeweils einen DIN-A4-Bogen mit einem Briefanfang. Der eine Briefanfang lautet „Geliebter Sprint, meine Liebe zu Dir …“, der andere Brief beginnt mit „Blöder Sprint, ich hasse Dich …“. Die Kleingruppen werden gebeten, den Briefanfang im Sinne eines Liebesbriefs, der die guten und bewundernswerten Seiten des Sprints betont, beziehungsweise im Sinne eines Hassbriefs zu verfassen, der die schlechten und verachtenswerten Seiten des Sprints aufzeigt. Der weitere Verlauf des Methodenbausteins entspricht dem beschriebenen Verfahren in den „Urlaubsberichten“.

9.20 Was zieht, was bremst?

Teamphase: Norming, Performing, Adjourning

Projektphase: alle Projektphasen

Vorbereitungszeit: 10 Minuten

Material: vorbereitetes Flipchart, weiteres Flipchart zum Gruppieren der Themen

9.20.1 Vorgehen

Der Moderator oder die Moderatorin erzählt mit viel Ausschmückung die Geschichte vom Schiff „Iteration“.

> „Manchmal hat das Schiff viel Wind in den Segeln – und es kommt sehr schnell voran. Manchmal kommt es kaum voran – es ist so, als wäre der Anker ausgeworfen.“

Bild 9.20 Für die Illustration dieses Methodenbausteins bietet sich das Querformat an.

Eine Zeichnung illustriert die Erzählung. Die Teilnehmer und Teilnehmerinnen werden gebeten, auf Moderationskarten entsprechende Vorkommnisse aufzuschreiben, die sie den vollen Segeln oder dem ausgeworfenen Anker zuordnen können. Wenn der Zufluss an Karten früh versiegt, ist es an dem Moderator oder der Moderatorin, nochmals die Geschichte des Schiffs in den Raum zu holen. Damit die Karten beim Umsortieren noch in der Beurteilung zuzuordnen sind, werden sie mit einem kleinen Plus (+) fürs Ziehen und einem Minus (–) fürs Bremsen ausgezeichnet.

Der Moderator und die Moderatorin lesen die Karten jeweils während des Umsortierens vor. Falls Unklarheiten in Bezug auf die Aussagen bestehen, werden diese in dieser Phase geklärt. Bei der Umsortierung ist darauf zu achten, dass nicht nach fachlichen Themen sortiert wird. Häufig geben Teilnehmer und Teilnehmerinnen generische Oberbegriffe wie „Kommunikation“ oder auch „Anforderungen“ an. Es lohnt sich, bereits hier nach ähnlichen Verhaltensweisen – egal, aus welchem fachlichen Bereich kommend – zu schauen. Insofern erleichtern Zusammenfassungen der Art „Einmalige Absprache – und es hakt“ die Ursachenforschung. Daher empfiehlt es sich, die Frage nach dem Warum in dieser Methode bereits beim Umgruppieren mit dem Retrospektiventeam vorzusprechen.

9.20.2 Varianten

An Stelle eines Segelschiffs könnte zum Beispiel auch ein Flugzeug und ein Sumpf („Was ließ uns abheben?“, „Was brachte uns zum Versumpfen?“) gezeichnet werden.

9.20.3 Besonderheiten

Je weniger generisch die Gruppierungen ausfallen, desto leichter wird *Generate Insights* gelingen. Bei der Gruppierung ist bereits darauf zu achten, dass eher ähnliche Verhaltensweisen als formale Zuordnungen als Gruppierungselement genutzt werden: Die Kommentierung „Da fehlte uns Rückmeldung" hilft mehr als die Aussage „Die interne Kommunikation ist kaputt".

9.21 Wo steht das Team?

Teamphase: Forming, Storming, Norming, Performing

Projektphase: alle Projektphasen

Vorbereitungszeit: 5 Minuten

Material: vorbereitetes Flipchart, je ein Klebepunkt für jeden Teilnehmer und jede Teilnehmerin, Marker für gefundene Teamuhrzeit

9.21.1 Vorgehen

Der Moderator oder die Moderatorin bereitet auf einem Flipchart eine Teamuhr[1] vor, bei der die Uhrzeit und die Teamphase in Zusammenhang gebracht werden.

Jeder Teilnehmer und jede Teilnehmerin erhält einen Klebepunkt. Der Moderator oder die Moderatorin erläutert die Teamphasen und klärt eventuell aufkommende Fragen der Teilnehmer und Teilnehmerinnen. Häufig kennen Teammitglieder unterschiedliche Modelle zur Teamentwicklung und brauchen etwas Einordnung, um ihr Modell mit dem Modell auf dem Flipchart in Einklang zu bringen.

Der Moderator oder die Moderatorin bittet darum, dass die Teilnehmer und Teilnehmerinnen die „Teamuhrzeit" mit einem Klebepunkt einordnen.

Wenn sich ein nichteinheitliches Bild ergibt (was in den meisten Teamphasen der Fall sein wird), bittet die Moderationskraft darum, dass alle ihre Uhrzeit begründen.

Mittels des Konsent-Prinzips [Oesterreich 2015] führt der Moderator oder die Moderatorin eine Einigung über die Teamuhrzeit herbei.

Diese Uhrzeit wird durch die Moderationskraft auf dem Flipchart prominent markiert. Dies kann zum Beispiel durch eine Moderationskarte in Pfeilform geschehen.

[1] Die Formulierung des Abfrageposters für den Methodenbaustein ist der Erklärung der Teamphasen bei [Techsphere 2010] entlehnt.

Bild 9.21 Der Projekterfolg hängt maßgeblich von der Teamarbeit ab. Es lohnt sich der direkte Blick auf den Teamstatus.

9.21.2 Besonderheiten

Als Leitfrage für das Finden von Maßnahmen und Teamregeln empfiehlt es sich, nach diesem Methodenbaustein die Frage zu stellen:

„Was müssen wir tun, um die Teamuhr um eine Stunde nach vorne zu stellen?"

Das hilft den Teilnehmern und Teilnehmerinnen dabei, konkrete Maßnahmen zu finden. Es ist darauf zu achten, dass die Teilnehmer und Teilnehmerinnen nicht direkt in *Decide What to Do* einsteigen. Gerade nach der Feststellung ist es sinnvoll, in *Generate Insights* genauer darauf zu sehen, warum die Teamuhr die gefundene Zeit anzeigt. Hilfreich ist dafür die Frage:

„Was hält euch davon ab, die Teamuhr eine Stunde nach vorne zu stellen?“

Das genaue Vorgehen ist in *Teamuhr (*siehe Abschnitt 10.15) erklärt.

9.22 Zuruffrage

Teamphase: Performing, Adjourning

Projektphase: alle Projektphasen

Vorbereitungszeit: 5 Minuten

Material: Flipchart mit entsprechender Überschrift, Flipchart-Stift für den Moderator oder die Moderatorin

9.22.1 Vorgehen

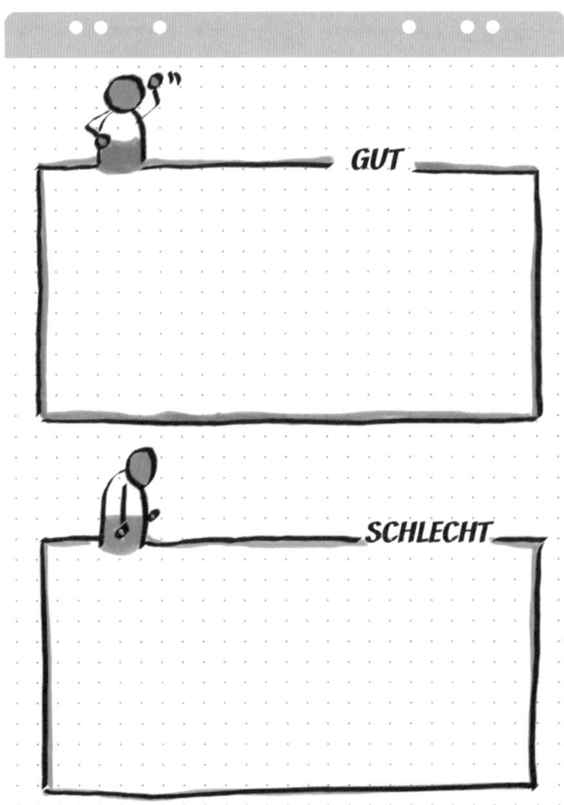

Bild 9.22 Während der Zuruffrage sollte der Moderator oder die Moderatorin ständig prüfen, ob sich das gesamte Team an dem Methodenbaustein beteiligt.

Der Moderator beziehungsweise die Moderatorin stellt die Fragen „Was ist gut gelaufen?" sowie „Was nicht?" und lässt sich vom Team durcheinander Antworten geben. Kein Zuruf wird von den anderen kommentiert. Dies ist durch den Moderator oder die Moderatorin einzufordern und sicherzustellen. Der Moderator beziehungsweise die Moderatorin bittet um klare, kurze Antworten.

Nach der Sammlung werden die Antworten erläutert und gruppiert und gegebenenfalls mit einer Überschrift versehen. Der gesamte Prozess wird von dem Moderator beziehungsweise der Moderatorin geführt.

9.22.2 Besonderheiten

In einer früheren Teamphase ist die Zuruffrage nicht zu empfehlen, weil dann die „stillen Stimmen" im Team überhört werden (könnten). In gefestigten Teams wissen alle um die Stille oder die Dominanz einzelner Teammitglieder. Entsprechend werden die Teammitglieder alle Teilnehmer und Teilnehmerinnen der Retrospektive gut in die Zuruffrage integrieren.

Bemerkt der Moderator oder die Moderatorin dennoch, dass Einzelne sich an der Zuruffrage nicht beteiligen, ist eine direkte Aufforderung zur Beteiligung sinnvoll.

10 Generate Insights

In *Generate Insights* untersucht das Team Ursachen für erkannte Phänomene, Fakten und Symptome. Damit die in der kommenden Phase diskutierten und ausgewählten Handlungsoptionen für die Situation möglichst passend sind, versucht das Team, Prozessfehler zu identifizieren.

Leitidee ist dabei das Aufspüren und Verstehen von *„root causes“*, wie es die fünffache Nachfrage „Warum“ in *Kaizen* (siehe Abschnitt 1.10) impliziert.

Für Moderatoren und Moderatorinnen, die feste Teammitglieder sind, ist dieser Methodenbaustein die größte Herausforderung. Gilt es doch, nicht benannte „Elefanten im Raum“ zu erkennen. Wer im System assoziiert ist, erlebt die gleichen Herausforderungen wie das Team beim Erkennen und Benennen impliziter Vorgänge und Regeln.

> **Tipp**
>
> Ziel der Phase *Generate Insights* ist es, hinter erkannten Phänomenen, Fakten und Symptomen tiefgehende Prozessfehler zu erkennen und zu verstehen.

10.1 5 Whys

Teamphase: alle Teamphasen

Projektphase: Plan, Konzept, Implementierung, Qualitätssicherung, Auslieferung, Projektkrise, Projektabbruch

Vorbereitungszeit: 5 Minuten

Material: vorbereitetes Flipchart, Moderationskarten und Flipchart-Stift für den Moderator oder die Moderatorin

10.1.1 Vorgehen

Bild 10.1 Mit dem Beispiel-Flipchart werden zwei Themen nacheinander untersucht.

Aus der vorherigen Phase wird eine Aussage als Zusammenfassung formuliert, welche vom Team als Vor- oder Nachteil in der Zusammenarbeit identifiziert wurde. Diese wird auf dem Flipchart links über die fünf Boxen geschrieben.

Der Moderator oder die Moderatorin fragt das Team, warum dies so sei. Die Begründung wird auf dem Flipchart in der obersten linken Box notiert. Anschließend wird diese Begründung wieder hinterfragt und das Ergebnis in der Box darunter notiert.

Ziel dieses Methodenbausteins ist es, Prozessfehler offenzulegen. Sobald Prozessfehler in der Begründungskette auftauchen, kann das Verfahren abgebrochen werden. Das Signal hierzu setzt der Moderator oder die Moderatorin.

Um Sicherheit in der Deutung für alle herzustellen, begründet der Moderator oder die Moderatorin vom letzten Statement ausgehend die Kette bis zum Symptom. Wenn das Team mit dieser Kette einverstanden ist, kann das Team in die nächste Phase übergehen.

In Abhängigkeit vom zeitlichen Verlauf kann das Team auch ein zweites Phänomen untersuchen. Hierfür sind die Boxen auf dem Flipchart auf der rechten Seite vorgesehen. Um eine Ermüdung des Teams zu vermeiden, sollten nicht mehr als zwei Symptome in einer Retrospektive derart tiefgründig bearbeitet werden.

10.1.2 Besonderheiten

Der Methodenbaustein *„5 Whys"* geht originär auf die zehn Kaizen-Prinzipien zurück.

Wenn das Team bei der Beantwortung einer Aussage in einen Zirkelschluss gerät, geschieht dies meistens, weil „ein Elefant im Raum" ist. Zirkelschlüsse weisen immer darauf hin, dass das Team bestimmte Verhaltensweisen und Vorgänge als gegeben ansieht – und diese nicht hinterfragt. Erkennt der Moderator oder die Moderatorin diesen Zirkelschluss, ist besondere Aufmerksamkeit auf Sätze der Art „Das machen wir doch immer so" oder „Wie sollte das auch anders gehen?" zu richten. Diese Sätze könnten den Elefanten verraten und eine neue Begründung für das gefundene Verhalten aufzeigen.

In vielen Fällen äußert das Team mehrere Begründungen für ein Verhalten. Dieser Methodenbaustein ist einfacher durchzuführen, wenn sich das Team auf eine Kette – und nicht auf einen verzweigten Baum – konzentriert. Insofern empfiehlt es sich, dass der Moderator oder die Moderatorin immer nach der wesentlichen Begründung fragt und diese entsprechend aufnimmt. Um die mögliche Auswahl zu verdeutlichen, kann der Moderator oder die Moderatorin die entsprechend angebotenen Begründungen zunächst beide aufnehmen und diese auf das Flipchart nebeneinander kleben. Nach der entsprechenden Aufforderung, sich für eine Begründung zu entscheiden, bleibt dann die richtige Aufforderung hängen. Ein derartiges Vorgehen sichert das Verstehen der Gruppe für die genannten Argumente.

Eine wesentliche Moderationsleistung dieses Methodenbausteines ist es, das Team beim Erkennen von Themen zu unterstützen. Der Moderator oder die Moderatorin kann das Team

- provozieren, indem er oder sie potenzielle „Elefanten im Raum" aufzeigt,
- informieren, wenn das Team einen Zirkelschluss vornimmt,
- immer wieder auf die Frage zurückführen: „Warum handeln wir so?"

Alternativ dazu kann das Team auch einen Begründungsbaum entwickeln, wie er in *„Das ist so, weil …"* (siehe Abschnitt 10.4) beschrieben ist.

10.2 Burndown-Chart-Analyse

Teamphase: Performing, Adjourning

Projektphase: Projektende, Projektkrise

Vorbereitungszeit: 5 Minuten

Material: Ergebnis-Flipchart der Burndown-Chart-Analyse aus *Gather Data* (siehe Abschnitt 9.4), Flipchart-Stifte für die Moderationskraft, Moderationskarten (mindestens zwei Farben)

10.2.1 Vorgehen

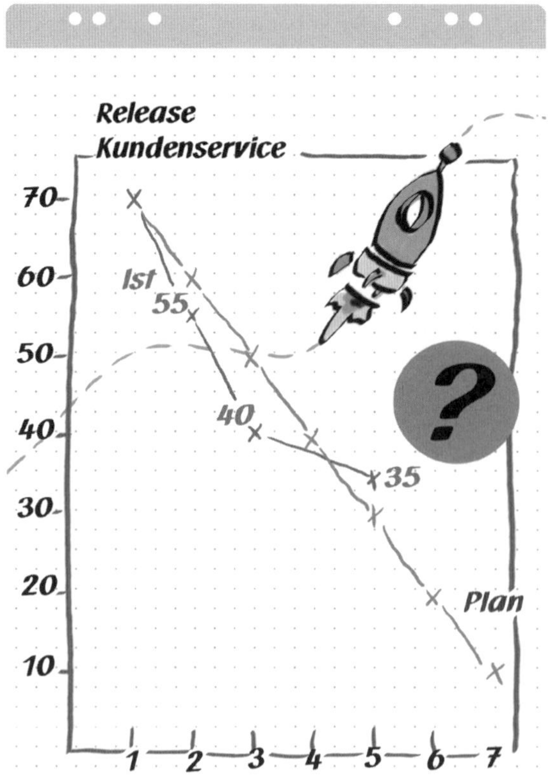

Bild 10.2 Das Flipchart wird über zwei Phasen genutzt. Während *Generate Insights* werden die Ursachen ergänzt.

Der Moderator oder die Moderatorin ergänzt das Burndown-Chart-Flipchart um eine Überschrift „Ursachen". In der Beispielvisualisierung wird eine gelbe Moderationskarte mit einem Fragezeichen als Marker für diese Phase eingesetzt. Zunächst sammelt der Moderator oder die Moderatorin per Zuruf Begründungen für den Verlauf der Kurve, welche er beziehungsweise sie auf Moderationskarten aufschreibt. Die Moderationskarten werden zur entsprechenden Stelle des Diagramms gehängt.

Anschließend wird das Team aufgefordert, Begründungen für diese Gründe anzugeben. Diese notiert der Moderator oder die Moderatorin stichwortartig. Diese zweite Runde wird in einer anderen Farbe durch den Moderator oder die Moderatorin notiert.

Falls eine weitere Begründungsrunde notwendig ist, nutzt der Moderator oder Moderatorin eine weitere Farbe (oder erneut die erste Farbe).

Hieraus ergibt sich eine Kaskade von Begründungen, die jeweils farbig voneinander getrennt sind. Der Moderator oder die Moderatorin entscheidet, wann die Begründungskette ausreichend ist.

10.2.2 Besonderheiten

Bittet der Moderator oder die Moderatorin in einem *Generate Insights*-Methodenbaustein um Antworten per Zuruf, ist die Gefahr groß, dass „ein Wort das andere ergibt". Dies kann wahlweise zu Aggressionen im Raum (auf Grund von Schuldzuweisungen) oder Jammern sowie Sarkasmus führen (wenn die genannten Begründungen in der als nicht veränderlich empfundenen Unternehmenskultur begründet werden).

Um ein Abgleiten des Teams in diese Verhaltensweisen zu verhindern, greift der Moderator oder die Moderatorin möglichst schnell ein, wenn entsprechende Töne auftauchen. Das Team ist an dieser Stelle an die oberste Direktive, die Vegas-Regel sowie an den gewünschten Umgangston zu erinnern. Wichtig ist, dass die Begründungen auch auf die Frage antworten:

„Was ist mein/unser Anteil an dieser Begründung?"

Geübte Teams werden die offene Zuruffrage als Chance begreifen, sich gegenseitig zu inspirieren, und interessante Begründungen entdecken.

10.3 Cicero-Methode

Teamphase: Forming, Storming, Norming

Projektphase: Idee, Plan, Konzept, Implementierung

Vorbereitungszeit: 5 Minuten

Material: vorbereitetes Flipchart, Stifte in zwei Farben für den Moderator oder die Moderatorin

10.3.1 Vorgehen

Auf einem Flipchart sind die sieben Grundfragen Ciceros um die Themenstellung, die in der Phase *Gather Data* ermittelt wurde, gruppiert:

1. **Was** ist zu tun?
2. **Wer** macht es?
3. **Warum** macht er oder sie es?
4. **Wie** wird es gemacht?
5. **Wann** wird es gemacht?
6. **Wo** soll es getan werden?
7. **Wieso** wird es nicht anders gemacht?

Die Teammitglieder beantworten reihum jeweils eine Frage. Ein Puschel, der herumgegeben wird, zeigt an, wer gerade eine der Fragen beantwortet. Es steht jedem frei, eine bereits gegebene Antwort zu ergänzen oder eine neue Antwort auf eine Frage zu geben. Der Moderator oder die Moderatorin notiert die entsprechenden Antworten stichwortartig in dem vorgesehenen Rasterfeld.

Der Puschel wandert drei Runden durch das Team[1]. Das Retrospektiventeam einigt sich anschließend auf einen Hauptgrund für das beobachtete Phänomen. Die Hauptursache ist genau eine der Antworten in einem Rasterfeld. Diese Hauptursache wird durch den Moderator oder die Moderatorin farbig markiert.

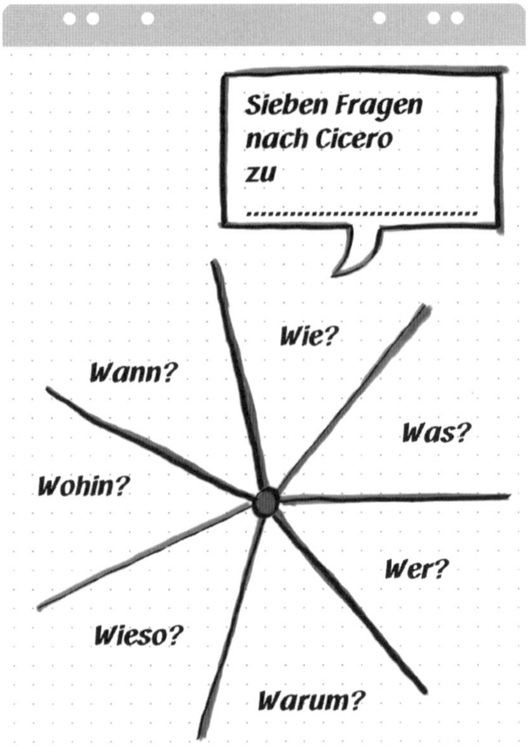

Bild 10.3 Der besprochene Themenbereich wird auf dem Flipchart ergänzt.

10.3.2 Besonderheiten

Die Cicero-Methode geht auf rhetorische Grundfragen für eine gute Rede zurück, die Cicero zugeschrieben werden. Genauso wie der Methodenbaustein *„Ishikawa-Diagramm"* (siehe Abschnitt 10.8) gehört die „Cicero-Methode" zum Standardfragensatz, der für die Überprüfung des Ist-Stands von Projekten genutzt wird. Im Gegensatz zum *„Das ist so, weil…"*-Methodenbaustein (siehe Abschnitt 10.4) erfolgt die Auflistung der Gründe für das beobachtete Phänomen an Hand von sieben Grundfragen. Diese Struktur ist für ungeübte Retrospektiventeams sehr hilfreich.

[1] Drei Runden funktionieren für eine Gruppe von sechs Teilnehmern sehr gut. Die Rundenanzahl ist je nach Gruppengröße anzupassen.

10.4 Das ist so, weil ...

Teamphase: Norming, Performing, Adjourning

Projektphase: Implementierung, Qualitätssicherung, Auslieferung, Projektkrise, Projektabbruch

Vorbereitungszeit: 10 Minuten

Material: Drei vorbereitete Flipcharts (zwei für die Gruppenarbeit, Ergebnisliste); Stifte für Teilnehmer und Teilnehmerinnen (mehrere Farben)

10.4.1 Vorgehen

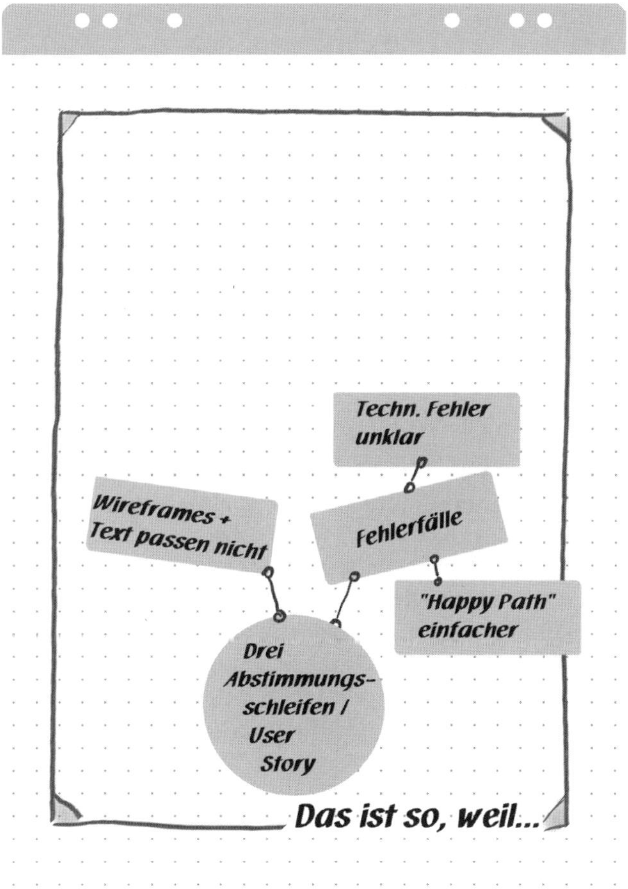

Bild 10.4 Die Begründungen für das beobachtete Phänomen erfolgen ohne Leitfragen.

Der Moderator oder die Moderatorin teilt das Retrospektiventeam in zwei Gruppen. Dabei erhält jede Gruppe ein Flipchart mit einem Thema, das aus der vorherigen Phase übernommen wurde. Insgesamt bearbeiten die Teams also zwei Themen beziehungsweise Phänomene. Die Gruppen erhalten jeweils die Aufgabe, Mindmaps anzufertigen. Die Verbindungslinie zwischen zwei Punkten lautet immer „Das ist so, weil ...".

Die Gruppen erarbeiten ihre Mindmaps getrennt voneinander. Wenn erste Zirkelschlüsse auftauchen, bittet der Moderator oder die Moderatorin darum, dass die Gruppen jeweils drei besonders interessante – und im Vorwege nicht allen bewusste – Ursachen einkreisen.

Die Gruppen erläutern sich gegenseitig ihre Ergebnisse. Die eingekreisten Ursachen werden während dieser Vorstellung durch den Moderator oder die Moderatorin in eine gesonderte Flipchart-Liste übernommen. Entdecken die Teilnehmer und Teilnehmerinnen bei der Vorstellung der Flipcharts weitere Argumente und Begründungen, werden diese auf den jeweiligen Flipcharts nachgetragen.

10.4.2 Besonderheiten

Die Zusammenführung der Ergebnisse der beiden Gruppen ist relativ zeitintensiv. Wenn auf Grund der vorherigen Priorisierung ein großer Diskussions- und damit Zeitbedarf für die Vorstellung der Ergebnisse abzusehen ist, sollte der Moderator oder die Moderatorin die Teams an einem Thema (beziehungsweise an einem Phänomen) arbeiten lassen. Das Vorstellen der Arbeitsergebnisse (ohne eine Zusammenführung der Ergebnisse) wird weniger lange dauern.

10.4.3 Varianten

Die Gruppen erhalten jeweils ihr Thema aus der vergangenen Phase. In jeder Gruppe wird eines der beiden Themen für acht Minuten bearbeitet. Dann bittet der Moderator oder die Moderatorin, dass die Gruppe jeweils eine Person benennt, die als Botschafter oder Botschafterin bei ihrem Flipchart bleibt. Alle anderen Personen wechseln die Gruppen. Der Botschafter oder die Botschafterin stellt die bisherigen Ergebnisse der Gruppe vor. Die neue Gruppe hat insgesamt fünf Minuten Zeit (inklusive der Erläuterungen durch die Botschafter und Botschafterinnen), das Mindmap zu ergänzen und zu erweitern. Es bleibt den Botschaftern und Botschafterinnen überlassen, ob sie für diese Ergänzungen und Erweiterungen eine neue Farbe auf dem Flipchart nutzen möchten.

10.5 Datenanalyse

Teamphase: alle Teamphasen

Projektphase: Projektkrise, Projektabbruch

Vorbereitungszeit: abhängig von den erfassten Daten

Material: vorbereitete Flipcharts und Ausdrucke mit Projektdaten, jeweils ein Flipchart mit Einteilungsraster sowie Stifte für die Kleingruppen, jeweils drei Klebepunkte für alle Teilnehmer und Teilnehmerinnen

10.5.1 Vorgehen

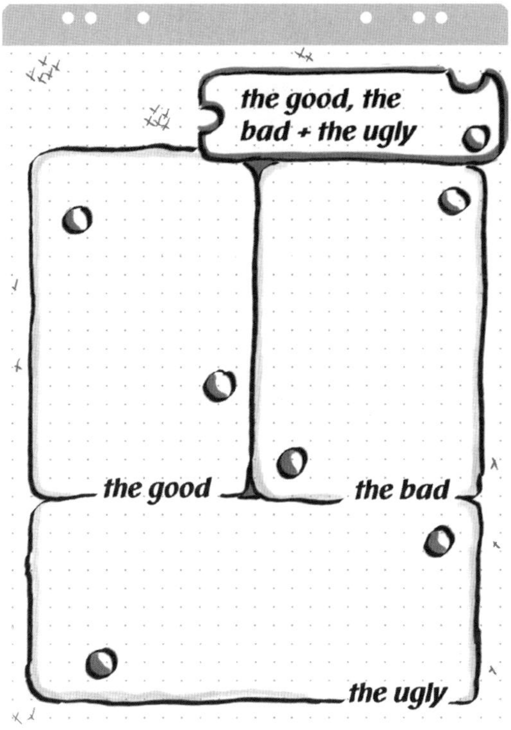

Bild 10.5
Die drei Felder sind ungefähr gleich groß anzulegen.

Die Teilnehmer und Teilnehmerinnen werden in Kleingruppen von maximal fünf Personen gebeten, die bereits erhobenen Daten einzuordnen und zu ergänzen. Sie sortieren nach folgendem Raster:

- **The Good:** gute Entscheidungen, gute Vorgehensweisen, gute Regeln
- **The Bad:** Entscheidungen, Vorgehensweisen und Regeln, die den Projektverlauf verlängert haben
- **The Ugly:** kritische Entscheidungen, Vorgehensweisen und Regeln, die den Projektfortschritt stark erschwert oder verhindert haben

Um dies zu bewerkstelligen, können die Kleingruppen vorher benannte Phänomene, Fakten und Symptome ergänzen beziehungsweise unter einem von der Kleingruppe gefundenen Namen zusammenfassen.

Nachdem die Kleingruppen ihre Arbeit beendet haben, stellen die Kleingruppen ihre Arbeiten vor. Der Moderator oder die Moderatorin ergänzt die Punkte, die die Kleingruppen zusätzlich gefunden haben, auf der allgemeinen Datenzusammenstellung.

Mittels einer Wahl mit drei Klebepunkten bestimmen die Teilnehmer und Teilnehmerinnen zwei Themen, die in **Decide What to Do** weiterbearbeitet werden.

10.5.2 Besonderheiten

Es empfiehlt sich für nachfolgende Phasen, diese Kleingruppenergebnisse sowie die gesamte Datenerhebung für alle sichtbar im Raum aufzuhängen. Dies fördert den Austausch über alle genannten Punkte.

10.6 Feenstaub

Teamphase: alle Teamphasen

Projektphase: alle Projektphasen

Vorbereitungszeit: 5 Minuten

Material: vorbereitetes Flipchart, Moderationskarten und Stifte für alle Kleingruppen, Stift für Moderationskraft

10.6.1 Vorgehen

Der Moderator oder die Moderatorin liest nochmals die Themenstellungen aus *Gather Data* vor. Danach erzählt er oder sie mit warmen Worten von dem Wunder, das von Feenstaub ausgeht. Danach stellt er oder sie eine Frage:

„Eine Fee schenkt euch die Lösung eures größten Problems. Wie sieht dein Wunsch aus?“

Kleingruppen mit drei Personen beantworten diese Frage und skizzieren die Antwort auf einer Moderationskarte. Diese Antworten werden von den Beteiligten vorgestellt. Dabei können die anderen Teilnehmer und Teilnehmerinnen Verständnisfragen stellen.

Danach fragt der Moderator oder die Moderatorin:

„Welcher Wunsch spricht euch besonders an?“

Diese Frage wird von allen diskutiert. Zur Ordnung der Diskussion nutzt das Retrospektiventeam einen Puschel. Der Wunsch, der das Retrospektiventeam am meisten berührt, wird vom Moderator oder von der Moderatorin farblich gekennzeichnet.

Schließlich fragt der Moderator oder die Moderatorin:

„Was hält euch davon ab, diesen Wunsch wahr werden zu lassen?"

Die Antwort wird *nicht* im Plenum diskutiert. Die Antworten geben sich jeweils Sitznachbarn und -nachbarinnen in der Retrospektive.

Bild 10.6
Wünsch dir was!

10.6.2 Besonderheiten

Da die Frage nach dem Änderungswiderstand nur in Pärchen beantwortet wird, werden die Teilnehmer und Teilnehmerinnen den Wunsch verspüren, sich in der kommenden Phase *Decide What to Do* zu erklären. Dies ist in Maßen zuzulassen.

10.7 Investigatives Interview

Teamphase: alle Teamphasen

Projektphase: alle Projektphasen

Vorbereitungszeit: 5 Minuten (Flipchart mit Überschrift) sowie 5 Minuten für den Übertrag der Themen aus der vorhergehenden Phase auf die Interviewkarten

Material: vorbereitetes Flipchart sowie DIN-A5-Karteikarten (ca. 20)

10.7.1 Vorgehen

Bild 10.7 Mittels des Flipcharts gibt der Moderator oder die Moderatorin den Tonfall für die Interviews vor.

Der Moderator oder die Moderatorin überträgt die in *Gather Data* gefundenen Themen auf Interviewkarten[2]. Diese werden mit der Beschriftung nach unten auf den Tisch gelegt. Reihum wählt ein Teammitglied eine Karte und liest diese laut vor. Die Teammitglieder versuchen nun, dieses Thema investigativ zu behandeln. Hierfür interviewen sie den Kartenträger oder die Kartenträgerin.

Investigativer Journalismus versucht, die Ursachen von Vorkommnissen zu ermitteln. Entsprechend haben die Interviewkräfte ihre Fragen zu stellen. Das Interview wird durch die Journalisten und Journalistinnen beendet. Stellt der Moderator oder die Moderatorin fest, dass das Team sich im Interview verhakt hat - und zu keinem Ende kommt -, hat er beziehungsweise sie das nächste Interview einzufordern.

Das Interview wird nicht dokumentiert. Es werden keine Karten zurückgelegt. Die Interviewrunde endet nach einem Durchlauf durch das Team.

[2] Als Interviewkarten eignen sich besonders gut DIN-A5-Karteikarten. Alternativ könnt ihr auch Papier mit einer Stärke von 120 g/m^2 nutzen. Auf diese werden auf einer Seite die entsprechenden Stichworte mit einem Flipchart-Stift notiert. So kann das Thema von allen Beteiligten gut gelesen werden, wenn die interviewte Person die Interviewkarte herumzeigt.

10.7.2 Varianten

Nicht alle Teilnehmer und Teilnehmerinnen können zu jedem Thema Fragen gut beantworten. Um mehr Auswahl zu geben, kann das investigative Interview um folgende Regeln[3] erweitert werden. Durch einen Würfelwurf angezeigt, darf der Befragte oder die Befragte nach folgenden Regeln aus den Interviewkarten wählen:

- Bei einer 1 oder 4 muss der oder die Befragte einfach eine Karte nehmen und diese beantworten.
- Bei einer 2 oder 5 darf der oder die Befragte eine Karte aufnehmen und durchlesen. Wählt der oder die Befragte diese Interviewkarte nicht, so hat er oder sie verbindlich die zweite Karte zu nehmen. Ein nachträgliches Wählen der ersten Karte ist nicht möglich.
- Bei einer 3 oder 6 darf der oder die Befragte bis zu zwei Karten nacheinander zurücklegen. Spätestens die dritte Karte ist zu beantworten.

In Ergänzung hierzu kann auch die Interviewrunde nach Zeit enden. Das Team gibt sich insgesamt eine bestimmte Zeit zur Untersuchung der Themen. Ist diese abgelaufen, endet der Methodenbaustein.

Alternativ dazu kann auch das Interviewen so lange fortgeführt werden, bis alle Themen durch das Team bearbeitet sind.

Der Moderator oder die Moderatorin kann Stichworte der Interviews auf Moderationskarten mitschreiben. Geschieht dies, kontrollieren die Interviewpartner und -partnerinnen häufig das Ergebnis. Dies kann den Redefluss hemmen. Vorteil dieses Vorgehens ist die direkte Dokumentation des Gesagten.

10.7.3 Besonderheiten

Das investigative Interview verschiebt den Erkenntnisgewinn in ein öffentliches, jeweils bilateral geführtes Gespräch. Dies hat den Reiz, dass das Team sich distanzierter erlebt. Häufig stellen Teilnehmer und Teilnehmerinnen die Fragen so, um eine eigene Erkenntnis bei jemanden anderen zu provozieren. Dies birgt die große Chance, Themen zu erkennen und benennen zu können.

10.8 Ishikawa-Diagramm

Teamphase: alle Teamphasen

Projektphase: alle Projektphasen

Vorbereitungszeit: 5 Minuten

3 Mit Dank an Tobias Ranft für diese Ergänzung des Methodenbausteins.

Material: vorbereitetes Flipchart mit Fischgrätenmuster, zwei andersfarbige Flipchart-Stifte für das Team, je ein Klebepunkt für jeden Teilnehmer und jede Teilnehmerin

10.8.1 Vorgehen

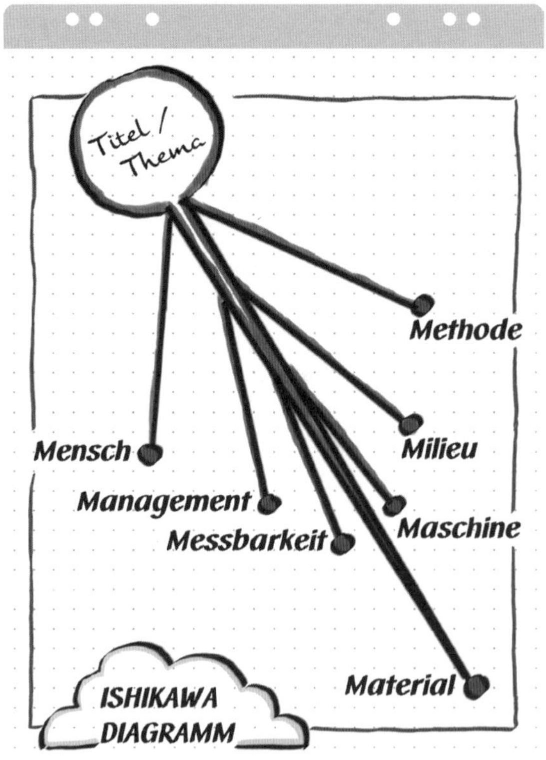

Bild 10.8 Die Argumente werden direkt an den Fischgräten ergänzt.

Auf einem Flipchart ist ein Fischgrätenmuster aufgezeichnet, welches an einen Kasten anschließt, der das zu untersuchende Phänomen beschreibt. Die Enden der Fischgräten sind mit „Mensch", „Maschine", „Material", „Methode", „Milieu (Umfeld)", „Management" sowie „Messbarkeit" beschriftet.

Die Fischgräten werden jeweils um Begründungen und Anmerkungen in dem genannten Bereich ergänzt. Mit der Benennung von Ursachen und einer detaillierten Beschreibung der Phänomene gelangt das Team zu einem besseren Verständnis der Ist-Situation.

Die Teammitglieder gehen nacheinander zum Flipchart und ergänzen jeweils eine Begründung oder eine Beschreibung. Die Aufgabe wandert drei Mal in der Gruppe herum. Während die Teilnehmer und Teilnehmerinnen ihren Punkt schriftlich ergänzen, erläutern sie ihre Gedanken dazu.

Nach der letzten Runde bestimmt das Team gemeinsam die Hauptursache für das erkannte Phänomen in jeder der Fischgräten. Diese werden jeweils farbig markiert. Sofern eine eindeutige Priorität unter den gerade ausgezeichneten Ursachen zu benennen ist, wird diese nach Instruktion des Teams durch den Moderator oder die Moderatorin ebenfalls farblich gekennzeichnet.

10.8.2 Varianten

Nehmen an der Retrospektive mehr als acht Personen teil, werden die Teilnehmer und Teilnehmerinnen durch Abzählen in zwei Gruppen unterteilt. In diesem Fall ist Zeit für die Präsentation der Ergebnisse vorzusehen. Die Ergebnisse werden nebeneinander präsentiert und bei Bedarf erläutert – nicht aber zusammengeführt.

10.8.3 Besonderheiten

Für *Kaizen* (siehe Abschnitt 1.10) sind mehrere Checklisten bekannt, mit denen das Setup und die Durchführung von Projekten regelmäßig überprüft werden sollen. Das „Ursache-Wirkungs-Diagramm nach Ishikawa" gehört genauso wie der Methodenbaustein *„Cicero-Methode"* (siehe Abschnitt 10.3) zu diesen Checklisten.

Die Zusammenstellung der sieben Fragen nach Ishikawa ist auch unter dem Namen *„7M-Regel"* bekannt.

10.9 Kommentarblasen

Teamphase: alle Teamphasen

Projektphase: alle Projektphasen

Vorbereitungszeit: 5 Minuten

Material: vorbereitetes Flipchart, Moderationskarten in vier Farben, Flipchart-Stifte für alle Teilnehmer und Teilnehmerinnen

10.9.1 Vorgehen

Auf einem Flipchart sind die in *Gather Data* gefundenen Kernaussagen aufgeführt. Jedes Teammitglied erhält kleine Moderationskarten – das gesamte Team nutzt dabei eine Farbe. Der Moderator oder die Moderatorin bittet um Begründungen für diese beiden Phänomene. Die Teilnehmer und Teilnehmerinnen tragen ihre Begründungen auf den Moderationskarten ein und heften diese direkt an die entsprechenden Aussagen. Anschließend geht der Moderator oder die Moderatorin alle diese Begründungen durch. Mit Hilfe des Teams werden die Begründungen erläutert und die Aussagen nachvollzogen.

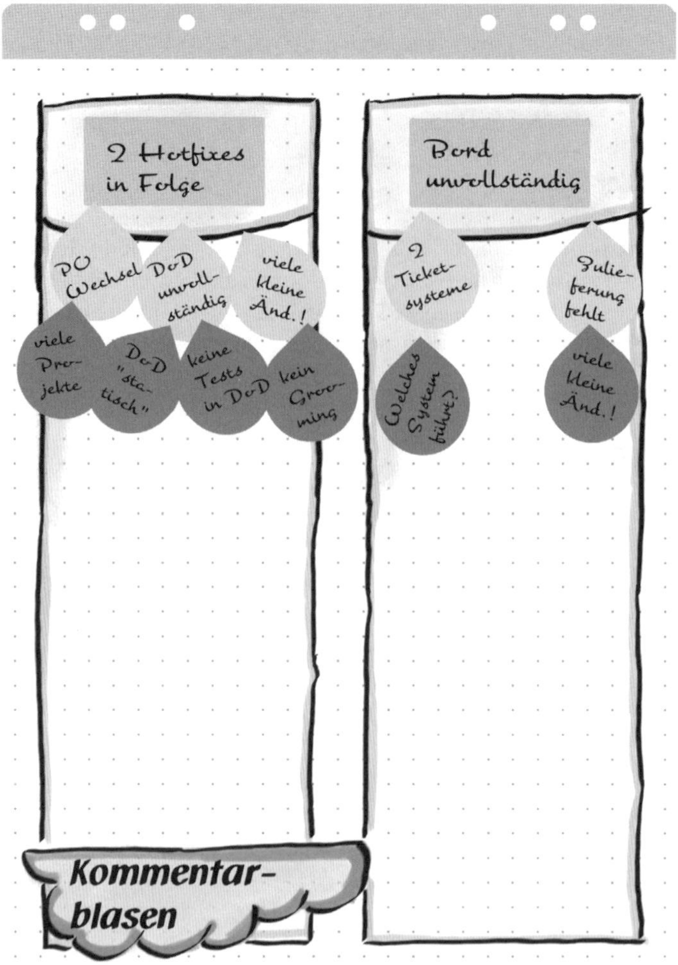

Bild 10.9 Zwei Kommentarrunden sind bereits erfolgt. Jetzt fehlen nur noch zwei weitere!

Nun bittet die Moderation um eine Begründung der Begründungen. Um diese Begründungen von den anderen Begründungen abzuheben, wird hierfür eine andere Farbe genutzt. Dabei steht es jedem frei, alle vorherigen Begründungen zu beleuchten. Anschließend klären die Teilnehmer die Begründungen wieder.

Dieses Verfahren kann insgesamt bis zu vier Mal durchgeführt werden.

Zur Akzentuierung der Begründungen bittet der Moderator oder die Moderatorin zum Schluss alle Teilnehmer und Teilnehmerinnen, die Begründung zu benennen, welche für sie stark einleuchtend ist, aber ihnen bis dahin nicht bewusst war. Die Moderation kennzeichnet diese Begründungen.

10.9.2 Varianten

Der Moderator oder die Moderatorin kann auch die Teilnehmer bitten, die Vorstellung der Begründungen selbst vorzunehmen. Dafür übernimmt ein Teammitglied ganz oder phasenweise die Moderation. (Ein Teammitglied kann eine gesamte Kommentarrunde übernehmen. Denkbar ist aber auch, dass jedes Teammitglied bis zu drei Begründungskarten der Klärung zuführt.) Dies trägt zu einer größeren Verantwortungsübernahme durch das Team bei. Gerade in geübten Teams, die sich lange kennen, ist diese Variante vorzuziehen. Die Moderation achtet in diesem Fall „nur" noch auf einzuhaltende Zeiten und den Tonfall innerhalb der Gruppe. Die inhaltliche Klärung liegt dann vollständig im Team.

Die Kommentarblasen können auch auf Ergebnispostern der vorherigen Phasen ergänzt werden. Zum Verständnis und zur leichteren visuellen Erfassung ist darauf zu achten, dass die Moderationskarten aus der vorherigen Phase in einer anderen Farbe und in einer anderen Form gestaltet sind.

10.9.3 Besonderheiten

Mehrere Anbieter für Moderationskarten führen neben klassischen runden und eckigen Karten auch Karten in Form von Sprechblasen oder Pfeilen. Diese Karten eignen sich besonders gut für diesen Methodenbaustein, da die Teilnehmer und Teilnehmerinnen die von ihnen kommentierte Aussage direkt aufzeigen können.

10.10 Methodenbausteine

Teamphase: Norming, Performing, Adjourning

Projektphase: Implementierung, Qualitätssicherung, Projektende, Auslieferung

Vorbereitungszeit: 5 Minuten

Material: vorbereitetes Flipchart mit Linienfortführung, Moderationskarten in zwei Farben, Flipchart-Stifte für die Teilnehmer und Teilnehmerinnen

10.10.1 Vorgehen

Aus *Gather Data* wird die Reihendarstellung der Projektmethoden (siehe Abschnitt 9.10) übernommen. Die Poster werden an der Wand nebeneinander aufgehängt, damit die Teilnehmer und Teilnehmerinnen direkt eine Argumentationsreihenfolge aus den benannten Inhalten ablesen können.

Der Moderator oder die Moderatorin bittet die Teilnehmer und Teilnehmerinnen sich in Zweiergruppen zusammenzustellen. Anschließend wählt jedes Pärchen ein Thema aus. Jede Zweiergruppe wird gebeten, die Sachlage weiter zu detaillieren und Begründungen für diese zu benennen.

Bild 10.10
Hängt der Moderator oder die Moderatorin die Flipcharts nebeneinander, ergibt sich ein über die Phasen lesbares Gesamtbild des Projekts.

Die Zweiergruppen erarbeiten die Details mit Begründungen und notieren ihre Ergebnisse auf Moderationskarten. Diese sind farblich nach „Detail" und „Begründung" getrennt.

Nach Beendigung stellen die Zweiergruppen jeweils ihre Ergebnisse vor und heften sie in das Raster ein. Die Teammitglieder können anschließend Änderungen oder Erweiterungen dieser Erkenntnisse diskutieren. Eine Ergänzung des Rasters wird durch den Moderator oder die Moderatorin vorgenommen und erfolgt nur, wenn diese Punkte einvernehmlich vom Team getragen werden.

10.10.2 Besonderheiten

In vielen Fällen werden mehr Themen als Zweiergruppen vorhanden sein. Es bleiben also Themen unbearbeitet. In der Abschlussrunde kann der Moderator oder die Moderatorin um die Begründung bitten, warum diese Themen nicht bearbeitet wurden. Diese Befragung in *Closing the Retrospective* kann wertvolle Impulse für die nachfolgende Retrospektive setzen.

10.10.3 Varianten

Die Zweiergruppen können auch durch den Moderator oder die Moderatorin durch Abzählen erzeugt werden. Die Zusammenstellung nach Zufall kann für das Ergebnis sehr spannend sein und neue Perspektiven eröffnen.

10.11 Perfektes Projekt

Teamphase: alle Teamphasen

Projektphase: alle Projektphasen

Vorbereitungszeit: 5 Minuten

Material: vorbereitetes Flipchart mit Überschrift „Das perfekte Projekt“, Flipchart-Stifte für den Moderator oder die Moderatorin (möglichst mehrere Farben)

10.11.1 Vorgehen

Bild 10.11 Die Illustration ist stark zurückgenommen, um viel Platz für Einträge auf dem Flipchart zu ermöglichen.

Der Moderator oder die Moderatorin bittet alle Beteiligten, sich zu überlegen, wie die in *Gather Data* gefundenen Punkte „perfekt“ aussähen. Um eine möglichst umfassende Sichtweise ohne einschränkende „Ja, aber …“ zu erzeugen, erläutert er beziehungsweise sie das Spiel so:

> „Stellt euch vor, wir hätten das Projekt gestern perfekt abgeschlossen. Es war alles super. Wir haben pünktlich geliefert, die Features sind ausgesprochen cool geworden, wir sind

gut drauf, es gab keine Überstunden – alles war perfekt. Nun kommt jemand aus dem Nachbarteam zu uns und fragt uns: Wie habt ihr das gemacht? ... Und genau diese Frage beantworten wir jetzt hier!“

Die Teilnehmer und Teilnehmerinnen geben dem Moderator oder der Moderatorin Hinweise per Zuruf. Wenn alle Beteiligten einverstanden sind, wird der entsprechende Punkt auf ein vorbereitetes Flipchart übernommen.

Dabei ist darauf zu achten, dass die benannten Punkte zueinander passen. Der Moderator oder die Moderatorin unterbindet aufkommende „Ja, aber ...“ sofort. Diese Visionsphase ist nicht durch Realitätssinn zu minimieren.

Nachdem das Team erfolgreich das perfekte Projektvorgehen imaginiert hat, stellt der Moderator oder die Moderatorin die Frage: „Was hält uns heute ab, so zu so handeln?“ Diese Punkte werden ebenfalls über Zuruf und Zustimmung der Beteiligten auf das Flipchart übernommen. Um die perfekte Welt von den Begründungen zu trennen, nutzt die Moderationskraft einen andersfarbigen Stift zur Aufnahme der Begründungen.

Diese Begründungen sind die Grundlagen für *Decide What to Do*.

10.11.2 Varianten

Die Fragestellung kann je nach Team- und Projektlage stärker spezifiziert werden. „Wir haben perfekt ausgeliefert! Was gehörte zu unserem perfekten Deployment?“ legt zum Beispiel den Fokus auf ein bestimmtes Projektvorgehen.

In frühen Teamphasen kann es sein, dass sich bei der Zuruffrage nicht jeder meldet, was dem „perfekten Projekt“ entgegensteht. Die Abfrage der Gründe kann daher auch über *Kommentarblasen* (siehe Abschnitt 10.9) erfolgen.

10.11.3 Besonderheiten

Zu einigen Teams gehören starke Nörgler und „Ja, aber ...“-Typen. Diese Kommunikationstypen steigern Gruppenergebnisse, weil sich das Team mit dem inneren Kritiker auseinandersetzen muss. Für diese Kommunikationstypen ist der erste Teil der Übung sehr schwierig. Der Moderator oder die Moderatorin sollte sich darauf einstellen, dass dieser Seite die Übung recht schwerfällt, und entsprechend auf „gute“ Äußerungen eingehen – und dafür sorgen, dass der Realitätscheck nicht direkt beim Imaginieren des perfekten Projekts Einzug hält.

Das „Perfekte Projekt“ zielt auf eine Optimierung „großer“ Projektprozesse ab. Kleinstufigere und detaillierte Ergebnisse sind mit dem Methodenbaustein „Zurück in die Gegenwart“ zu erwarten, der eine ähnliche Fragestellung für die nächste Iteration (oder den nächsten Sprint) des Teams aufwirft.

10.12 Pessimieren

Teamphase: alle Teamphasen

Projektphase: alle Projektphasen

Vorbereitungszeit: 10 Minuten

Material: zwei vorbereitete Flipcharts zur Erfassung und zum „Umkehren" der Argumente, zwei unterschiedlich farbige Flipchart-Stifte für den Moderator oder die Moderatorin

10.12.1 Vorgehen

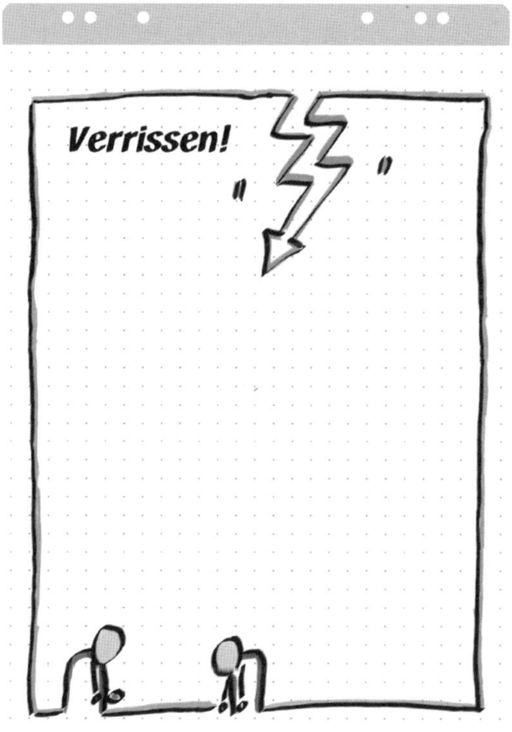

Bild 10.12 Ähnlich wie für das „Perfekte Projekt" wird über das Flipchart nur der Rahmen geschaffen, um möglichst viele Argumente aufnehmen zu können.

Aus der vorherigen Phase werden zwei Themen (hier „ABC" und „XYZ" genannt) übernommen. Der Moderator oder die Moderatorin leitet den Methodenbaustein mit folgenden Worten ein:

> „Stellt euch vor, wir hätten den Sprint total verrissen. Alles ist total schief gelaufen – vor allem in Hinblick auf ABC und XYZ. Wirklich, wir haben nichts geschafft – und Stimmung und Motivation des Teams sind im Keller. – Wie sind wir bloß dahin gekommen? Bitte ruft mir zu, was wir alles falsch gemacht haben."

Die Teilnehmer und Teilnehmerinnen geben entsprechende Informationen, die von der Moderationskraft notiert werden. Erfahrungsgemäß gibt ein Wort das andere. Die Imagination eines pessimierten Projekts führt zu viel Gelächter. Nachdem alle Argumente gesammelt sind, bittet der Moderator oder die Moderatorin darum, dass alle Argumente ins Gegenteil verkehrt werden. Auch dies geschieht durch Zuruf. Die entsprechenden Punkte sammelt der Moderator oder die Moderatorin auf einem zweiten Flipchart. Während des Sammelns ist das erste Flipchart zu sehen.

Schließlich ermittelt das Team Argumente, warum dieser Zustand aktuell vom Team nicht erreicht wird. Dies kann über Zuruf oder mittels *„Kommentarblasen"* (siehe Abschnitt 10.9) erfolgen. Geschieht diese Ermittlung über Zuruf, nutzt die Moderationskraft für das Aufschreiben der Begründungen einen andersfarbigen Stift, um den Idealzustand und die Argumente, warum dieser Idealzustand nicht erreicht wird, visuell zu trennen.

10.12.2 Varianten

Je nach Fragestellung wird das Team generelle oder sehr detaillierte Gegenmaßnahmen entwickeln. Die Frage nach einem maximal schlechten

- Projekt,
- Release,
- Iteration oder
- Sprint

wird sehr unterschiedliche Lösungsansätze produzieren. Die Fragestellung sollte sich an der Projektphase ausrichten. Die Erfassung aller Argumente kann auch über Moderationskarten geschehen. Das lässt jedem oder jeder Einzelnen mehr Raum für Argumentation – braucht aber auf Grund der Vorstellung und Sortierung aller Karten länger als die Zuruffrage. Setzt der Moderator oder die Moderatorin für diesen Methodenbaustein auf Moderationskarten, sollte für diese Phase mehr Zeit eingeplant werden.

Wenn das Team aus der vorherigen Phase mehr als zwei Themen übernimmt, ist durch die Moderationskraft zu entscheiden, zu welchem Zeitpunkt die Einengung auf weniger Themen stattfinden soll. Ist das Themenspektrum eingeengter, wird die entsprechende Diskussion detaillierter und tiefgründiger erfolgen.

10.12.3 Besonderheiten

Das Argumentieren, warum ein Zustand – sei er besonders perfekt (siehe *„Perfektes Projekt"*, Abschnitt 10.11) oder besonders katastrophal – nicht erreicht wird, fällt Teams häufig leichter als die Begründung eines Ist-Stands. Durch die Imagination der Extreme können die Teammitglieder auch Umstände benennen, die ihnen bei einer Betrachtung des Ist-Zustands nicht aufgefallen wären.

10.13 Risiken sehen und verstehen

Teamphase: Performing, Adjourning

Projektphase: Implementierung, Qualitätssicherung, Auslieferung

Vorbereitungszeit: 30 Minuten

Material: vorbereitetes Flipchart mit geschätzten und erreichten Zeiten, (kleine) Moderationskarten und Flipchart-Stifte für alle Teilnehmer und Teilnehmerinnen, größere Moderationskarten sowie ein Flipchart-Stift für den Moderator oder die Moderatorin

10.13.1 Vorgehen

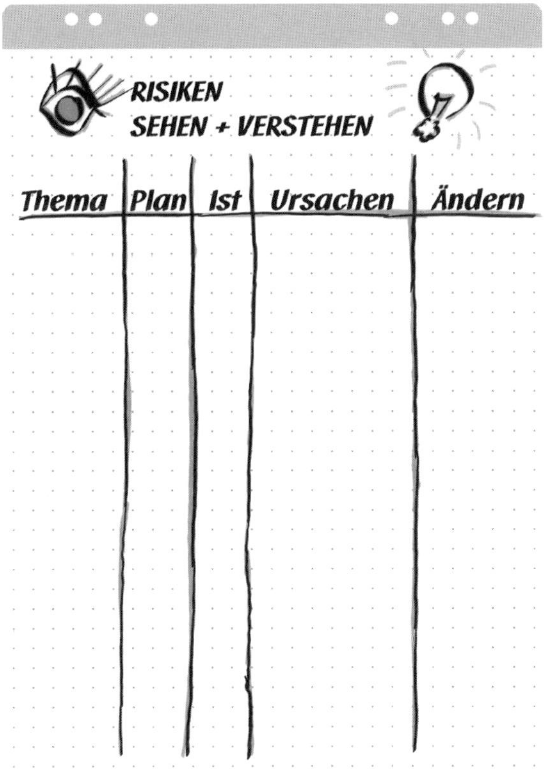

Bild 10.13 Das Team ergänzt die Fakten rund um den Sprint um Ursachen und erste Erkenntnisse.

Auf einem Flipchart sind alle Aufgaben aufgetragen, die das Team im zu betrachtenden Zeitraum zu bearbeiten hatte. Neben den Aufgaben sind die Schätz- und die tatsächlichen Aufwandswerte[4] aufgeführt.

[4] Wenn ihr aus Gründen der Übersichtlichkeit mehrere Aufgaben zu einem Block aufsummiert, müsst ihr alle zusammengefassten Punkte als Themen in der vordersten Spalte aufführen.

Der Moderator oder die Moderatorin bittet alle Teilnehmer und Teilnehmerinnen, anzugeben, warum die Schätzwerte unterschritten, überschritten oder erreicht wurden (hierfür ist ein sinnvolles Maß für Genauigkeit zu definieren). Die Begründungen hierfür tragen die Teilnehmer und Teilnehmerinnen in die dafür vorgesehene Spalte auf den Moderationskarten auf. Es wird eine Karte pro Stichwort genutzt. Ein Teilnehmer oder eine Teilnehmerin meldet sich, erläutert die Begründung und heftet die Moderationskarte an. Danach folgen andere Teilnehmer und Teilnehmerinnen. Es gibt keine richtigen oder falschen Begründungen. Wenn ein Teilnehmer oder eine Teilnehmerin den Sachverhalt anders begründet, hängt er beziehungsweise sie eine entsprechende Moderationskarte dazu.

Sobald das Team keine Begründungen mehr nennen kann, fordert der Moderator oder die Moderatorin das Team auf, „Learnings" (also Erkenntnisse) zu formulieren, die sich für das Team aus den gehörten Begründungen ergeben.

Auf dem Flipchart ist hierfür in der rechten Spalte jeweils Platz für zwei Erkenntnisse vorgesehen. Nennt ein Teammitglied eine dritte Erkenntnis, muss das Team entscheiden, welche Erkenntnis für das Team wichtiger ist – damit werden dem Punkt maximal zwei Erkenntnisse zugeordnet.

Diese Erkenntnisse werden in die Phase *Decide What to Do* mitgenommen.

10.13.2 Besonderheiten

Dieser Methodenbaustein fasst die Phasen *Gather Data* und *Generate Insights* zusammen. Entsprechend kann das Team die Zeit für beide Phasen zur Erfassung alter und neuer Risiken verwenden.

Dieser Methodenbaustein ist nur dann wählbar, wenn das Team mit festen Aufwandswerten (und nicht mit StoryPoints oder Komplexitätspunkten) als Währung arbeitet. Der naheliegende Vergleich dieser nicht zeitbezogenen Währungen in der Schätzung mit den verbrauchten Aufwänden (das heißt den erfassten Zeiten für diese Aufgaben) wäre kontraproduktiv. Wie Ben Northrop [Northrop 2012] in einem BlogPost aufzeigte, gibt es keinen linearen Zusammenhang zwischen diesen Werten und den gebuchten Zeiten.

Die vom Team aufgeführten Inhalte können auch mittels *Kommentarblasen* (siehe Abschnitt 10.9) analysiert werden.

10.13.3 Varianten

Liegen bereits Schätzwerte für den kommenden Sprint vor, können diese auf einem zweiten Flipchart (oder farblich abgeteilt wie im Beispiel-Flipchart) eingetragen werden. Der Moderator oder die Moderatorin bittet darum, dass sich das Team vorstellt, heute sei Sprintende.

> „Welche Werte haben wir tatsächlich erreicht? Tragt die Werte ein – jeweils übernehmen zwei Personen ein Thema!"

Anschließend wird die Risikoanalyse genau wie mit den Ist-Werten wiederholt.

10.14 Staffelstab

Teamphase: Forming, Storming, Norming

Projektphase: alle Projektphasen

Vorbereitungszeit: 5 Minuten

Material: vorbereitetes Flipchart mit Feld für Themenüberschrift und Leitfragen, zwei Flipchart-Stifte (zwei Farben)

10.14.1 Vorgehen

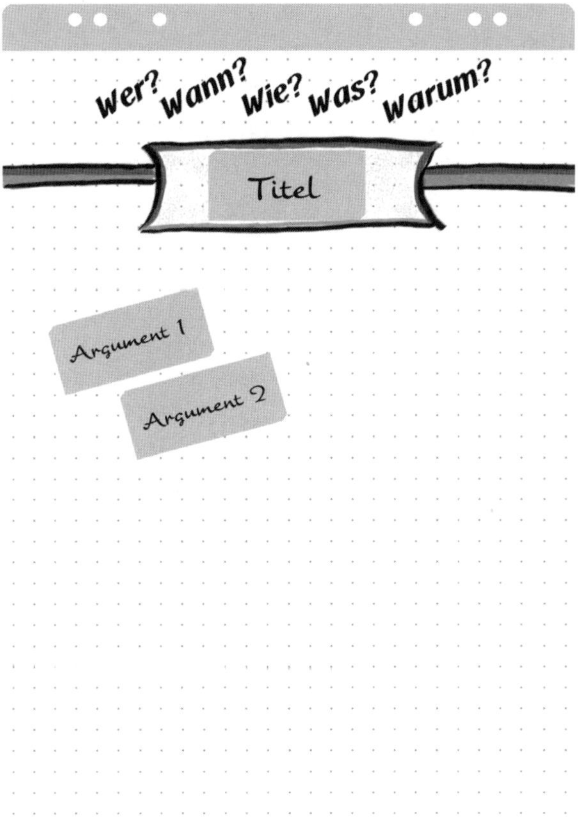

Bild 10.14 Für den „Staffelstab" muss der Konferenzraum genügend geräumig sein.

Das in der vorhergehenden Phase bestimmte Thema oder beschriebene Phänomen wird durch den Moderator auf das Flipchart geschrieben. Der Moderator bittet nun den ersten Teilnehmer oder die erste Teilnehmerin in der Runde, dieses Phänomen näher zu beschreiben. Dabei helfen die Leitfragen „Was?", „Wer?", „Wann?", „Wie?", „Warum?", die auch auf dem Flipchart aufgetragen sind. Der Moderator oder die Moderatorin notiert die erste Erläuterung auf dem Flipchart und reicht den Stift an die Person weiter, die diese Antwort gegeben hat. Diese Person fragt nun den Nächsten oder die Nächste nach einer genaueren Erklärung für das Phänomen und notiert die Antwort. Anschließend reicht er oder sie den Stift an die zweite Person weiter.

So wandert das Frage- und Antwortspiel maximal drei Runden im Retrospektiventeam. Wenn jemandem nichts mehr einfällt, kann er oder sie die Frage einfach weitergeben.

Nach dem Ende der dritten Runde (oder wenn niemandem mehr ein Argument einfällt), bittet der Moderator oder die Moderatorin reihum alle Teilnehmer und Teilnehmerinnen, dasjenige Argument zu benennen, das sie am meisten verblüfft hat. Diese Argumente werden farblich gekennzeichnet.

10.15 Teamuhr

Teamphase: Forming, Storming, Norming, Performing

Projektphase: alle Projektphasen

Vorbereitungszeit: 5 Minuten

Material: vorbereitetes Flipchart, Flipchart aus vorheriger Phase, Moderationskarten und Stifte für alle Teilnehmenden

10.15.1 Vorgehen

Der Moderator oder die Moderatorin trägt im Flipchart den Uhrzeitbereich für die Teamuhr des Teams ein (siehe Abschnitt 9.21). Anschließend fragt er oder sie das Team:

> „Was wäre eine Maßnahme oder ein Ritual, dass euch helfen würde, die Teamuhr eine Stunde weiterzustellen?"

Alle Teilnehmer und Teilnehmerinnen entwickeln eine Maßnahme oder ein Ritual. Diese schreiben sie auf Moderationskarten. Alle Beteiligten stellen ihre Idee vor und heften sie an das Flipchart.

Der Moderator oder die Moderatorin fördert eine Diskussion über die vorgeschlagenen Maßnahmen und Rituale. Nach fünf Minuten leitet er oder sie in die nächste Frage über, die in Pärchen beantwortet wird:

> „Sucht euch die Maßnahme oder das Ritual aus, mit der ihr am leichtesten die Teamuhr um eine Stunde nach vorne stellen könnt. Was genau hält euch davon heute ab, bereits jetzt so zu handeln? Meidet ihr etwas? Oder werdet ihr belohnt, wenn ihr euch nicht so verhaltet?"

Die Teilnehmer und Teilnehmerinnen erhalten fünf Minuten Zeit, die Idee mit dem größten Hebel auszusuchen und auf Moderationskarten zu notieren, warum diese Idee aktuell vom Team nicht gelebt wird.

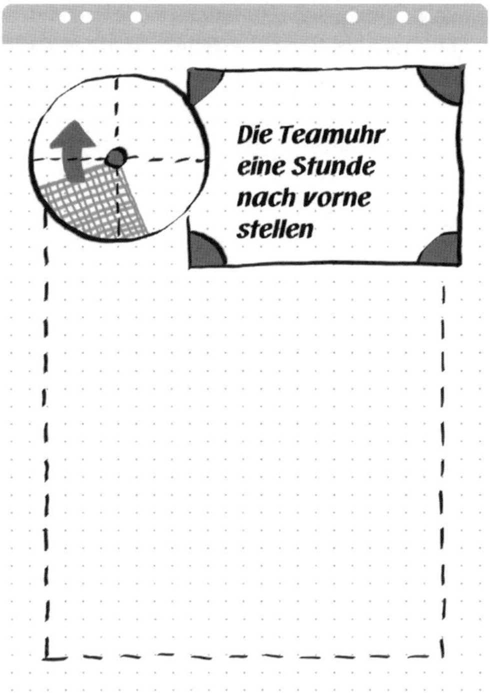

Bild 10.15
Die Teamuhrzeit wird vom Moderator oder von der Moderatorin auf dem Flipchart markiert.

Die Teilnehmer und Teilnehmerinnen stellen ihre Erkenntnisse der Gruppe vor. Die Gruppe kann zu den Erkenntnissen Verständnisfragen stellen. Eine detaillierte Diskussion der Aussagen ist zu unterbinden. Die unterschiedlichen Perspektiven bleiben so bestehen.

Mit diesem Ergebnis wechselt das Retrospektiventeam in *Decide What to Do*.

10.15.2 Varianten

Die Teamuhr kann mit anderen Fragen flankiert werden.

1. „Was würde euch helfen, damit ihr diese Maßnahme oder das Ritual wirklich durchzieht?“ ist eine hilfreiche Frage für Teams, die im *Forming* sind und sich nicht wirklich trauen.
2. „Gibt es eine Kommunikationsregel, die euch helfen kann, diese Maßnahmen oder Regeln einzuhalten?“ ist eine Frage, die ein Team im *Storming* helfen kann. Als Impuls kann der Moderator oder die Moderatorin hier Beispiele für Kommunikationsregeln nennen, zum Beispiel
3. Puschel nutzen für Gruppendiskussionen: Wir sortieren und wertschätzen alle Beiträge.
4. Rederegeln: „Wir unterbrechen nicht. Wir unterbrechen Monologe mit Begründung.“
5. Rote-Karte-in-Dailys: Wenn das Gespräch abschweift, heben Teilnehmer und Teilnehmerinnen stumm eine rote Karte, bis das Gespräch zurückkehrt zu den Daily-Fragen.
6. Konfliktlösung mit Moderator: Wenn Gruppenmitglieder sich verhakt haben, unterstützt eine dritte Person durch Moderation die Lösung des Konflikts.

7. „Gibt es eine Regel oder Maßnahme, die euch helfen würde, die zu Grunde liegenden Ereignisse schneller zu erkennen? Was ist ein guter Marker für solche Situationen, die ihr für euch nutzen könnt?“ ist eine Frage an ein Team im *Norming*.

10.16 Vier Schlüsselfragen

Teamphase: Performing, Adjourning

Projektphase: Implementierung, Qualitätssicherung, Auslieferung

Vorbereitungszeit: 10 Minuten

Material: zwei vorbereitete Flipcharts (eines mit vier Fragen in vier Farben, eines zum Clustern der Antworten), Moderationskarten in vier Farben und Stifte für alle Teilnehmer und Teilnehmerinnen, andersfarbige Moderationskarten für die Zusammenfassung (möglichst auch andere Form)

10.16.1 Vorgehen

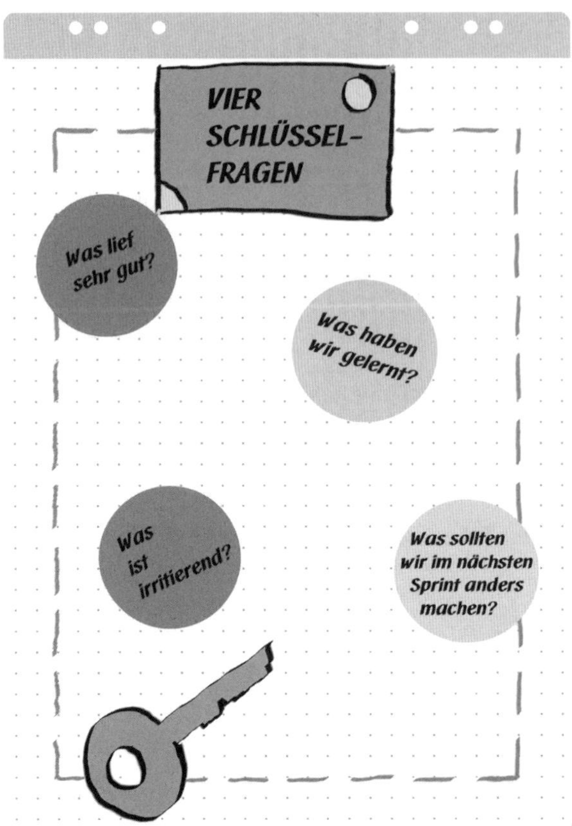

Bild 10.16
Zur Orientierung für die Teilnehmer und Teilnehmerinnen werden die zu nutzenden Farben bereits bei den Fragen genutzt.

Um eine Analyse des aktuellen Teamverhaltens und der Projektphase zu ermöglichen, werden durch den Moderator oder die Moderatorin vier Grundfragen auf einem Flipchart präsentiert:

- Was lief sehr gut, würde aber verloren gehen, wenn wir es nicht explizit benennen würden?
- Was haben wir gelernt?
- Was sollten wir im nächsten Sprint anders machen?
- Was ist irritierend?

Jede Frage wird mit einer bestimmten Farbe ausgezeichnet. Die Antworten werden vom Team schweigend auf den Moderationskarten aufgeschrieben und den Fragen zugeordnet. Wenn ein Teammitglied bereits seine Antworten fertig geschrieben hat, kann es diese – auch schweigend – anhängen. Die anderen Teammitglieder können diese Antworten lesen. Gegebenenfalls inspirieren diese Antworten andere Teilnehmer und Teilnehmerinnen zu weiteren Erkenntnissen.

Nachdem alle Fragen beantwortet sind, liest der Moderator oder die Moderatorin alle Antworten nacheinander vor. Dabei werden Unklarheiten beseitigt. Das Team versucht in dieser Phase, ein gemeinschaftliches Verständnis der Fragen zu erhalten. Nach Anweisung des Teams sortiert das Team die Antworten auf einem weiteren Blatt. Das Team findet anschließend für diese sortierten Gruppen jeweils eine Überschrift. Diese Überschrift ist ein vollständiger Satz, der möglichst genau das Verhalten beschreibt.

Diese Sortierung und der Beschreibungssatz werden in die nächste Phase übernommen.

10.16.2 Varianten

Das Finden der Überschriften kann auch im Wettbewerb mehrerer Kleingruppen erfolgen. Die Kleingruppen erfinden ihre Überschriften. Ein Vertreter oder eine Vertreterin stellt jeweils die Überschriften vor. Jedes Teammitglied hat jeweils eine Stimme, die über Klebepunkte auf den Überschriften abgegeben wird. Diese Art der Überschriftenfindung fördert gegebenenfalls Konflikte oder fördert unterschiedliche Sichtweisen im Team zu Tage.

10.16.3 Besonderheiten

Norman Kerth beschrieb diese Moderationsmethode der vier Schlüsselfragen bereits in *„Project Retrospectives“* [Kerth 2000].

Die Teammitglieder müssen sich gut kennen, damit diese offenen Fragen gut beantwortet werden können. Daher ist dieser Baustein sowohl in einer späteren Team- als auch in einer späteren Projektphase anzusetzen.

Wer den Methodenbaustein in frühen Teamphasen nutzen möchte, sollte auf Kleingruppenarbeit zur Beantwortung der vier Schlüsselfragen setzen.

10.17 W-Fragen

Teamphase: alle Teamphasen

Projektphase: alle Projektphasen

Vorbereitungszeit: 10 Minuten

Material: zwei vorbereitete Flipcharts, Stifte sowie Moderationskarten für zwei Kleingruppen

10.17.1 Vorgehen

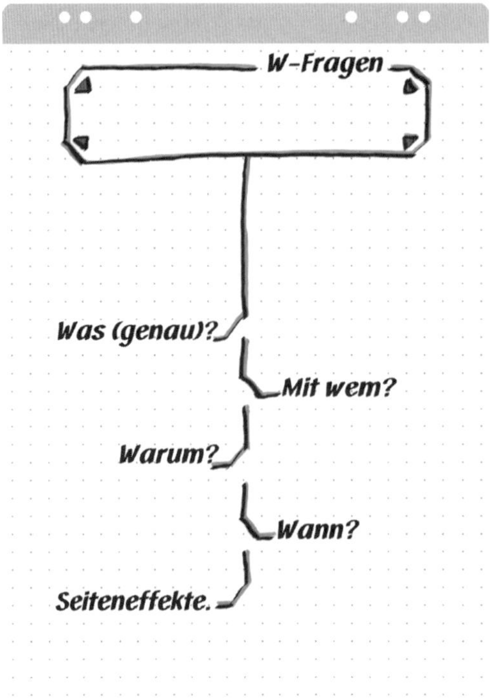

Bild 10.17
In dem obersten Feld des Flipcharts wird das Thema (möglichst als Aussagesatz) eingetragen.

Zwei Flipcharts werden durch den Moderator oder die Moderatorin auf die gleiche Art vorbereitet. Neben Platz für einen Titel sind die Fragen „Was (genau)?“, „Mit wem?“, „Warum?“, „Wann?“ und „Seiteneffekte“ notiert. Auf dem Flipchart ist jeweils Platz für die Antworten vorgesehen.

Durch Abzählen mittels „1“ und „2“ wird das Retrospektiventeam in zwei Gruppen unterteilt. Jede Gruppe erhält ein Flipchart mit den W-Fragen, auf dem der Moderator oder die Moderatorin bereits den Titel eingetragen hat.

Die Gruppen analysieren das Phänomen mittels der W-Fragen. Alle Erkenntnisse notiert das Team auf den Flipcharts. Hierfür stehen den Gruppen Moderationskarten und Stifte zur Verfügung.

Der Moderator oder die Moderatorin bittet darum, dass die Kleingruppen für sie besonders wichtige (aufregende, besondere) Erkenntnisse farblich markieren.

Nachdem die Kleingruppen die Analyse abgeschlossen haben, stellen sich die Kleingruppen die Arbeitsergebnisse vor. Hierfür werden die beiden Flipcharts an die Wand gehängt. Das gesamte Retrospektiventeam stellt sich im Halbkreis vor die Wand. Die Moderationskraft achtet darauf, dass bei der Vorstellung der Thesen der Kleingruppen Verständnisfragen geklärt werden können – aber nicht die Detaildiskussion wieder aufgenommen wird.

Zum Abschluss der Phase bittet der Moderator oder die Moderatorin um ein Stimmungsbild – sowohl über die Analyseergebnisse der einzelnen Gruppen als auch über das Gesamtbild, das sich für den Teilnehmer und die Teilnehmerin ergibt.

10.17.2 Varianten

Wenn aus der vorherigen Phase das Team zwei Themen übernimmt, kann auch jede Kleingruppe ein Thema näher analysieren. Es ist dann mehr Zeit für den Austausch der Kleingruppen über die Arbeitsergebnisse vorzusehen.

Diese Vorstellung übernimmt dann jeweils ein Sprecher oder eine Sprecherin der Kleingruppe. Das Zusammenführen der Themen dauert bei der Bearbeitung von zwei Themen entsprechend länger.

10.18 Zurück in die Gegenwart

Teamphase: alle Teamphasen

Projektphase: alle Projektphasen

Vorbereitungszeit: 5 Minuten

Material: vorbereitetes Flipchart, Moderationskarten in zwei Farben und Stifte für alle Teilnehmer und Teilnehmerinnen

10.18.1 Vorgehen

> „Stellt euch vor, heute ist das Sprint-Ende. Und alles ist super gelaufen! Wir haben alle Ziele erreicht. Wir sind neue Prozessschritte gegangen. Die Auswertung zeigt, es war der bisher produktivste Sprint. Es war **der** Sprint des Jahres! Was zeichnet diesen Sprint aus – wie sieht diese Zukunft genau aus?“

Mit dieser Einleitung bittet der Moderator oder die Moderatorin die Teilnehmer und Teilnehmerinnen, Moderationskarten auszufüllen, auf denen die Teammitglieder (1 Argument/Karte) das Umfeld und die Prozesse dieses perfekten Sprints beschreiben.

Bild 10.18 Symbolisch wird der „Sprint des Jahres" gefeiert.

Anschließend bittet der Moderator oder die Moderatorin darum, auf andersfarbigen Moderationskarten zu formulieren, welche Maßnahmen das Team ergriffen hat beziehungsweise welche Teamregeln vereinbart wurden, um diesen Zustand zu erreichen. Diese Ergebnisse werden in die nächste Phase mitgenommen.

10.18.2 Besonderheiten

Der Methodenbaustein *„Zurück in die Gegenwart"* konzentriert sich auf die Prozesse im aktuellen Sprint (oder in einer anderen zeitlichen Teilprojekteinheit), während das Team mit dem Methodenbaustein *„Perfektes Projekt"* (siehe Abschnitt 10.11) den gesamten Projektablauf betrachtet.

11 Decide What to Do

In *Decide What to Do* werden von allen Beteiligten Ideen entwickelt, mit denen auf die in *Gather Data* formulierten und in *Generate Insights* begründeten Phänomene mit Teamregeln und Maßnahmen reagiert werden soll.

Durch diese expliziten Vereinbarungen versucht das Team, eine Verbesserung der aktuellen Situation herzustellen. Diese Teamregeln und resultierende Maßnahmen sind konkret zu formulieren. Wenn sich bei der Konkretisierung weitere Risikopotenziale oder noch nicht bedachte Schwierigkeiten auftun, ist die nächstkleinere Maßnahme, die in die richtige Richtung weist, zu formulieren.

Tipp

In *Decide What To Do* ermittelt das Team mögliche Handlungsoptionen, um nachfolgend einfache und pragmatische Ideen umzusetzen. Das Retrospektiventeam folgt dem Motto *„Just do it!"*.

Bei der Erfassung der Maßnahmen für die Retrospektive kann das Team die Beschlüsse der letzten Retrospektive durchgehen – und gegebenenfalls nicht oder nur unvollständig bearbeitete Maßnahmen in die aktuelle Ergebnisliste übertragen.

11.1 Aktivitätenliste

Teamphase: Performing

Projektphase: Implementierung, Auslieferung, Projektabbruch, Projektkrise

Vorbereitungszeit: 5 Minuten

Material: vorbereitetes Flipchart, Flipchart-Stift für Moderator oder Moderatorin

11.1.1 Vorgehen

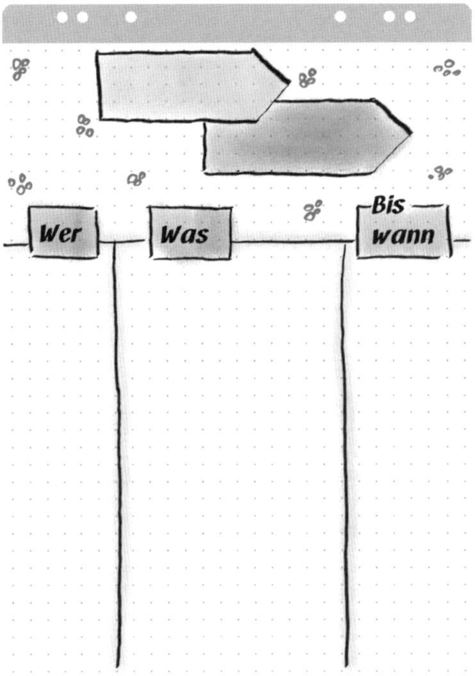

Bild 11.1
Die grundlegenden Themen der Retrospektive werden als Erinnerungsstütze in die beiden Pfeile geschrieben.

Das Team hat durch *Generate Insights* zwei Themenbereiche identifiziert und das Zustandekommen der Phänomene verstanden. Der Moderator oder die Moderatorin bittet darum, Vorschläge für konkrete Maßnahmen zu unterbreiten.

Das Team diskutiert diese Vorschläge aus. Die Teammitglieder einigen sich und diktieren dem Moderator beziehungsweise der Moderatorin die Ergebnisse.

Zur Konkretisierung der Maßnahmen werden die Fragen „Wer?", „Was?" und „Bis wann?" beantwortet. Nebenläufige und resultierende Maßnahmen werden ebenfalls durch das Team erfasst, diskutiert, verabschiedet und auf das Flipchart aufgenommen.

Der Moderator oder die Moderatorin nimmt nur Ergebnisse auf, die gemeinschaftlich vom Team getragen werden und in der Diskussion im Team entstanden sind.

11.1.2 Besonderheiten

Für sowohl aus Team- als auch aus Projektsicht „ruhige" Teams empfiehlt sich die klare Erfassung von Maßnahmen. Dieses Vorgehen läuft in diesen Phasen sehr effizient ab. Ein derartiges Ausdiskutieren verlangt viel Wissen des Teams um die Stärken und Schwächen der einzelnen Teammitglieder.

Der Moderator oder die Moderatorin sollte bei diesem Methodenbaustein darauf achten, dass alle Teilnehmer und Teilnehmerinnen sich an der Lösungsfindung beteiligen. Gegebenenfalls unterstützt ein Puschel die Gesprächsführung im Team.

11.2 Aufwand und Ertrag

Teamphase: alle Teamphasen

Projektphase: alle Projektphasen

Vorbereitungszeit: 5 Minuten

Material: vorbereitetes Flipchart (mit Raster), jeweils drei rote und drei blaue Klebepunkte für jeden Teilnehmer und jede Teilnehmerin

11.2.1 Vorgehen

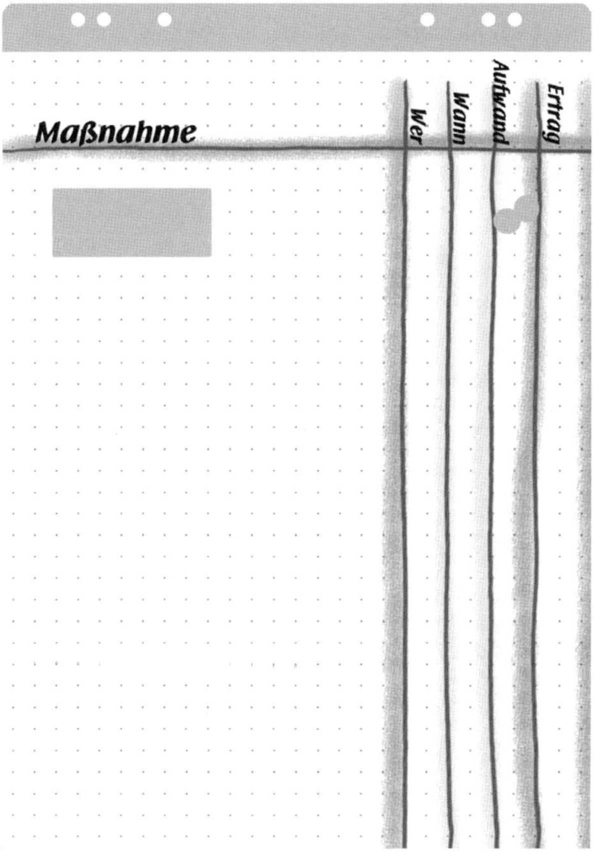

Bild 11.2
Die Vorschläge werden zum Schluss mit den Angaben für „Wer“ und „Wann“ konkretisiert.

Auf einem Flipchart sind die Spalten „Team-Regeln/Maßnahmen“, „Aufwand“ und „Ertrag“ aufgeführt.

Der Moderator oder die Moderatorin nimmt Vorschläge für Teamregeln und Maßnahmen per Zuruf entgegen, die er beziehungsweise sie in das vorbereitete Flipchart aufnimmt.

Nachdem das Team alle Möglichkeiten aufgeführt hat, bittet der Moderator oder die Moderatorin alle Beteiligten um eine Bewertung.

- Zwei rote Punkte: größter Aufwand zur Umsetzung
- Ein roter Punkt: zweitgrößter Aufwand für die Umsetzung
- Zwei blaue Punkte: höchster zu erwartender Ertrag (Gewinn) für das Team beziehungsweise das Projekt
- Ein blauer Punkt: zweithöchster Ertrag

Jeder Teilnehmer und jede Teilnehmerin klebt seine beziehungsweise ihre Bewertungspunkte in das Raster ein. Die Punkte werden durch die Moderationskraft gezählt.

Mit dieser Bewertung entscheidet das Team, welche Vorschläge als Ergebnisse der Retrospektive übernommen werden sollen. Der Moderator oder die Moderatorin kennzeichnet diese Teamregeln beziehungsweise Maßnahmen farbig. Dabei werden die Einträge für „Wer" und „Wann" ergänzt, sofern dies noch nicht geschehen ist.

11.3 Drei-Punkte-Wahl

Teamphase: alle Teamphasen

Projektphase: alle Projektphasen

Vorbereitungszeit: 10 Minuten

Material: vorbereitete Flipcharts („Unsere Ideen", „Unsere Maßnahmen"), je drei Klebepunkte, Moderationskarten und Flipchart-Stifte für jeden Teilnehmer und jede Teilnehmerin

11.3.1 Vorgehen

Das Team ermittelt in Zweiergruppen mögliche Handlungsoptionen. Diese werden auf Moderationskarten geschrieben und durch die Pärchen vorgestellt und auf ein Flipchart übernommen. Während des Vorstellens werden die Karten aufeinander geklebt, welche die gleichen Vorschläge beinhalten.

Hieraus entsteht eine Liste, die jeweils eigenständige Handlungsoptionen beinhaltet. Alle Teilnehmer erhalten drei Klebepunkte. Für das Wählen gelten folgende Regeln:

- Es können Maßnahmen mit ein, zwei oder drei Punkten gewählt werden.
- Es besteht keine Pflicht zu wählen.
- Nicht genutzte Klebepunkte dürfen nicht weitergegeben werden.

Die zwei am höchsten gepunkteten Ergebnisse werden durch das Team als Ergebnis für die Retrospektive übernommen. Das Ergebnis wird durch den Moderator oder die Moderatorin farbig eingekreist.

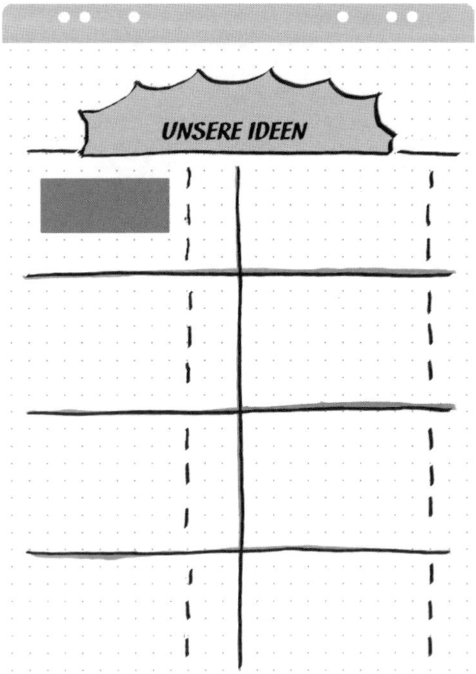

Bild 11.3
Bei großen Gruppen sollten nicht drei Klebepunkte, sondern zwei Klebepunkte pro Person gewählt werden.

11.3.2 Besonderheiten

Das farbige Einkreisen des Ergebnisses ist während der Retrospektive meist die schnellste Lösung. Für die Ergebnissicherung (Fotoprotokoll, Aufhängen im Teamraum) sollten diese Ergebnisse auf ein gesondertes Poster übertragen werden, damit sich alle Teammitglieder auf die verabschiedeten Maßnahmen und Teamregeln konzentrieren können.

11.4 Einsatz & Gewinn

Teamphase: Norming, Performing, Adjourning

Projektphase: Konzept, Implementierung, Qualitätssicherung, Auslieferung

Vorbereitungszeit: 10 Minuten

Material: vorbereitetes Flipchart (mit Raster und für das Ergebnis), Moderationskarten und Flipchart-Stifte, je ein Satz Wertungskarten[1] („1“, „2“ sowie „4“) für die Teilnehmer und Teilnehmerinnen

[1] Als Stimmkarten könnt ihr die entsprechenden Karten – sofern vorhanden – aus eurem Aufwandspokerspiel nutzen. Alternativ funktionieren Karteikarten im DIN-A7-Format. Um eine eindeutige Gewichtung zu erzeugen, ist der Wert „3“ nicht im Spiel enthalten.

11.4.1 Vorgehen

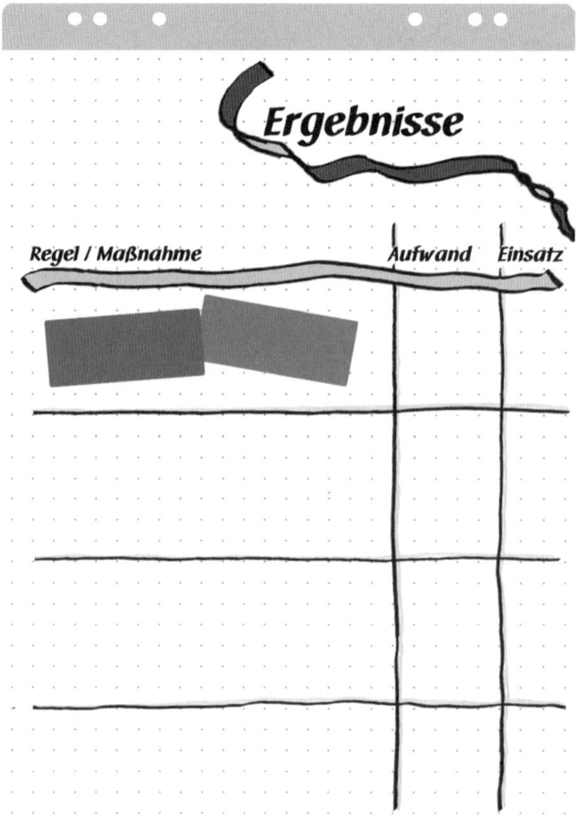

Bild 11.4 Die linke Spalte ist relativ groß, um das Zusammenführen von Moderationskarten zu ermöglichen.

Der Moderator oder die Moderatorin bittet alle Beteiligten, Regel- und Maßnahmenvorschläge zu entwickeln und auf Moderationskarten zu notieren. Diese werden eingesammelt und durch den Moderator oder die Moderatorin vorgelesen und an das Flipchart geheftet. Gleichlautente Vorschläge werden übereinander geheftet, sich sinnvoll ergänzende Regeln beziehungsweise Maßnahmen werden zueinander geheftet.

Nachdem alle Karten vorgestellt und geordnet sind, bittet der Moderator oder die Moderatorin alle Teilnehmer und Teilnehmerinnen, alle Aufgaben nacheinander danach zu bewerten, wie hoch sie den Umsetzungsaufwand für die jeweiligen Vorschläge vermuten. „1" steht für einen minimalen Aufwand. Die „4" bedeutet einen hohen Aufwand. Hierfür zeigen die Teilnehmer und Teilnehmerinnen auf ein Signal hin ihre Wertungskarte. Die entsprechenden Wertungen werden aufsummiert und die Summe wird in das Raster übertragen.

Nach der Bewertung des Aufwands erhält jeder Teilnehmer und jede Teilnehmerin einen Klebepunkt, um denjenigen Vorschlag zu markieren, den sie persönlich am stärksten verfolgen möchten.

Aus diesen beiden Bewertungen entsteht eine Reihenfolge der Vorschläge, von denen das Team maximal drei aktiviert. Diese drei Vorschläge werden farblich markiert und auf ein Ergebnis-Flipchart übertragen. Das Ergebnis-Flipchart enthält drei Freiflächen, in die die Teamregeln beziehungsweise Maßnahmen übertragen werden. Beim Übertrag der Maßnahmen vervollständigt das Team gegebenenfalls noch die Angaben entsprechend der Leitfragen „wer“, „was“, „wann“, „mit wem“ und „warum“.

11.4.2 Varianten

Anstatt neue Bewertungskarten zu drucken, können die Teammitglieder auch einen Teilsatz ihrer Aufwandspokerkarten für die Bewertung der Vorschläge nutzen.

11.5 Entscheidungsquadrat

Teamphase: alle Teamphasen

Projektphase: alle Projektphasen

Vorbereitungszeit: 5 Minuten

Material: vorbereitetes Flipchart, Moderationskarten und Stifte für Teilnehmer und Teilnehmerinnen

11.5.1 Vorgehen

Der Moderator bitte alle Teilnehmer und Teilnehmerinnen, konkrete Maßnahmen und Teamregeln aufzuschreiben. Er oder sie bittet darum, alle Ideen aufzuschreiben, auch wenn diese für die Teammitglieder gerade fantastisch oder nicht erreichbar klingen. Zu diesem Zeitpunkt ist das Entscheidungsquadrat noch nicht zu sehen. Die Maßnahmen sollten mindestens die Informationen:

- Wer tut es?
- Was tut der oder die?

enthalten. Der Moderator oder die Moderatorin deckt nun das Entscheidungsquadrat auf. Das Retrospektiventeam tritt nun nacheinander nach vorne. Alle stellen ihre Maßnahmen und Teamregeln vor. Diese werden mit Hilfe der Gruppe in das Entscheidungsquadrat eingeordnet:

- Die Ordinate ordnet Ideen von schwer bis einfach.
- Die Koordinate ordnet Ideen von unrealistisch bis realistisch.

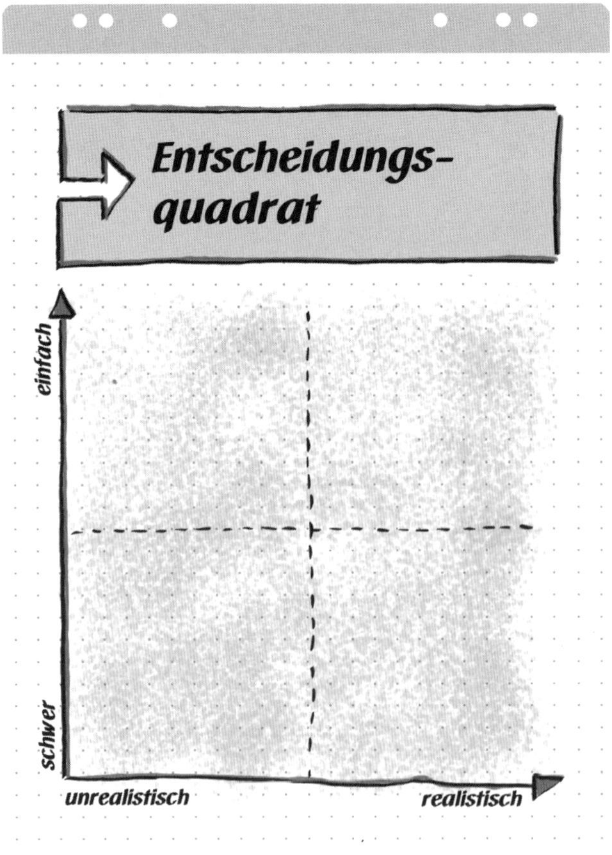

Bild 11.5 Koordinate: Wie realistisch ist die Idee? Ordinate: Wie leicht ist die Idee umzusetzen?

Nachdem alle ihre Ideen vorgestellt haben, diskutiert das Retrospektiven-Team das entstehende Bild:

> „Wie beurteilt ihr das Gesamtbild eurer Handlungsoptionen?" Nach fünf Minuten Diskussion bittet der Moderator oder die Moderatorin die Teilnehmenden, sich für maximal zwei Ideen zu entscheiden. Dabei kann es vorkommen, dass das Team bestehende Ideen weiterentwickelt oder neu formuliert. Diese Ideen werden konkretisiert („wer", „was" und „bis wann").

11.5.2 Besonderheiten

Das freie Formulieren von Handlungsoptionen, seien sie noch so fantastisch, führt häufig dazu, dass Retrospektiventeams nach der Diskussion sich auf eine neue, bisher nicht gedachte Variante einigen.

Das Entscheidungsquadrat führt das Team auf die Frage zurück, was für das Team wirklich zu leisten ist.

11.6 Ergebnisposter

Teamphase: alle Teamphasen

Projektphase: Konzept, Implementierung, Qualitätssicherung, Auslieferung, Projektkrise, Projektabbruch

Vorbereitungszeit: 10 Minuten

Material: vorbereitetes Flipchart für das Ergebnis, für jede Arbeitsgruppe ein leeres Poster sowie Stifte (mehrere Farben)

11.6.1 Vorgehen

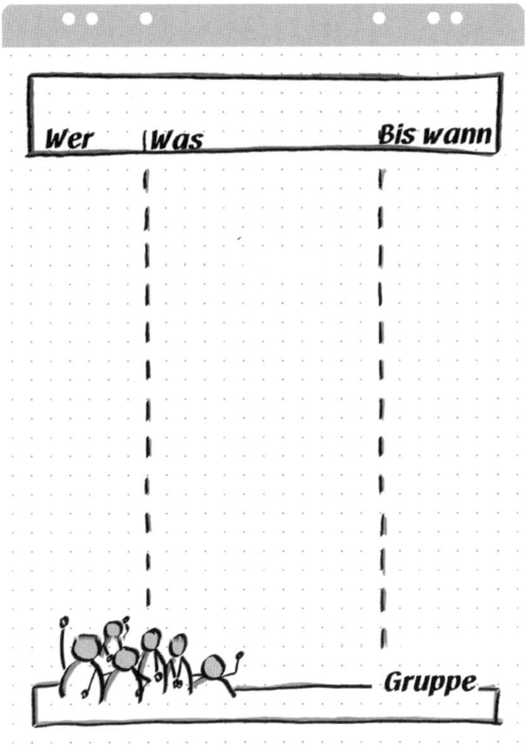

Bild 11.6 Jede Gruppe erhält ein vorbereitetes, leeres Poster zur Bearbeitung.

Das Ergebnis-Flipchart wird durch den Moderator oder die Moderatorin bereits mit den Fragen „Wer?“, „Was?“ und „Bis wann?“ gefüllt. Dieses Ergebnis-Flipchart wird allen Teammitgliedern gezeigt, während der Moderator beziehungsweise die Moderatorin die Aufgabenstellung erläutert.

Das Team teilt sich in Kleingruppen von maximal fünf Personen auf. Jede der Kleingruppen erarbeitet Maßnahmenpakete zur Lösung der in *Generate Insights* diskutierten Phänomene.

Diese Maßnahmenpakete werden von einem Vertreter oder einer Vertreterin der Kleingruppe dem gesamten Retrospektiventeam auf einem leeren Poster notiert. Die Kleingruppen werden durch den Moderator oder die Moderatorin aufgefordert, etwaige Teamregeln ebenfalls zu formulieren. Diese sollten farblich abgesetzt sein, so dass Maßnahmen von Teamregeln unterschieden werden können.

Nachdem alle Kleingruppen ihre Arbeit beendet haben, stellt jeweils ein Vertreter oder eine Vertreterin aus jeder Kleingruppe die Ergebnisse vor. Die Teammitglieder können Verständnisfragen stellen. Der Vertreter oder die Vertreterin hat das Recht und die Aufgabe, kleinere Korrekturen und Ergänzungen auf dem Poster zu notieren.

Schließlich bittet der Moderator oder die Moderatorin um eine Wahl durch Handzeichen. Das Team wählt das Maßnahmenpaket einer Kleingruppe aus.

Nach der Wahl geht das Team nochmals alle Maßnahmen und Teamregeln durch und sichert das Verständnis. Gegebenenfalls werden flankierende Maßnahmen ergänzt.

11.7 Ergebnisraster

Teamphase: Performing

Projektphase: alle Projektphasen

Vorbereitungszeit: 10 Minuten (Zeichnung)

Material: vorbereitetes Flipchart mit Raster, Moderationskarten (passende Größe zum Flipchart-Raster)

11.7.1 Vorgehen

Das Team diskutiert Handlungsoptionen (immer mit dem Raster Team-Regel oder Maßnahme – Maßnahmen und beantwortet mindestens die Fragen „Wer?“, „Was?“ und „Bis wann?“[2]).

Jede konkrete Idee des Teams wird in das Ergebnisraster eingetragen. Im Raster sind die Plätze begrenzt. Werden mehr Lösungen als Rasterflächen vom Team benannt, muss das Team sich einigen, die am wenigsten praktikable Lösung gegen die neue Lösung auszutauschen.

Anschließend wählt das Team per Handzeichen die **drei** Maßnahmen oder Regeln aus, die für das Team nach der Retrospektive gelten sollen.

[2] Diese Grundfragen können noch um die Fragen „Mit wem?“ und „Warum?“ ergänzt werden.

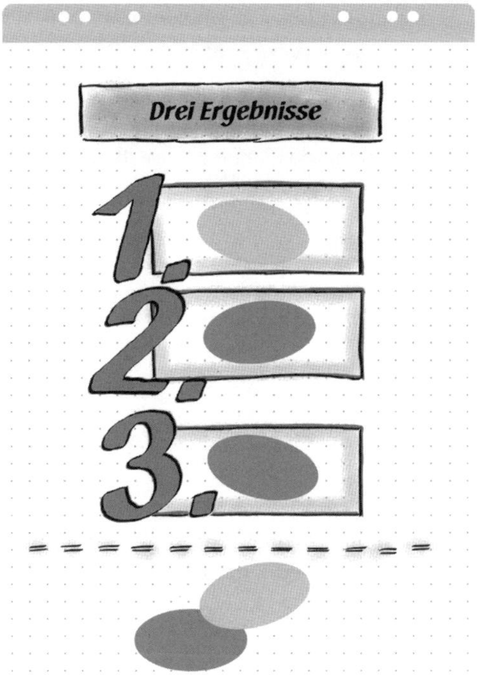

Bild 11.7
In diesem Beispiel sind drei Ergebnisse im Raster vorgesehen.

11.7.2 Varianten

Wenn die Gruppe als Ursache für die benannten Punkte eine grundsätzliche Einstellung ausgemacht hat, sollte der Moderator beziehungsweise die Moderatorin die Alternative, neue Teamregel benennen und mittels eines Play-Buttons symbolisch in Kraft setzen. Diese Teamregel „besetzt“ ein Ergebnisfeld. Mit der Entscheidung, die Teamregel auf „Play“ zu setzen, hat sich das Team bereits für einen grundlegenden Punkt entschieden. Eine Teamregel kann nicht gegen einen weiteren Maßnahmenvorschlag weggetauscht werden.

An Stelle der Handzeichenwahl kann der Moderator beziehungsweise die Moderatorin allen Teilnehmern zwei Klebepunkte aushändigen. Mit diesen wählen die Retrospektivenbeteiligten die Maßnahmen aus.

Dieser Methodenbaustein ist besonders gut mit elektrostatischen Moderationskarten durchzuführen. Diese sind sehr leicht zu bewegen.

11.7.3 Besonderheiten

Gerade während des *Performing* neigen Teams dazu, ihre Leistungen als Team zu überschätzen. Durch den gezielten Einsatz des Ergebnisrasters wird die Anzahl der während der Retrospektiven vereinbarten Maßnahmen vorab definiert.

Die Anzahl der Rasterflächen bestimmt die Diskussion. Durch eine künstliche Verknappung wird das Team sehr früh mit einer Realitätsprüfung beginnen. Gerade geübte Teams (daher auch die Empfehlung für die Teamphase *Performing*) kommen hier schnell zu guten Ergebnissen.

Die Moderatorenintervention ist für diesen Methodenbaustein sehr gering.

Für ungeübtere Gruppen sollten vier Ergebnisraster offen gehalten werden. Die Regel bezüglich des Ersetzens der Plätze wird erst beim Auftreten des siebten Vorschlags erläutert.

11.8 Heute – Demnächst – Später

Teamphase: alle Teamphasen

Projektphase: alle Projektphasen

Vorbereitungszeit: 10 Minuten

Material: für jede Kleingruppe: vorbereitetes Flipchart als Träger für die selbstklebenden Poster (mit dem vorgegebenen Raster) sowie Stifte; für jeden Teilnehmer und jede Teilnehmerin sechs Klebepunkte zum Wählen, Ergebnis-Flipchart

11.8.1 Vorgehen

Bild 11.8
Die Poster für die Kleingruppen werden während der Vorbereitung auf einem Träger-Flipchart angeheftet. Als Überschriften werden die zu bearbeitenden Themen in die Boxen übertragen.

Das Retrospektiventeam unterteilt sich in bis zu drei Kleingruppen. Das Retrospektiventeam definiert, welcher Zeitraum unter „Demnächst“ und welcher Zeitraum unter „Später“ zu verstehen sind. Jede Kleingruppe erhält anschließend ein selbstklebendes Poster, welches in drei Bereiche unterteilt ist, welche mit „Heute“, „Demnächst“ und „Später“ betitelt sind.

Die Kleingruppen entwickeln Ideen, wie die benannten und in den Ursachen erforschten zwei Themen bearbeitet werden könnten. Dabei notieren die Kleingruppen jeweils die Handlungsoption (ohne weiteres Fertigstellungsdatum und Verantwortlichen oder Verantwortliche für die Umsetzung).

Die selbstklebenden Poster werden nebeneinander an die Wand gehängt. Die Teammitglieder erläutern sich gegenseitig ihre Lösungsansätze. Dabei einigen sich die Teammitglieder darauf, ob die vorgeschlagenen Handlungsoptionen für das Team im Prinzip gangbar sind. Gegebenenfalls nimmt das Team eine Umgruppierung in ein anderes zeitliches Raster vor.

Alle zur Wahl stehenden (also im Prinzip gangbaren Handlungsoptionen) werden durch den Moderator oder die Moderatorin farbig eingekreist. Jedes Teammitglied erhält sechs Klebepunkte zur Wahl der Handlungsoptionen. Die fünf höchst gewählten Maßnahmen werden vom Moderator oder von der Moderatorin auf das Flipchart übertragen.

Das Team ergänzt zusammen den Verantwortlichen beziehungsweise die Verantwortliche für alle Aufgaben. Sind Aufgaben im Bereich „Demnächst“ oder „Später“ gewählt, ergänzt das Team auch das Fertigstellungsdatum.

11.8.2 Besonderheiten

Wenn das Team den zeitlichen Horizont für „Später“ sehr weit nach hinten verschiebt, erhalten die Teammitglieder nur vier Klebepunkte - es stehen dann nur Handlungsoptionen aus dem Bereich „Heute“ und „Demnächst“ zur Wahl.

11.9 Leicht - Machbar - Utopisch

Teamphase: alle Teamphasen

Projektphase: Idee, Plan, Konzept, Implementierung, Qualitätssicherung, Auslieferung

Vorbereitungszeit: 10 Minuten

Material: zwei Flipcharts (eines mit drei Flächen, eines mit Aktivitätenliste), Moderationskarten, Flipchart-Stifte und je drei Klebepunkte für alle Teilnehmer und Teilnehmerinnen

11.9.1 Vorgehen

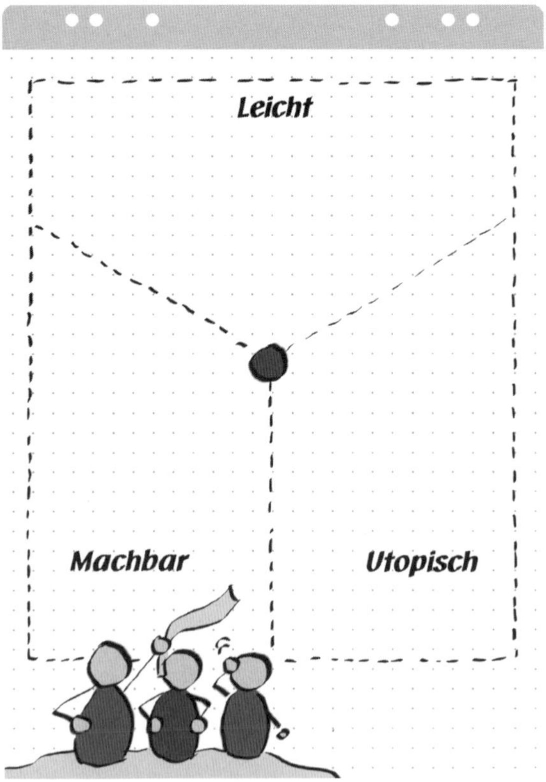

Bild 11.9 Dieser Methodenbaustein zwingt das Team zum „Reality Check".

Auf einem Flipchart sind drei Flächen aufgetragen, die mit „Leicht", „Machbar" und „Utopisch" überschrieben sind.

Das Retrospektiventeam arbeitet in dieser Phase parallel mit allen Themen oder Phänomenen aus der vorhergehenden Phase. Die entsprechenden Titel werden den Teilnehmern und Teilnehmerinnen zusammen mit den Ergebnissen aus *Generate Insights* gezeigt.

Nacheinander unterbreiten die Teilnehmer und Teilnehmerinnen eine Handlungsoption und schreiben diese auf eine Moderationskarte. Sie erläutern ihren Vorschlag und heften diesen in den Bereich, der die Umsetzungswahrscheinlichkeit beschreibt:

„Okay" bedeutet, dass der Vorschlag vom Team leicht umgesetzt werden kann und wird. „Machbar" setzt einen gewissen Arbeitsaufwand voraus, der für das Team zu bewältigen ist. „Utopisch" bedeutet, dass das Team diese Regel oder die Maßnahme nur unter nicht zu verantwortendem Aufwand realisieren kann.

Die Einordnung der Moderationskarte kann vom Team korrigiert werden.

Das Team durchläuft zwei Runden mit Vorschlägen. Die Vorschläge werden jeweils von den Teilnehmern und Teilnehmerinnen erst nach Vorstellung des jeweils letzten Vorschlags entwickelt, damit die vorgestellten Vorschläge alle Beteiligten inspirieren können.

Nach dem Ende der zweiten Runde bittet der Moderator oder die Moderatorin alle Teilnehmer und Teilnehmerinnen, diejenigen Regeln und Maßnahmen zu markieren, die vom Team nach dieser Retrospektive umgesetzt werden sollen.

Das Team aktiviert bis zu drei der am häufigsten gewählten Vorschläge. Diese werden vom Moderator oder der Moderatorin auf ein Ergebnis-Flipchart übertragen und um die Angaben für „Wer", „Mit Wem" und „Wann" ergänzt.

11.9.2 Besonderheiten

Wenn euch der Titel „utopisch" zu negativ klingt, ändert diesen Bereich in „visionär". Mit dieser Benennung entwickeln die meisten Teams „größere Würfe" und weniger „leichte" und „machbare" Aufgaben.

11.10 Methodenbausteine

Teamphase: alle Teamphasen

Projektphase: alle Projektphasen

Vorbereitungszeit: 10 Minuten

Material: vorbereitetes Flipchart, das auf den Postern von *„Methodenbausteine"* (siehe Abschnitt 9.10) sowie *„Analyse der Methodenbausteine"* (siehe Abschnitt 10.10) aufbaut

11.10.1 Vorgehen

In der vorhergehenden Phase hat sich das Retrospektiventeam bereits auf einige Themen konzentriert. Der Moderator oder die Moderatorin bittet nun darum, dass alle Teilnehmer und Teilnehmerinnen dasjenige Thema wählen, welches in dieser Phase bearbeitet werden soll. Diese Abstimmung erfolgt per Handzeichen.

Nun schreiben alle Teilnehmer und Teilnehmerinnen Handlungsoptionen auf, mit denen dieses Thema bearbeitet werden könnte. Der Moderator oder die Moderatorin sammelt diese Vorschläge ein, liest sie vor und heftet sie auf die linke Seite des Flipcharts. Auftretende Dopplungen werden nicht auf das Flipchart aufgenommen.

Das Retrospektiventeam klärt während dieses Vorgangs Unklarheiten und konkretisiert die Handlungsoptionen.

Nun erhalten alle Teilnehmer und Teilnehmerinnen drei Klebepunkte zur Wahl der Handlungsoptionen. Der Moderator oder die Moderatorin zählt das Ergebnis aus und überträgt die drei gewählten Handlungsoptionen auf die rechte Seite. Das Team vergewissert sich, dass die konkreten, gewählten Handlungsoptionen klar formuliert und durchführbar sind.

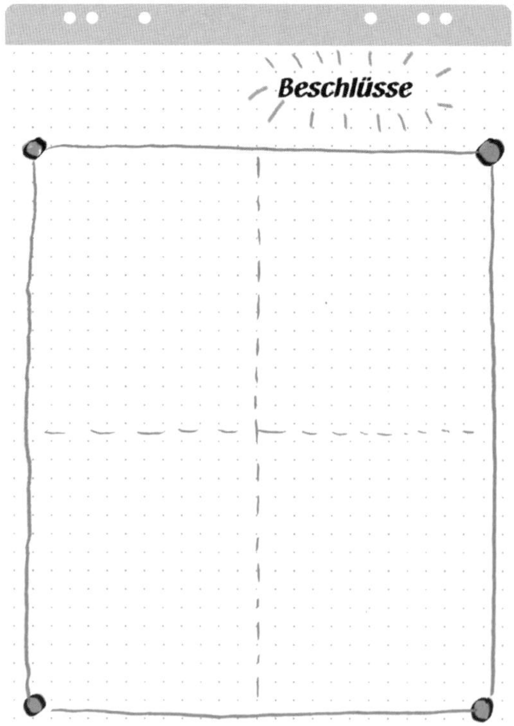

Bild 11.10 Das Flipchart nimmt die Gestaltungselemente der vorgehenden Methodenbausteine (siehe Abschnitt 9.10 und Abschnitt 10.10) auf.

Ist nach der Bearbeitung des einen Themas noch Zeit vorhanden, kann das Team sich entscheiden, ein weiteres Thema auszuwählen und auch für dieses Thema Handlungsoptionen zu entwickeln. Hierfür ist auf dem Beispiel-Flipchart der untere Platz vorgesehen.

11.11 Motivation, Hilfe, Erinnern

Teamphase: Forming, Norming, Storming

Projektphase: alle Projektphasen

Vorbereitungszeit: 5 Minuten

Material: zwei vorbereitete Flipcharts: Raster + Ergebnis-Flipchart, Stifte und Moderationskarten für Kleingruppen

11.11.1 Vorgehen

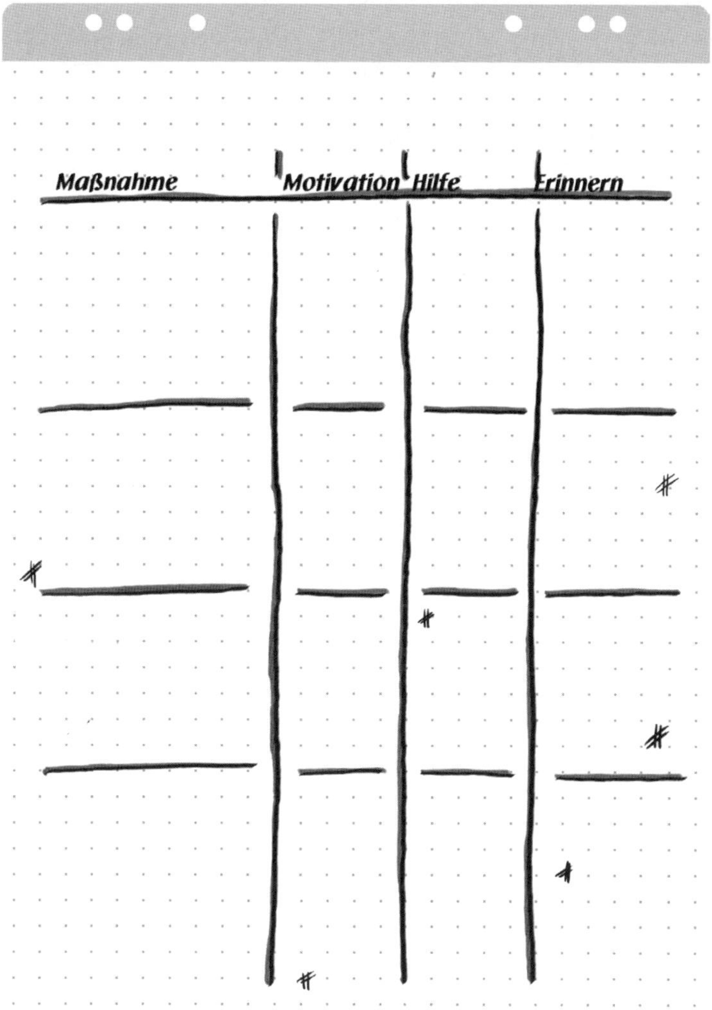

Bild 11.11 Die Moderationskarten für die drei „Stützen“ sollten kleiner als die eigentliche Maßnahmenkarte sein.

Die Teilnehmer und Teilnehmerinnen entwickeln innerhalb von acht Minuten auf Zuruf Handlungsoptionen. Die Einigung erfolgt im Konsens. Der Moderator oder die Moderatorin notiert die Handlungsoptionen auf einem Flipchart.

Nachdem die Handlungsoptionen aufgeschrieben sind, bittet der Moderator oder die Moderatorin mehrere Kleingruppen um die weitere Bearbeitung der Handlungsoptionen. Dabei teilt er oder sie die Handlungsoptionen den Kleingruppen zu.

In den Kleingruppen beantworten die Teilnehmenden die folgenden Fragen und beantworten die Fragen auf Moderationskarten:

- Wie könnten wir uns motivieren, diese Maßnahme durchzuführen?

- Was könnte uns helfen, diese Maßnahme durchzuführen?
- Wie können wir uns erinnern, damit wir diese Maßnahme durchführen?

Die Kleingruppen beantworten die Fragen auf Moderationskarten. Dafür haben sie sechs Minuten Zeit. Zum Ende der Zeit heften sie ihre Antworten in das Raster auf der Flipchart ein.

Das Retrospektiven-Team diskutiert die Maßnahmen und die Antworten. Ein Puschel unterstützt eine klare Gesprächsführung. Die Teilnehmenden einigen sich gemeinsam auf zwei Handlungsoptionen zur Ausführung. Diese werden farblich hervorgehoben. Gleichzeitig einigt sich das Team darauf, ob und welche Motivationsstütze, Hilfen oder Erinnerungen in Kraft gesetzt werden. Auch diese Maßnahmen werden farblich hervorgehoben.

Bei der Übertragung der Maßnahmen und Teamregeln auf ein gesondertes Flipchart „Beschlüsse“ werden die Motivationsstützen, Hilfen und Erinnerungen mit übernommen.

11.11.2 Besonderheiten

Dieser Methodenbaustein ist für Teams hilfreich, die gut im Verabreden von Maßnahmen, aber schlecht im Durchführen der Verabredungen sind. Die konkrete Stütze für diese Maßnahmen macht Änderungswiderstände und Konflikte spürbar, gleichzeitig findet das Team Möglichkeiten, sich selbst zu unterstützen, um zu einer machbaren, das heißt durchführbaren, Maßnahme zu kommen.

11.12 Offene Wahl

Teamphase: Norming, Performing

Projektphase: alle Projektphasen

Vorbereitungszeit: 15 Minuten

Material: zwei vorbereitete Flipcharts mit dem Raster „Prio“, „Stimmen“ sowie „Maßnahme“ sowie jeweils sechs Zeilen für Maßnahmen, Flipchart-Stifte für den Moderator oder die Moderatorin

11.12.1 Vorgehen

Der Moderator oder die Moderatorin lässt sich vom Team Handlungsoptionen zurufen. Diese werden auf bis zu zwei Flipcharts notiert. Ist ein Flipchart vollständig gefüllt, wird dieses an der Wand aufgehängt. Nachdem das Team die Sammlung beendet hat, hängen alle Handlungsoptionen nebeneinander an der Wand. Das Team stellt sich vor die Wand und geht die einzelnen Punkte nochmals durch. Der Moderator oder die Moderatorin bittet darum, dass Beteiligte bei Unklarheiten über die vorgeschlagene Handlungsoption nachfragen. Das Team klärt alle Unstimmigkeiten und Ungenauigkeiten.

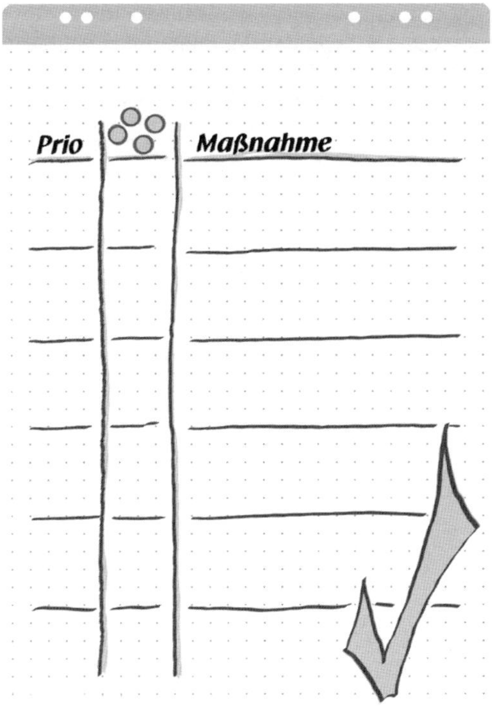

Bild 11.12
Konkretisierungen werden auf dem Ergebnis-Flipchart durch den Moderator beziehungsweise die Moderatorin nachgetragen.

Nun bittet der Moderator oder die Moderatorin um ein Handzeichen. Alle Teilnehmer und Teilnehmerinnen müssen sich jeweils entscheiden, ob sie die Maßnahmen durchführen möchten oder nicht.

Die Stimmenzahl wird jeweils notiert. Hieraus ergibt sich eine Priorität der Maßnahmen. Diese wird auf den Flipcharts eingetragen. Die ersten fünf Maßnahmen oder Regeln, die das Team so ermittelt hat, werden farbig markiert.

In einer offenen, kurzen Diskussion klärt das Retrospektiventeam unter Leitung des Moderators oder der Moderatorin, ob und unter welchen Bedingungen die so definierten Regeln oder Maßnahmen für das Team annehmbar sind. Entsprechend ergänzt das Team den Verantwortlichen oder die Verantwortliche für die Regeln und Maßnahmen sowie notwendige Bedingungen für einen Erfolg. Weiter ergänzt das Team auch das Fortigstellungsdatum dieser Punkte.

11.12.2 Besonderheiten

Durch zwei Flipcharts mit sechs Maßnahmenzeilen ist die Anzahl der Vorschläge auf zwölf begrenzt. Es sollten durch den Moderator oder die Moderatorin nicht mehr Vorschläge angenommen werden.

Die Anzahl der *annehmbaren* Vorschläge hängt auch davon ab, wie viele Maßnahmen durch das Team realistisch bis zur nächsten Retrospektive umsetzbar sind. Hier ist die Zahl gegebenenfalls durch den Moderator oder die Moderatorin anzupassen. Im Laufe der Diskussion ergeben sich manchmal Themen, die eng zusammenhängen oder sich bedingen. Hier kann die Moderationskraft auch spontan von der gesetzten maximalen Maßnahmenzahl abweichen.

11.13 Optimistisch realistisch

Teamphase: Forming, Storming

Projektphase: alle Projektphasen

Vorbereitungszeit: 10 Minuten

Material: vorbereitetes Flipchart mit dem unteren Raster, Moderationskarten und Flipchart-Stifte für alle Kleingruppen sowie jeweils drei Klebepunkte für jeden Teilnehmer und jede Teilnehmerin

11.13.1 Vorgehen

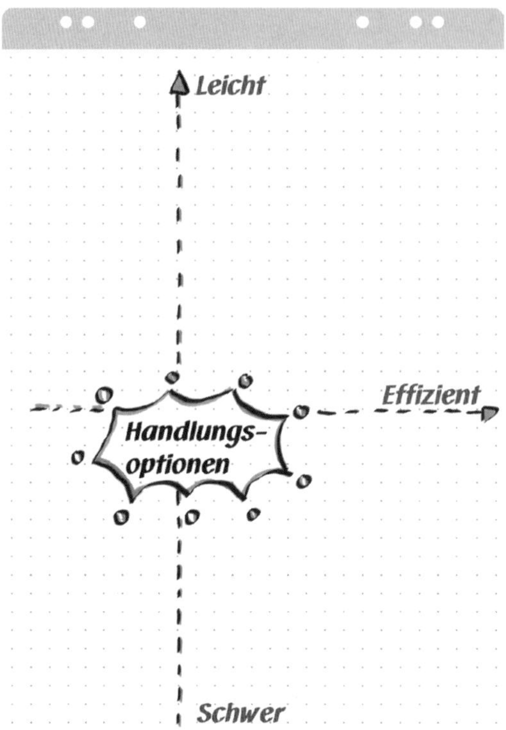

Bild 11.13
Die Seite „wenig effizient" ist schmaler, um möglichst vielen effizienten Vorschlägen „Platz zu machen".

Das Team diskutiert Handlungsoptionen in Kleingruppen[3] von drei bis vier Personen aus. Diese Handlungsoptionen werden auf ein Raster mit den Koordinaten

- leicht bis schwer
- wenig effizient bis effizient

von einem der Kleingruppenteilnehmer oder -teilnehmerinnen einsortiert. Dabei stellen diese den Punkt vor. Entstehende Fragen werden gemeinsam mit dem gesamten Retrospektiventeam geklärt. Haben mehrere Kleingruppen denselben Vorschlag entwickelt, werden die entsprechenden Karten aufeinander positioniert. Damit dies möglich ist, müssen die Gruppen gegebenenfalls auch die Positionierung miteinander aushandeln.

Nachdem alle Punkte vorgestellt und eingeordnet sind, erhalten alle Teilnehmer die Klebepunkte für ihre Wahl. Es gilt die Regel, dass jeder nur einen Punkt auf jeweils eine der Maßnahmen kleben darf.

11.13.2 Varianten

Lässt der Moderator oder die Moderatorin zu, dass die Klebepunkte von jedem Teilnehmer und jeder Teilnehmerin auch in Gruppen erfolgen dürfen, können einzelne Mitglieder durch eine späte Wahl und durch Anhäufen von Punkten wahlentscheidend wirken. Dies kann in frühen Teamphasen, für die dieser Methodenbaustein vorgesehen ist, für die Teamentwicklung nicht förderliche Auswirkungen haben.

11.13.3 Besonderheiten

Durch diese offene Diskussion der leichten und der als besonders stark wirkenden Handlungsoptionen fällt dem noch jungen Retrospektiventeam die Wahl der Maßnahmen leichter.

Durch die Kleingruppenarbeit haben alle Beteiligten die Chance, gut zu Wort zu kommen.

[3] Ob eine Arbeitsgruppe sich frei zusammenstellen kann (Neigungsgruppe) oder eingeteilt wird, hat Einfluss auf das Gruppenergebnis. Ist abzusehen, dass sich im Team unterschiedliche Fraktionen für bestimmte Themen bilden, werden Neigungsgruppen diesen Fraktionen folgen. Die Einteilung von Teammitgliedern kann den frühen Austausch zwischen den Beteiligten fördern.

11.14 Zwei Lösungen

Teamphase: Performing

Projektphase: Auslieferung, Qualitätssicherung, Projektkrise, Projektabbruch

Vorbereitungszeit: 10 Minuten

Material: vorbereitetes Flipchart mit Lösungsraster, Moderationskarten und Flipchart-Stifte für alle Teilnehmer und Teilnehmerinnen

11.14.1 Vorgehen

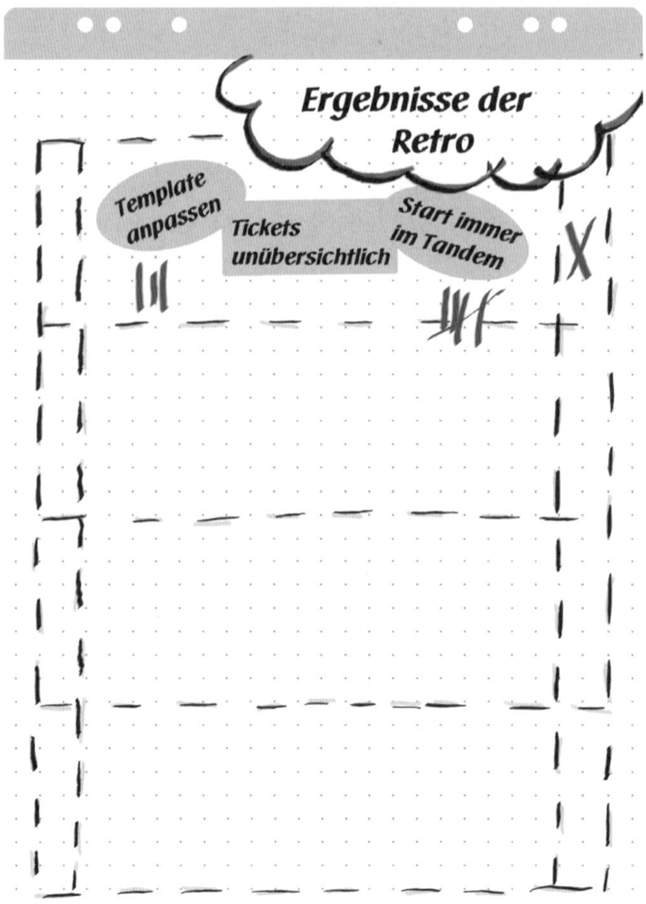

Bild 11.14 Die angenommene Variante wird mit einem Kreuz gekennzeichnet. Es sind noch drei weitere Themen zu bearbeiten.

Dieser Methodenbaustein fokussiert auf das Finden von genau zwei Maßnahmen, die durch das Team in der folgenden Einheit bearbeitet werden sollen. Durch Abzählen mittels „1" und „2" wird das Retrospektiventeam in zwei Gruppen unterteilt. Beide Kleingruppen erhalten die Aufgabe, jeweils genau eine Maßnahme oder Regel zu bestimmen, mit der die Themen aus *Gather Data* beziehungsweise *Generate Insights* gelöst werden sollen.

Die Gruppe geht nach und nach alle Punkte durch. Jeweils ein Vertreter oder eine Vertreterin der Kleingruppe stellt eine Handlungsoption vor. Direkt nach dem Vorstellen und einer Klärung aller offenen Fragen zur vorgeschlagenen Maßnahme oder Regel wird durch Handzeichen eine der beiden Handlungsoptionen gewählt.

11.14.2 Besonderheiten

Durch die starke Einengung auf zwei Lösungen muss das Team sich auf wesentliche Maßnahmen konzentrieren. Durch die zufällige Zusammenstellung der Gruppe wird in den Kleingruppen der Austausch über die Handlungsoptionen stark gefördert. Gleichzeitig erzwingt das Vorgehen des direkten Wählens zwischen zwei Handlungsoptionen die Bearbeitung aller Themen. Stimmt ein Team über alle Handlungsoptionen gleichzeitig ab, kann es sein, dass einzelne Themen nicht bearbeitet werden.

Mit diesem Methodenbaustein können mehrere Detailthemen aus den vorhergehenden Phasen bearbeitet werden. Das Team erarbeitet konkrete Gegenvorschläge für erkannte Phänomene und Abläufe. Es ist bei der Moderation der vorhergehenden Phasen darauf zu achten, dass die Themen nicht zu stark (zu generisch) zusammengeführt werden. Geschieht dies, wird den Kleingruppen die Benennung einer Handlungsoption sehr schwer fallen.

11.15 TrainerIn-Interview

Teamphase: Norming, Performing, Adjourning

Projektphase: alle Projektphasen

Vorbereitungszeit: 10 Minuten

Material: vorbereitetes Flipchart mit einstimmender Überschrift und Flipchart für Ergebnisse (Teamregeln und Maßnahmen), Interviewkarten[4], Moderationskarten (zwei Farben und Formen) und Flipchart-Stift für den Schreiber oder die Schreiberin

[4] Hinweise zur Gestaltung von Interviewkarten findet ihr im Methodenbaustein „Investigatives Interview" (siehe Abschnitt 10.7).

11.15.1 Vorgehen

Bild 11.15 Zum Thema (ovale Karte) wurden bereits zwei Hinweise (grüne Karten) gegeben.

Die in den vorhergegangenen Phasen bestimmten Themen werden auf gesonderte Interviewkarten geschrieben und so hingelegt, dass die Schrift nach unten weist. Nacheinander werden alle Teilnehmer und Teilnehmerinnen zu Interviewkräften. Sie wählen eine Interviewkarte aus und befragen ihren rechten Nachbarn oder ihre rechte Nachbarin zu Lösungsvorschlägen. Diese werden von dem linken Nachbarn oder der linken Nachbarin notiert und an das Flipchart geheftet. Sofern ein Thema zum ersten Mal bearbeitet wird, wird auch das Thema auf dem Flipchart notiert.

Wenn das Interview nicht mehr ergiebig ist, wird das Interview beendet und die Karte zurückgelegt. Diese Karte kann durch einen anderen Interviewer oder eine andere Interviewerin erneut gezogen werden.

Die Interview-Reihe läuft so lange, bis alle Teilnehmer beziehungsweise Teilnehmerinnen jeweils einmal interviewt wurden und je einmal die Interviewfragen gestellt haben.

Anschließend einigen sich die Teilnehmer und Teilnehmerinnen auf diejenigen Maßnahmen und Regeln, die das Team umsetzen möchte. Dies erfolgt über eine offene Teamdiskussion.

Diese Maßnahmen und Regeln werden auf ein gesondertes Flipchart-Papier übertragen und dabei konkretisiert.

11.15.2 Besonderheiten

Das TrainerIn-Interview ist nur für geübte Teams sinnvoll. In jungen Teams werden sich stillere Teilnehmer und Teilnehmerinnen nicht einbringen, wenn sie das Gefühl haben, dass eine anderslautende, vorher geäußerte Handlungsoption auf große Zustimmung stößt. Dieses Verhalten kann dazu führen, dass nicht alle Möglichkeiten vom Team erfasst werden.

11.16 Vorschlagswesen im Team

Teamphase: Norming, Performing, Adjourning

Projektphase: alle Projektphasen

Vorbereitungszeit: 10 Minuten

Material: vorbereitetes Flipchart, für jeden Teilnehmer und jede Teilnehmerin jeweils ein Flipchart-Stift und vier Vorschlagskarten[5] (DIN-A6-Karten mit aufgedrucktem Text)

11.16.1 Vorgehen

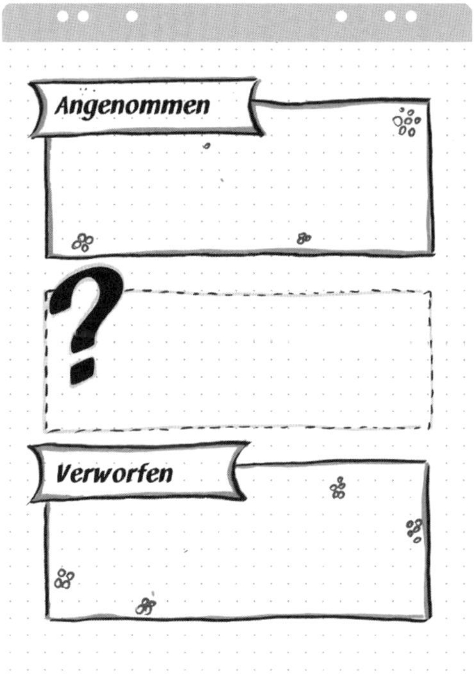

Bild 11.16
Ein Vorschlag ist bereits angenommen.
Ein zweiter wird gerade diskutiert.

[5] Ein PDF-Dokument mit entsprechenden Vorschlagskarten findet ihr bei [Andresen 2013].

Der Moderator oder die Moderatorin verteilt die Vorschlagskarten. Auf diesen Vorschlagskarten ist der Satz „Ich, …, schlage vor, dass … die Aufgabe … übernimmt.“ aufgedruckt. Die Teilnehmer schreiben ihre konkreten Vorschläge auf. Nachdem alle ihre Vorschläge für Handlungen formuliert haben, stellen die Teilnehmer und Teilnehmerinnen nacheinander ihre Vorschläge vor und stellen diese zur Abstimmung.

Hierfür heftet der Teilnehmer oder die Teilnehmerin zunächst alle Vorschläge in die Sektion „?“ des Vorschlags-Flipcharts. Weitere Sektionen sind „Angenommen“ und „Verworfen“. Er beziehungsweise sie stellt nacheinander alle Vorschläge vor. Nach Diskussion mit dem Team werden die Vorschläge in „Angenommen“ oder „Verworfen“ überführt.

Anschließend stellt der nächste Teilnehmer oder die nächste Teilnehmerin seine beziehungsweise ihre Vorschläge vor. Dabei kann das Team entscheiden, zu Gunsten eines neuen Vorschlags einen bereits angenommenen Vorschlag in „Verworfen“ zu verschieben.

11.16.2 Besonderheiten

Wenn viele Maßnahmen (das heißt mehr als fünf) auf „angenommen“ stehen, sollte das Team diskutieren, ob diese Menge an Maßnahmen realistisch durchführbar ist. Gegebenenfalls ist die Anzahl der Maßnahmen nachträglich noch zu reduzieren, indem nach Teamdiskussion Aufgaben in den Status „Verworfen“ übergehen. Die Leitfrage für die Reduktion ist immer, ob die vorgenommenen Maßnahmen vom Team insgesamt umgesetzt werden können.

12 Closing the Retrospective

Mit *Closing the Retrospective* wird die Retrospektive beendet. Alle Teilnehmer und Teilnehmerinnen haben die Chance, ihre aktuelle Stimmung und ihre Gedanken zum Verlauf der Retrospektive zu äußern.

Gleichzeitig können die Teilnehmer und Teilnehmerinnen eine direkte Rückmeldung zu den eingesetzten Methodenbausteinen und der Moderationsleistung geben.

Tipp

Closing the Retrospective bindet das emotionale Band um die Retrospektive. Alle Beteiligten äußern ihre Stimmung und ihre Gedanken zur Retrospektive.

12.1 Aha!

Teamphase: alle Teamphasen

Projektphase: alle Projektphasen

Vorbereitungszeit: 5 Minuten

Material: vorbereitetes Flipchart, Moderationskarten und Stifte für alle Teilnehmenden

12.1.1 Vorgehen

Die Teilnehmenden werden vom Moderator oder von der Moderatorin gebeten, zwei Fragen zu beantworten. Diese Antworten werden jeweils auf einer Moderationskarte notiert:

„Was war dein größter Aha-Moment dieser Retrospektive?“

„Was wirst du ab jetzt anders machen?“

Die Teilnehmer und Teilnehmerinnen formulieren ihre Antworten. Nacheinander gehen sie zum Flipchart und erläutern ihre Antworten, während sie diese an das Flipchart anheften.

Bild 12.1
Die beiden Fragen stehen auf dem Flipchart.

12.1.2 Besonderheiten

Dieser Methodenbaustein legt häufig „Elefanten im Raum" offen, da alle Teilnehmenden die Möglichkeit haben, die Retrospektive mit ihrem Aha-Moment zu bewerten.

Für junge Teams ist vor diesem Methodenbaustein gezielt auf die oberste Direktive hinzuweisen. Aha-Momente können Erkenntnisse über Verhalten anderer Personen deutlich machen. Diese sind wertschätzend und fair zu formulieren – nicht als Schuldzuschreibungen.

12.2 Bilder einer Retrospektive

Teamphase: Norming, Performing, Adjourning

Projektphase: alle Projektphasen

Vorbereitungszeit: 10 Minuten

Material: vorbereitetes Flipchart

12.2.1 Vorgehen

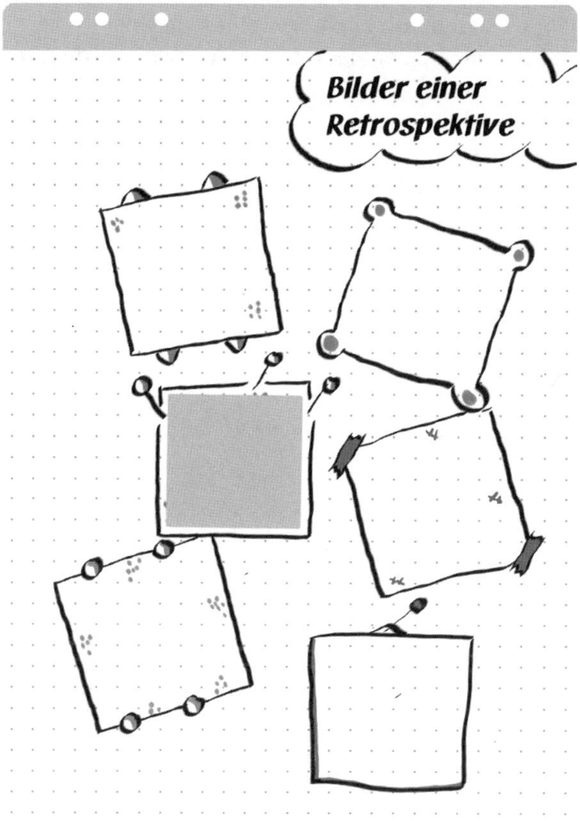

Bild 12.2 Bis zu acht Teilnehmer und Teilnehmerinnen können hier ihre visuelle Rückmeldung formulieren.

Alle Teilnehmer und Teilnehmerinnen werden gebeten, auf einem Blatt (DIN A5) die Stimmungen und Gedanken nach dieser Retrospektive zu verdeutlichen.

Reihum gehen die Teilnehmer und Teilnehmerinnen zu einem vorbereiteten Flipchart und hängen ihr Bild dazu. Dabei erläutern sie ihre Gedanken und interpretieren ihr Bildwerk.

Der Moderator oder die Moderatorin sorgt dafür, dass die Teilnehmer und Teilnehmerinnen den Fokus auf ihre Stimmung und Gedanken – nicht aber auf in späteren Retrospektiven zu bearbeitende Themen – legen.

12.2.2 Varianten

Im einfachsten Fall erhalten alle Teilnehmer und Teilnehmerinnen eine Moderationskarte, die durch die Teilnehmer mit einem Symbol (Emoticon) für ihre Stimmung zu bemalen ist. Das entsprechende Flipchart kann einige Emoticons zur Inspiration enthalten.

12.2.3 Besonderheiten

In einigen Teams gibt es starke Vorbehalte vor einer visuellen Äußerung. Zeichnen kann sehr helfen, Elefanten im Raum zu entdecken. Dieser Vorteil wird von einigen Teams nicht gesehen – die Mitglieder fürchten zu sehr, nach ihren Malfähigkeiten beurteilt zu werden. Wenn der Moderator oder die Moderatorin bei der Erläuterung des Methodenbausteins starken Widerstand spürt, kann dieser Baustein umgedeutet werden. Diejenigen, die sich vor dem Malen fürchten, können ihre Stimmungen und Gedanken auf der Moderationskarte in Worten vermerken.

12.3 Blitzlicht

Teamphase: alle Teamphasen

Projektphase: alle Projektphasen

Vorbereitungszeit: 5 Minuten

Material: vorbereitetes Flipchart mit Titel und den drei Fragestellungen, „Blitzlicht“ zum Herumgeben

12.3.1 Vorgehen

Bild 12.3
Damit die Teilnehmer und Teilnehmerinnen keine Fragen vergessen, sind diese auf dem Flipchart nachzulesen.

Alle Teilnehmer und Teilnehmerinnen beantworten nacheinander jeweils die folgenden drei Fragen:

- Wie fühle ich mich jetzt?
- Welche Erkenntnisse nehme ich aus der Retrospektive für mich persönlich mit?
- Was möchte ich noch mit dem Team teilen?

Es spricht immer der- oder diejenige, die das „Blitzlicht“ in der Hand hat. Das kann ein Puschel, ein Stift, ein Ball oder ein anderer Gegenstand sein. Alle anderen schweigen und kommentieren das Gehörte nicht.

Die Moderationskraft erinnert an diese Regel, wenn sie durch Teilnehmer und Teilnehmerinnen gebrochen wird.

12.3.2 Besonderheiten

Der Moderator oder die Moderatorin sollte das Gesagte in Stichworten protokollieren, um später daraus Verbesserungsideen für die eigene Moderation abzuleiten.

12.4 Feedback im Dreiklang

Teamphase: alle Teamphasen

Projektphase: alle Projektphasen

Vorbereitungszeit: 5 Minuten

Material: vorbereitetes Flipchart mit drei Bereichen

12.4.1 Vorgehen

Auf einem Flipchart sind drei Bereiche eingezeichnet. Der Moderator oder die Moderatorin bittet alle Teilnehmer und Teilnehmerinnen, auf die Retrospektive zurückzuschauen und jeweils eine Moderationskarte (das heißt je eine Anmerkung) mit

- **Lob:** „An dieser Retrospektive hat mir besonders gefallen, dass ...“
- **Kritik:** „Mir hat nicht gefallen, dass ...“ und einem
- **Ausblick:** „Ich wünsche mir für die kommenden Retrospektiven ...“

zu beschreiben. Diese Anmerkungen adressieren die gesamte Retrospektive. Es sind also Anmerkungen sowohl zur Moderation, zu den gewählten Methodenbausteinen, den gefundenen und besprochenen Inhalten als auch zum Verhalten der Beteiligten zugelassen.

Die Teilnehmer und Teilnehmerinnen füllen ihre Karten in der Stille aus. Anschließend stellen sie reihum ihre Anmerkungen vor und heften ihre Moderationskarten an das Flipchart.

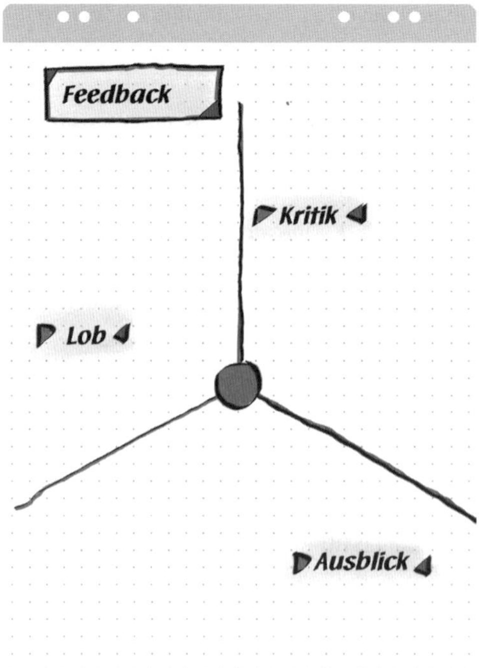

Bild 12.4 Die drei Rückmeldungsbereiche sind gleich groß.

12.5 Danke

Teamphase: Forming, Storming

Projektphase: alle Projektphasen

Vorbereitungszeit: 10 Minuten

Material: vorbereitetes Flipchart mit zwei Rastern, Moderationskarten und Stifte für alle Teilnehmer und Teilnehmerinnen

12.5.1 Vorgehen

Auf einem Flipchart sind zwei Spalten aufgetragen. Alle Teilnehmer und Teilnehmerinnen werden gebeten, die folgenden zwei Fragen auf jeweils einer Moderationskarte zu beantworten:

- Wofür möchtest du dich nach dieser Retrospektive bedanken? Diese Frage wird in der linken Spalte beantwortet.
- Was hat dich am meisten während dieser Retrospektive verblüfft? Diese Frage wird in der rechten Spalte beantwortet.

Bild 12.5
Die Zuordnung der Antworten erfolgt über die beiden Zeichnungen.

Nacheinander gehen alle Beteiligten an das Flipchart und erläutern ihre Antworten. Nachfragen sind erlaubt. Wenn die Nachfragen und Antworten zu sehr ausufern, muss der Moderator oder die Moderatorin einschreiten.

12.5.2 Besonderheiten

Gerade in frühen Teamphasen öffnet die Frage nach der Verblüffung vielen Teammitgliedern einen neuen Blick auf einige Beteiligte. Dieser Blick lohnt sich häufig nicht nur für den Moderator oder die Moderatorin, sondern für das gesamte Team. Denn diese Fragen lösen häufig unerwartetes Lob und neue Erkenntnisse bei allen Beteiligten aus.

12.6 Den Koffer packen

Teamphase: Forming

Projektphase: Idee, Plan, Konzept, Implementierung, Qualitätssicherung, Auslieferung

Vorbereitungszeit: 10 Minuten

Material: vorbereitetes Flipchart, Moderationskarten und Stifte für alle Teilnehmer und Teilnehmerinnen

12.6.1 Vorgehen

Bild 12.6
Das Flipchart stimmt visuell auf das Thema des Methodenbausteins ein.

Alle Teilnehmer und Teilnehmerinnen werden gebeten, ihre Eindrücke, ihre Stimmung und Anmerkungen zur Retrospektive auf Moderationskarten zu schreiben. Alle Beteiligten haben jeweils maximal drei Moderationskarten zur Verfügung. Es wird genau ein Stichwort auf einer Moderationskarte notiert.

Nachdem alle ihre Moderationskarten beschrieben haben, bilden sich jeweils Zweiergruppen (hier sind die Sitznachbarn und -nachbarinnen zu bevorzugen). Die Pärchen erläutern sich gegenseitig ihre Stichpunkte. Dabei erklären sich die beiden Gruppenmitglieder die jeweiligen Anmerkungen möglichst genau. Anschließend stellen die Teammitglieder jeweils die Eindrücke, Stimmungen und Anmerkungen ihres Interviewpartners oder der -partnerin vor. Während des Vorstellens werden die Punkte auf dem Flipchart angeheftet.

Verständnisfragen zu den angehefteten Punkten werden nicht durch die Schreiber oder die Schreiberin beantwortet, sondern durch den Interviewpartner oder die -partnerin. Daher ist die Aussprache über die angemerkten Punkte besonders intensiv zu führen.

12.6.2 Besonderheiten

Dieser Methodenbaustein fördert sehr stark das Kennenlernen im Team. Wenn abzusehen ist, dass durch das Zusammenführen der Sitznachbarn und -nachbarinnen sehr „homogene“ Interviewgruppen entstehen, sollte die Moderationskraft durch ein entsprechendes Losverfahren willkürliche Zusammenstellungen erzeugen.

12.7 Dreier-Feedback

Teamphase: Forming, Storming, Norming

Projektphase: Idee, Plan, Konzept, Implementierung

Vorbereitungszeit: 10 Minuten

Material: vorbereitetes Flipchart mit sechsfachem Raster, je drei Moderationskarten (in jeweils drei Farben) und Stifte für alle Kleingruppen

12.7.1 Vorgehen

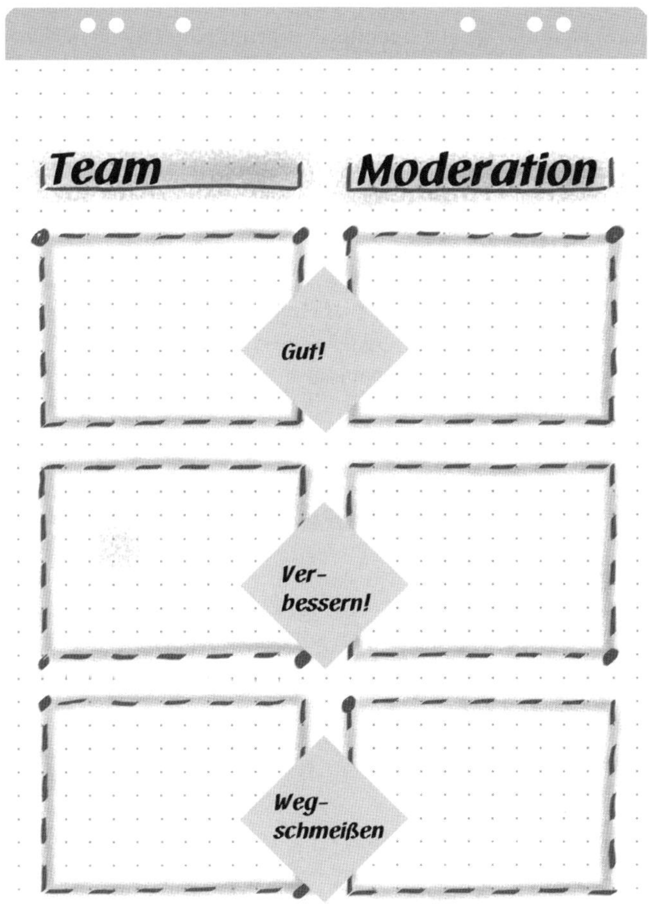

Bild 12.7 Es entstehen sechs Rasterflächen mit einer Feedback-Möglichkeit, von denen drei genutzt werden können.

Das Retrospektiventeam wird in Kleingruppen von je drei Personen unterteilt. Jede Kleingruppe erhält drei Moderationskarten, welche farbig den Bereichen „Gut“, „Verbesserungsfähig“ sowie „Wegschmeißen“ zuzuordnen sind. Für jede dieser Bewertungen hat die Kleingruppe eine Moderationskarte zu beschreiben, wobei diese entweder dem Bereich „Team“ oder „Moderation“ zugeordnet wird.

So muss sich jede Kleingruppe entscheiden, ob sie Feedback zum Teamverhalten oder zu den durch den Moderator beziehungsweise die Moderatorin eingesetzten Methodenbausteinen geben möchte. Wichtig ist es, dass der Moderator oder die Moderatorin deutlich hervorhebt, dass nicht das Verhalten Einzelner negativ bewertet wird, sondern dass immer Aussagen über das Team getroffen werden sollen. Die Frage nach der „Moderation“ bezieht sich auf die gewählten Methodenbausteine und das allgemeine Vorgehen während der Retrospektive.

Nachdem die Kleingruppen ihre (wenigen) Karten ausgefüllt haben, stellt jeweils ein Vertreter oder eine Vertreterin die Arbeitsergebnisse vor und hängt diese in den entsprechenden Rasterbereich.

Wenn noch Fragen seitens des Teams in Bezug auf diese Anmerkungen bestehen, sind entsprechende Nachfragen erlaubt und erwünscht.

12.7.2 Besonderheiten

Nutzt das Team das Dreier-Feedback in frühen Teamphasen, ist dies ein guter Weg, um implizites Teamverhalten offenzulegen. Auch wenn dieses im Anschluss nicht direkt bearbeitet wird, kann dies einen guten Impuls für die Teamentwicklung setzen.

12.8 Erwartungsbaum

Teamphase: Forming, Storming

Projektphase: alle Projektphasen

Vorbereitungszeit: ./.

Material: im *Set the Stage* entstandener Erwartungsbaum (siehe Abschnitt 8.4) auf Flipchart

12.8.1 Vorgehen

Der Moderator beziehungsweise die Moderatorin bittet alle Teilnehmer und Teilnehmerinnen darum, die eingetretenen Erwartungen, Ängste und Hoffnungen vom Erwartungsbaum (siehe Abschnitt 8.4) zu pflücken. Dabei pflücken alle Beteiligten jeweils ihre Blätter vom Baum.

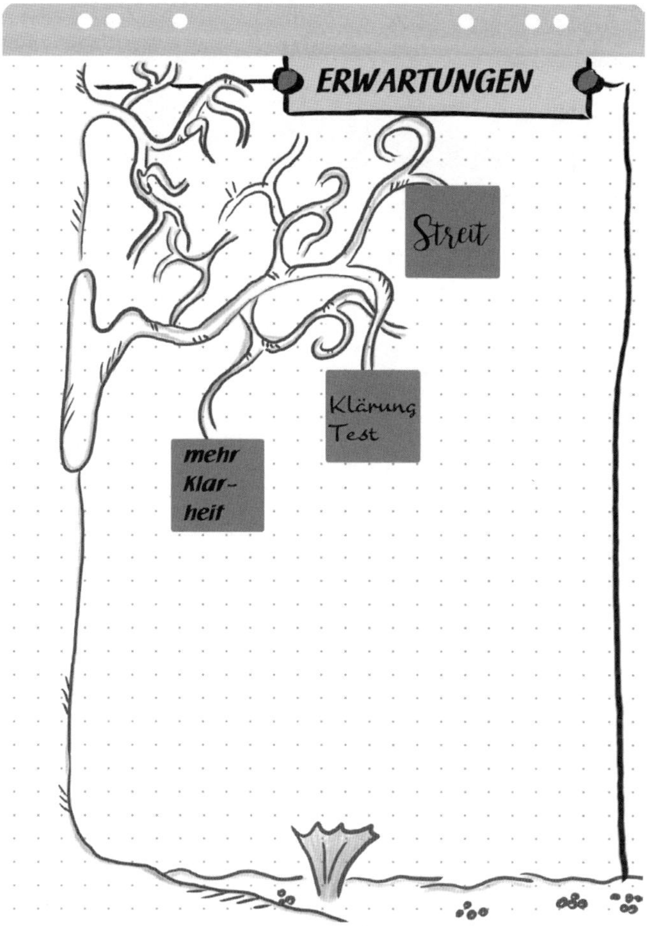

Bild 12.8 Die Blätter, die nicht „abgeweht" werden, werden im Team besprochen.

Bleiben Blätter am Erwartungsbaum hängen, bittet der Moderator oder die Moderatorin um eine Erklärung. Diese Erläuterungen werden vom Team und durch die Moderation nur aufgenommen und nicht kommentiert.

12.8.2 Besonderheiten

Es empfiehlt sich, die Rückmeldungen durch die Teilnehmer und Teilnehmerinnen schriftlich aufzunehmen, um sie später auswerten zu können.

12.9 Standpunkte

Teamphase: alle Teamphasen

Projektphase: alle Projektphasen

Vorbereitungszeit: 5 Minuten

Material: vorbereitetes Flipchart

12.9.1 Vorgehen

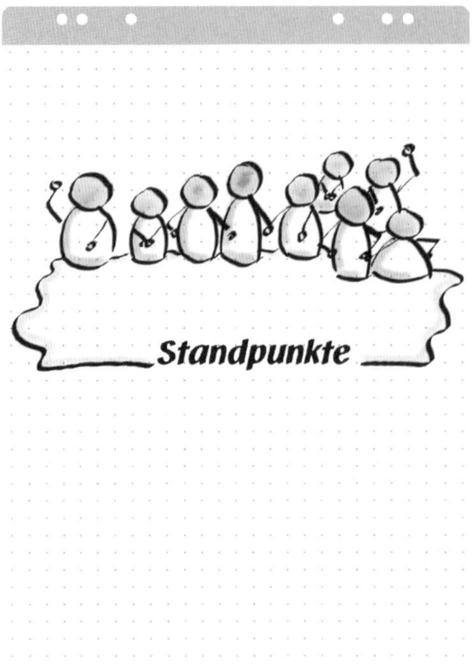

Bild 12.9
Der Methodenbaustein findet still im Raum statt.

Der Moderator oder die Moderatorin bitte alle Teilnehmer und Teilnehmerinnen aufzustehen. Die Moderationskraft zeichnet eine imaginäre Linie durch den Raum.

Der Moderator oder die Moderatorin erläutert, dass sie nachfolgend fünf Fragen stellen wird, auf die die Teilnehmer und Teilnehmerinnen antworten, indem sie sich im Raum hinstellen. Dabei gibt es nur eindeutige Antworten. Die Teilnehmer und Teilnehmerinnen stellen sich deutlich links oder rechts der imaginären Linie hin.

Die Fragen lauten:

1. „Ich habe heute sehr viel über das Team gelernt." Ja heißt links, nein heißt rechts.
2. „Ich hatte heute eine Erkenntnis über das Projekt, die mir vollkommen neu war." Ja heißt links, nein heißt rechts.

3. „Ich habe heute verstanden, an welcher Stelle ich anders handeln kann.“ Ja heißt links, nein heißt rechts.
4. „Der grundsätzliche Projektprozess ist stimmig für uns.“ Ja heißt links, nein heißt rechts.
5. „Es sind für mich viele Fragen offen geblieben.“ Ja heißt links, nein heißt rechts.

Die Teilnehmer und Teilnehmerinnen antworten jeweils auf die Frage, indem sie sich auf die richtige Seite stellen.

Nach der fünften Frage bittet der Moderator oder die Moderatorin das Retrospektiventeam, die Retrospektive zu kommentieren. Das geschieht im Stehen. Damit klar ist, wer gerade mit dem Sprechen dran ist, wird ein Puschel unter den Teilnehmenden herumgereicht.

12.10 Stimmungsbilder

Teamphase: Forming, Storming

Projektphase: alle Projektphasen

Vorbereitungszeit: 30 Minuten

Material: vorbereitetes Flipchart mit den Satzanfängen, Bilder, die als Symbol für Stimmungslagen dienen können (Gegenstände, Landschaften, Wetter, Emoticons)

12.10.1 Vorgehen

Bild 12.10
Als Stimmungsbilder können Emoticons oder Memory-Karten dienen.

In der Mitte eines Stuhlkreises legt der Moderator oder die Moderatorin viele verschiedene Bilder hin. Er beziehungsweise sie bittet alle Teilnehmer und Teilnehmerinnen, spontan das Bild auszusuchen, das ihre Stimmung zum Zeitpunkt des Retrospektivenschlusses am besten widerspiegelt.

Nachdem sich jeder ein Bild genommen hat, erläutern alle ihre Wahl mit den Worten:

- „Ich habe dieses Bild genommen, weil es für die Stimmung … steht."
- „Für mich ist diese Stimmung aktuell am stärksten, weil …"

12.10.2 Besonderheiten

Für diesen Methodenbaustein könnt ihr Memoryspiele, Coachingkarten-Sets oder Postkarten nutzen.

12.10.3 Varianten

Alternativ kann der Moderator oder die Moderatorin runde Moderationskarten mit bekannten Emoticons[1] versehen. Beispiele findet ihr hierfür im Abschnitt 8.13.

12.11 Stimmungsdart

Teamphase: Forming, Storming

Projektphase: alle Projektphasen

Vorbereitungszeit: 10 Minuten

Material: vorbereitetes Flipchart, Klebepunkt für jeden Teilnehmer und jede Teilnehmerin

12.11.1 Vorgehen

Auf einem Flipchart ist eine Dartscheibe skizziert. Jeder Teilnehmer und jede Teilnehmerin erhält einen Klebepunkt, mit dem er beziehungsweise sie die aktuelle Stimmung darstellen kann. Der Mittelpunkt der Dartscheibe bedeutet 100 % Zufriedenheit mit der Retrospektive.

Der Moderator oder die Moderatorin bittet alle Beteiligten, das sich ergebende Bild zu kommentieren. Die Rückmeldung ist freiwillig.

[1] Eine Übersicht bekannter Emoticons findet sich in der [Wikipedia E].

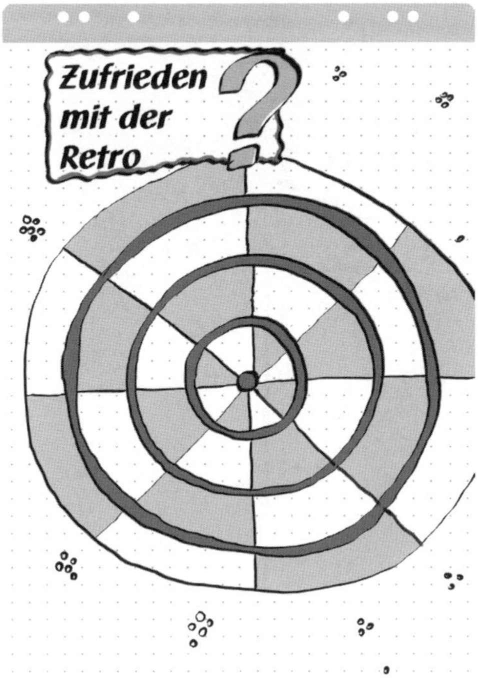

Bild 12.11
Das Stimmungsdart wartet auf Rückmeldungen.

12.11.2 Varianten

Das Stimmungsdart kann um eine zusätzliche Dimension erweitert werden, indem die Teilnehmer und Teilnehmerinnen an Stelle der Klebepunkte eine Moderationskarte mit einem Hinweis zu einem der folgenden Punkte beschreiben:

- Stimmung des Teams
- Prozentanteil der optimalen Lösung

In der Rückmeldung bittet dann der Moderator oder die Moderatorin alle Beteiligten, sowohl den eigenen Eintrag als auch das Gesamtbild zu kommentieren.

12.12 Stimmungsviereck

Teamphase: alle Teamphasen

Projektphase: alle Projektphasen

Vorbereitungszeit: 10 Minuten

Material: vorbereitetes Flipchart, Moderationskarten und Stifte für alle Teilnehmer und Teilnehmerinnen

12.12.1 Vorgehen

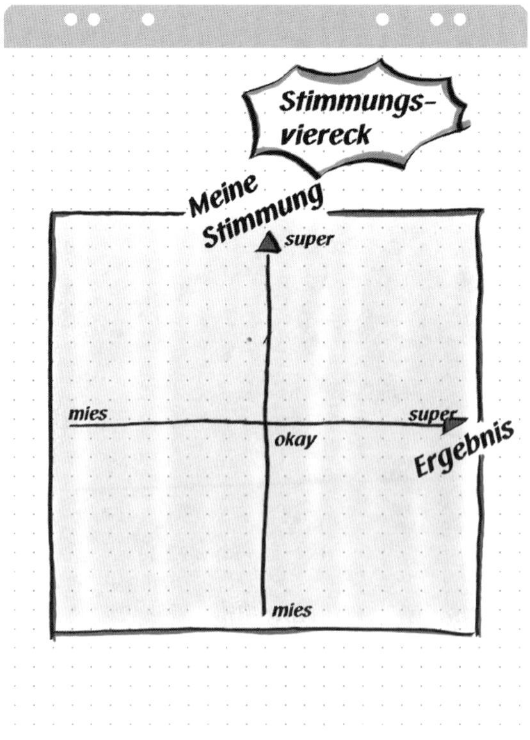

Bild 12.12 Aus der Lage der einzelnen Klebepunkte lässt sich implizit auch die Teamstimmung ablesen.

Auf einem Flipchart ist ein Koordinatenkreuz mit den Achsen „Meine Stimmung" und „Ergebnis" aufgetragen. Die Achsen verlaufen jeweils von „mies" über „okay" zu „sehr gut".

Alle Teilnehmer und Teilnehmerinnen erhalten einen Klebepunkt, den diese passend zu ihrer Stimmung und zum Ergebnis aufhängen. Der Moderator oder die Moderatorin bittet anschließend alle Beteiligten, die eigene Bewertung (in Bezug auf Stimmung und Ergebnis) zu kommentieren. Es ist keine Kommentierung durch die anderen Teilnehmer und Teilnehmerinnen zugelassen. Damit aus diesen Kommentaren keine Diskussion erwächst, erhält der aktuelle Sprecher oder die aktuelle Sprecherin einen Stift (siehe den „Blitzlicht"-Abschnitt 12.3) in die Hand.

12.12.2 Varianten

An Stelle von Klebepunkten können die Teilnehmer und Teilnehmerinnen ein kleines Moderationskärtchen mit der Stimmung des Teams zeichnen. Es handelt sich um die angenommene Sicht durch die Teammitglieder. Durch die Integration dieser Zeichnung erhält das Stimmungsviereck eine weitere Dimension zur Auswertung der Retrospektive.

12.13 Wetterfrosch

Teamphase: alle Teamphasen

Projektphase: Idee, Plan, Konzept, Implementierung, Qualitätssicherung, Auslieferung

Vorbereitungszeit: 5 Minuten

Material: vorbereitetes Flipchart, je eine Moderationskarte und je ein Stift für jeden Teilnehmer und jede Teilnehmerin

12.13.1 Vorgehen

Bild 12.13
Die Skala auf dem Umsetzungsbarometer reicht von Regenwolken bis zum strahlenden Sonnenschein.

Der Moderator oder die Moderatorin leitet mit den folgenden Worten in die Retrospektive ein:

> „Beschreibt eure Erwartungshaltung auf einer Moderationskarte, wie wir die Beschlüsse umsetzen werden. Ihr seht hier ein Umsetzungsbarometer mit einem Wetterfrosch. Diese Aussage hängt ihr an die Stelle der Froschleiter, wie ihr erwartet, dass sich die Teamstimmung in der kommenden Zeit entwickeln wird."

Nachdem alle Beteiligten ihre Erwartungshaltung in Bezug auf die kommende Zeit formuliert haben, hängen alle ihre Moderationskarten an das Flipchart an. Anschließend erläutern alle Teilnehmer und Teilnehmerinnen kurz ihre Einschätzung der Umsetzungswahrscheinlichkeit und Teamstimmung.

12.13.2 Besonderheiten

Der Methodenbaustein „*Wetterfrosch*" liefert häufig interessante Ein- und Ansichten über das Team, die der Moderator oder die Moderatorin in einer der kommenden Retrospektiven nutzen kann.

12.14 Wunschkonzert

Teamphase: Norming, Performing

Projektphase: alle Projektphasen

Vorbereitungszeit: 10 Minuten

Material: vorbereitetes Flipchart

12.14.1 Vorgehen

Alle Teilnehmer und Teilnehmerinnen werden gebeten, ihre Wünsche in Bezug auf die Retrospektive auf Moderationskarten zu artikulieren. Die Wünsche sollten einen konkreten Bezug zur vorhergegangenen Retrospektive haben. Wünsche können in Bezug auf

- organisatorische Gegebenheiten (Zeit, Dauer, Raum),
- das Verhalten des Teams oder
- die Retrospektive als solches (Inhalte, Ergebnisse, Moderationsmethoden)

geäußert werden. Die Teilnehmer und Teilnehmerinnen heften ihre Moderationskarten an das Flipchart an. Der Moderator oder die Moderatorin liest die Karten vor. Bei Unklarheiten erläutert der Schreiber beziehungsweise die Schreiberin die Karte genauer.

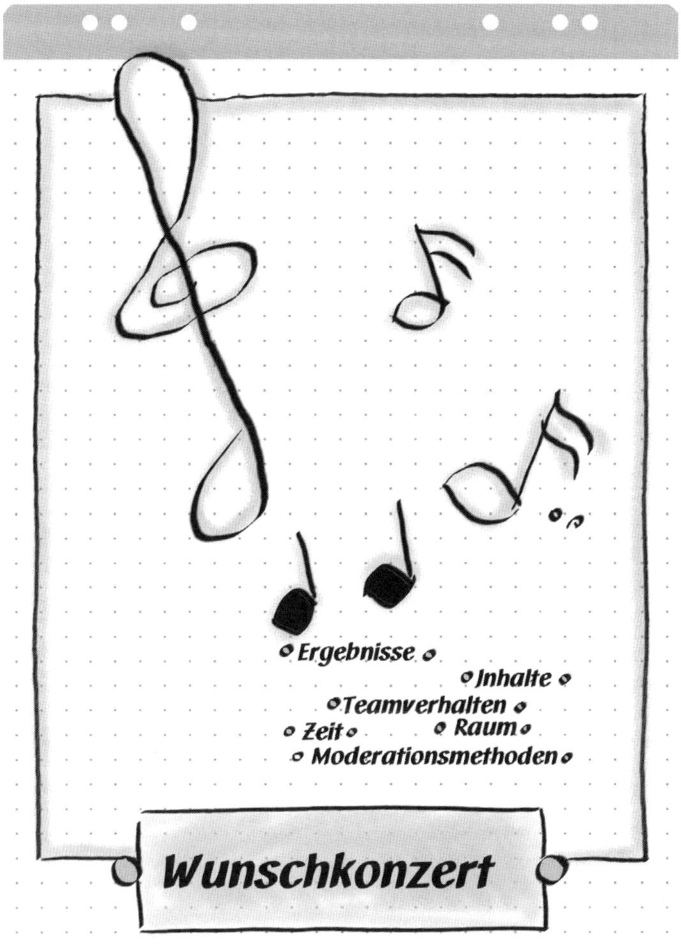

Bild 12.14 Mittels einiger Stichworte werden auf dem Flipchart Impulse für die Rückmeldung gesetzt.

, Präsentieren,
n

Bild 13.1 Mit Pastellkreiden könnt ihr sehr schnell farbliche Akzente setzen.

Damit keine Gedanken verloren gehen und die Teilnehmer und Teilnehmerinnen fokussiert diskutieren, empfiehlt es sich, in allen Retrospektivenphasen zu visualisieren. Der richtige Schrifteinsatz – und das einfache, aber passende Bild – setzen Akzente und bieten Struktur.

Im Folgenden sind einige Tipps zum Umgang mit Moderationsmaterialien[1] aufgeführt. Diese Tipps sollen euch helfen, auf einfache Weise eine ansprechende Gestaltung beziehungsweise Visualisierung eurer Retrospektiven zu finden.

[1] „Der Wegweiser für den Graphic Facilitator" [Agerbeck 2013], „KurzModeration" [Klebert 2011], „Visualisieren Präsentieren Moderieren" [Seifert 2011-A] sowie „Besprechungen erfolgreich moderieren" [Seifert 2011-B] sind deutschsprachige Bücher, die ihr zum Ausbau eures Moderationswissens nutzen könnt.

13.1 Flipcharts und Whiteboards

Um eine Retrospektive erfolgreich durchzuführen, braucht es eine angemessene Visualisierung. Eine der folgenden Möglichkeiten solltet ihr in euren Räumlichkeiten realisieren können. Dabei ist nicht nur entscheidend, die aktuelle Phase zu illustrieren.

Nimmt das Team Inhalte von einer Phase in die andere, sollten diese auch noch zu sehen sein. Dafür braucht ihr in eurem Retrospektivenraum entsprechend Flächen. Dafür können entweder Flipcharts und Poster mittels Kreppband direkt an die Wand geklebt werden oder ihr könnt entsprechend große Whiteboard-Flächen nutzen.

13.1.1 Flipchart-Ständer

Viele Flipchart-Ständer verfügen über Arme, an denen links und rechts neben der Schreibfläche noch zwei weitere Flipcharts aufgehängt werden können. Diese werden im Allgemeinen mit Magneten befestigt.

13.1.2 Querhängende Flipcharts

Bei der Erfassung von Vor- und Nachteilen ist das Querformat für Moderatoren und Moderatorinnen häufig leichter zu handhaben. Immer, wenn viele Einzelinhalte gegenübergestellt werden sollen, empfiehlt sich das Querformat.

Einige Flipcharts besitzen drehbare Flipchart-Flächen. Auf diesen ist direkt eine Halterung für die querhängenden Blätter integriert.

Diese Lösung ist nicht häufig in Büroräumen zu finden, da die entsprechenden Flipchart-Ständer vergleichsweise teuer sind.

Andere Hersteller bieten Adapter für Flipchart-Ständer an, mit denen man handelsübliche Flipcharts quer aufhängen kann. Der Adapter wird genauso wie das Flipchart-Papier am Flipchart-Ständer aufgehängt. Die querhängenden Flipcharts werden mit einem handelsüblichen Locher gelocht und am Adapter aufgehängt.

Um auf jeden Fall das Querformat nutzen zu können, solltet ihr immer gutes Kreppband bei eurem Moderationsmaterial haben. Achtet darauf, dass das Kreppband ohne Schäden auf gemalten Wandflächen abzuziehen ist.

13.1.3 Whiteboards

In vielen Büro- und Konferenzräumen sind Whiteboards angebracht. Um die verschiedenen Phasen der Retrospektive abzubilden, solltet ihr die verschiedenen Phasen durch eine Markierung voneinander abtrennen.

Die Ergänzung der Inhalte mit Moderationskarten ist für eine Retrospektive auf Whiteboards nicht einfach. Man benötigt hierfür sehr viele Magnete. Auch ein Zurückblättern ist nicht möglich.

Der Abtrag von Inhalten während der Post-Mortem-Analyse gelingt auf Whiteboards sehr gut.

Es gibt elektrostatische Moderationskarten, die ihr für Whiteboards nutzen könnt. Diese sind am besten mit Spezialstiften für diese Karten zu beschreiben. Mit diesen elektrostatischen Moderationskarten verwandelt sich der gesamte Raum in einen Ort, an dem ihr mit Inhalten arbeiten könnt. Die Karten haften auf Fensterflächen, Türen und Wänden perfekt. Sie sind leicht verschiebbar und ermöglichen so zum Beispiel ein leichtes Clustern der Inhalte.

13.1.4 Pinnwände

Um die Inhalte der Phasen auf Pinnwänden abzutragen, empfiehlt sich das Anbringen von Brownpaper. Auf diesem kann der Moderator oder die Moderatorin bei Bedarf weitere Anmerkungen beziehungsweise Überschriften auftragen.

Erfreulicherweise gibt es heute auch Pinnwandpapiere in Weiß. Inhalte sind auf dem weißen Hintergrund auf Grund des besseren Kontrasts viel besser zu lesen als auf dem bisher üblichen braunen Pinnwandpapier.

Auf Pinnwänden lassen sich Methodenbausteine gut vorbereiten. Der Moderator oder die Moderatorin kann diese Vorbereitungen zunächst vor dem Team verbergen, wenn er oder sie die Pinnwand zur Wand dreht.

13.1.5 Selbstklebende Poster

Sowohl für Retrospektiven als solches (in kleinen Teams) als auch für Gruppenaufgaben während der Retrospektive sind DIN-A2-Poster zu empfehlen, welche durch einen Selbstklebestreifen an Wänden befestigt werden können. Werden diese Poster für Gruppenarbeit genutzt, können sie in der Vorbereitung auf das entsprechende Flipchart mit den Arbeitsanweisungen geklebt werden. Ein Beispiel für dieses Vorgehen ist in dem Methodonbaustein *„Sprint-Galerie“* (siehe Abschnitt 8.12) illustriert. Das erspart dem Moderator beziehungsweise der Moderatorin das Herumhantieren mit Kreppband.

13.1.6 Flipchart-Folien

Falls eure Konferenzräume viele Glasflächen haben, könnt ihr auch auf Flipchart-Folien setzen. Genau wie Flipchart-Papier gibt es diese in kariert und in blanko. Diese Folien sind mit Perforationen versehen, die einem „normalen“ Flipchart-Papier entsprechen.

Diese Folien haften gut an glatten Oberflächen wie Glas. Sie werden mit Whiteboard- oder Flipchart-Markern beschrieben. Manche Folien lassen sich wie Whiteboards reinigen und erneut beschreiben. Auf jeden Fall könnt ihr auch auf Flipchart-Folien Moderationskarten anheften.

Ergänzen könnt ihr diese Flipchart-Folien durch elektrostatische Moderationskarten, die es in vielen Farben und Größen zu kaufen gibt.

13.2 Moderationskarten

Bild 13.2
Moderationskarten gibt es in unterschiedlichen Farben, Formen und Größen.

Um Inhalte von Teilnehmern und Teilnehmerinnen schnell aufnehmen zu können, solltet ihr Moderationskarten nutzen. Falls ihr keine Pinnwand mit Pinnnadeln habt, lohnt sich der Erwerb selbstklebender Moderationskarten. Diese kann man auf glatten Oberflächen einfach anheften - ohne mit Klebestreifen arbeiten zu müssen.

Moderationskarten solltet ihr in mehreren Farben, in mehreren Größen und mehreren Formen vorrätig haben. So könnt ihr bei Bedarf einzelne Farben und Formen mit Aussagen verknüpfen. Mit der Größe der Moderationskarte gebt ihr die Inhaltstiefe der Antworten vor, die die Teilnehmer und Teilnehmerinnen entwickeln können.

An Stelle von Moderationskarten nutzen viele Teams auch PostIts®. Diese sind ebenfalls selbstklebend. Genauso wie Moderationskarten könnt ihr diese in sehr unterschiedlichen Farben, Formen und Größen beziehen. Der Unterschied in der Nutzung ist die Haptik - Moderationskarten sind im Allgemeinen fester als PostIts®.

13.3 Stifte für Moderationskräfte

Bild 13.3 Am einfachsten ist der Keilspitzentext (breite Seite) zu lesen.

Alle Flipcharts und Moderationskarten sind mit dafür vorgesehenen Stiften zu beschreiben.

Vergleicht man Texte in gleicher Schrifthöhe, die mit einer Keilspitze beziehungsweise einer Rundspitze geschrieben sind, stellt man fest, dass die Keilspitzentexte besser zu lesen sind. Um die Wirkung der Keilspitzenstifte zu vertiefen, schreibt man mit der breiten Seite der Keilspitze.

13.3.1 Stifte für Teilnehmer und Teilnehmerinnen

Für alle Teilnehmer und Teilnehmerinnen sollten eine ausreichende Anzahl gut schreibender Stifte vorhanden sein. Damit die Ergebnisse in einem Fotoprotokoll gut zu lesen sind, empfiehlt es sich, für die Teilnehmer und Teilnehmerinnen Flipchart-Stifte in Schwarz vorzuhalten. Alternativ könnt ihr auch Filzstifte (dick und schwarz) nutzen. Einige Hersteller für Moderationsmaterialien bieten gezielt Stifte für Teilnehmer und Teilnehmerinnen an.

Kugelschreiber oder Bleistifte sind keine Alternative. Die Arbeitsergebnisse, die mit diesen Stiften geschrieben werden, sind im Allgemeinen nicht zu lesen. Die Schrift ist zu klein und zu dünn.

13.4 Basissatz an Moderationsmaterial

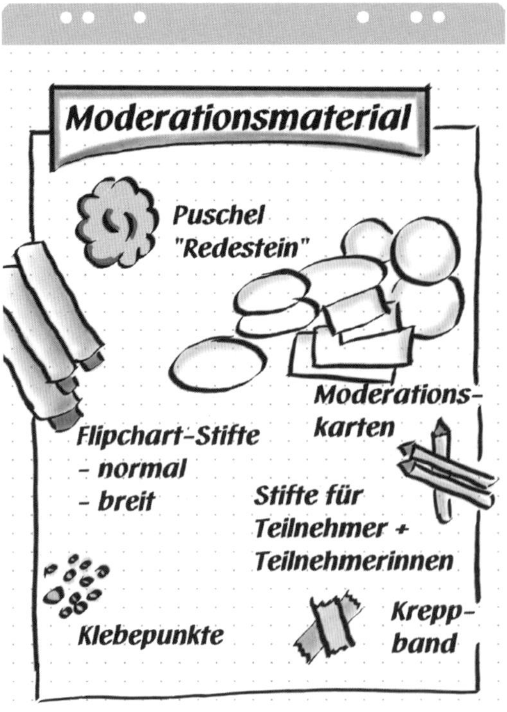

Bild 13.4
Moderationsmaterialien

Idealerweise schafft ihr euch einen Basissatz an Moderationsmaterial an. Dieser sollte die folgenden Inhalte aufweisen:

- Moderationskarten (fünf Formen, jeweils drei bis fünf Farben)
- Flipchart-Stifte (Keilspitze), schwarz, normale Breite, 6
- Flipchart-Stifte (Keilspitze), farbig sortiert, normale Breite, 6
- Flipchart-Stifte (Keilspitze), farbig sortiert, extra dick, 6
- Stifte für Teilnehmer und Teilnehmerinnen, schwarz, dünn, 20
- Klebepunkte (vier Farben)
- Korrekturaufkleber (siehe weiter unten)
- Kreppband (zum Aufhängen von bearbeiteten Flipcharts)
- Puschel

Viele Hersteller bieten ausgestattete Moderationskoffer an. Diese enthalten viele notwendige Materialien. Beim Erwerb ist darauf zu achten, ob „normale“ Moderationskarten für den Einsatz an Pinnwänden (mit Pinnadeln) oder selbstklebende Moderationskarten in der Grundausstattung gewählt werden.

Wenn ihr im Unternehmen magnetische Whiteboards habt, solltet ihr auch reichlich Magnete (mit genügend hoher Haftung) bereitstellen. Davon gibt es nie genug! Wenn ihr vorwiegend Whiteboards nutzt, solltet ihr euch elektrostatische Moderationskarten und die dazu passenden Stifte besorgen.

13.5 Moderationsschrift

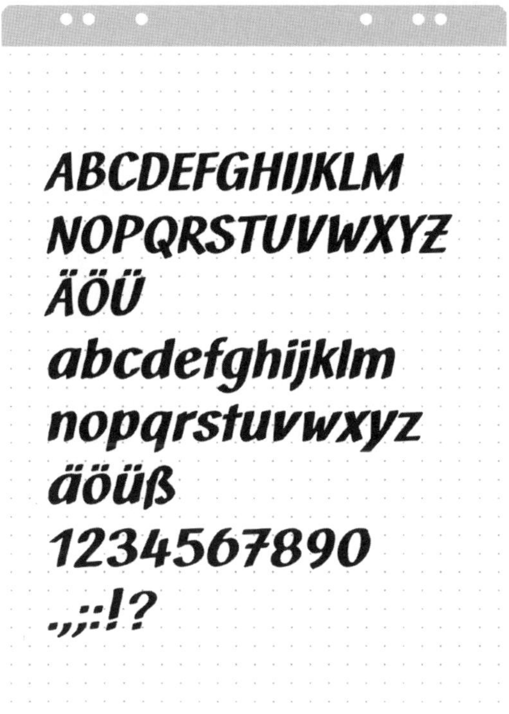

Bild 13.5
Die Stifte werden im 45°C-Winkel angesetzt.

Die korrekte Stifthaltung und das Einüben der Moderationsschrift verbessern das Schriftbild und damit die Lesbarkeit.

Gut geschriebene und mit Bildern versehene Flipcharts[2] sind eine gute Grundlage für gelungene Retrospektiven. Die entsprechenden Fotoprotokolle sind ansprechend. Sie werden daher auch häufiger zu Rate gezogen. Poster werden in Team- und Projekträumen häufiger aufgehängt, wenn diese gut gestaltet sind.

Mit ein wenig Übung wird die eigene Schrift am Flipchart leichter lesbar. Die Keilstifte werden im 45°-Winkel gehalten: Die Mittellängen werden so auf Grund ihrer Breite betont.

[2] Kniffe & Tricks zur Visualisierung von Flipcharts findet ihr auf judithandresen.com. Die von euch gesetzten Kästen könnt ihr mit Punkten und Schraffuren noch weiter verfeinern. Mehr findet ihr ebenfalls auf *http://www.judithandresen.com/* im Blog.

Bild 13.6 Die Breite der Großbuchstaben orientiert sich am großen A. Die Trennung in Ober-, Mittel- und Unterlänge beträgt ebenfalls 2 : 3 : 2.

Zur Erkennung der Schriftzeichen sind besonders die Mittellängen wichtig. Daher sind diese etwas höher als die Ober- und Unterlängen. Dies ist im oben stehenden Beispiel zu erkennen. Ober-, Mittel- und Unterlänge stehen im Verhältnis 2 : 3 : 2. Die Breite der Kleinbuchstaben orientiert sich am kleinen „o". Das kleine „o" liefert auch die Vorlage für Unterschwünge (zum Beispiel im „j" oder im „g").

Die Mittellängen für Buchstaben sind etwas länger als die Ober- und Unterlängen anzusetzen. Am einfachsten ist es, wenn man für die Mittellänge eine volle Kastenhöhe nutzt und die Ober- und Unterlängen etwas kürzer ansetzt.

Fürs Üben empfiehlt es sich, mit dem „o" zu starten. Das „o" ist die Grundform, aus der sich eine Großzahl von Buchstaben ableitet. Entsprechend setzt ihr die Übungen mit „a", „b", „c", „d" „j" und „l" fort. Danach ergänzt ihr alle weiteren Buchstaben.

Mittels eines Übungsbogens, auf dem ihr Übungslinien in diesem Abstand aufzeichnet, könnt ihr einfach die Moderationsschrift[3] üben. Viele Flipchart-Papiere scheinen durch. So könnt ihr ein Papier mit Hilfslinien anfertigen, das ihr unter das aktuell zu beschreibende Papier hängt. Die Hilfslinien sind durch das Blatt hindurch zu erkennen und helfen euch, die Buchstaben genügend groß zu schreiben.

[3] Tim Themann bietet auf seiner Website entsprechende Übungsbögen (PDF-Dateien) an [Themann 2012].

13.5.1 Gemischtschreibung

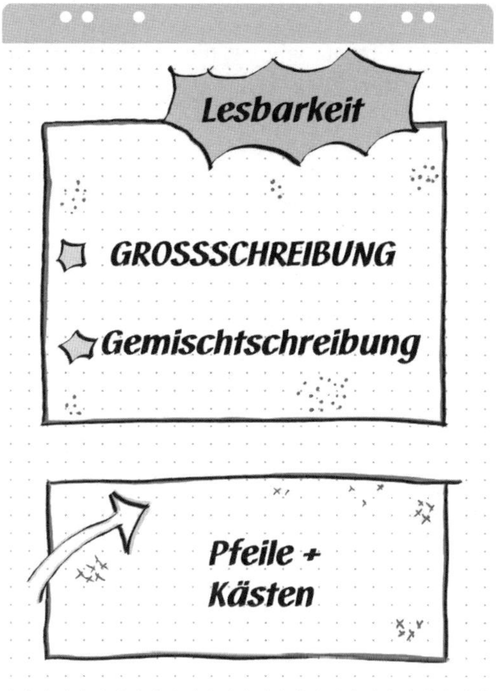

Bild 13.7 Text in Gemischtschreibung ist einfacher zu erfassen. Durch Unterstreichungen und Outlines könnt Ihr Inhalte betonen.

Texte sind dann leichter lesbar, wenn sie in Gemischtschreibung – und nicht nur in Großbuchstaben – verfasst sind. Gerade Wenigschreiber und -schreiberinnen versuchen, durch Großbuchstaben eine bessere Lesbarkeit herbeizuführen.

Der einfache Vergleich zeigt es: Die Gemischtschreibung gewinnt!

13.6 Korrekturen

Falls ihr euch einmal verschrieben habt, gibt es zwei Möglichkeiten:

- Das falsche Wort sauber durchstreichen und weiterschreiben
- Einen weißen Aufkleber über die entsprechende Stelle kleben und das Wort erneut (dann richtig) schreiben

Diverse Hersteller für Moderationsmaterialien führen entsprechende Korrekturaufkleber. Den gleichen Zweck erfüllen auch handelsübliche Etikettenaufkleber in DIN A6. Die Korrekturaufkleber sollten an der gleichen Stelle wie die Moderationsmaterialien aufbewahrt werden.

13.7 Bilder und Farbe

Mit Visualisierungen und Farbeinsatz können die Moderatoren und Moderatorinnen die erarbeiteten Ergebnisse unterstützen.

13.7.1 Bilder finden

Damit die Retrospektiven erfolgreich verlaufen, hilft es, in Bildern zu sprechen. Visualisierungen helfen Teilnehmern und Teilnehmerinnen, sich auf den Methodenbaustein oder ein Gedankenspiel einzulassen. Gleichzeitig helfen Bilder[4] den Teilnehmern und Teilnehmerinnen, Ungesagtes zu erkennen und auszusprechen. Bilder sind Äußerungen jenseits von Sprache und Worten, die uns beim Erfassen von Situationen und beim Beschreiben von Phänomenen dienen.

Um die Bereitschaft zur eigenen Illustration zu erhöhen, empfiehlt es sich, als Moderator beziehungsweise als Moderatorin mit eigenen Bildern „vorzulegen". Wie in Abschnitt 4.4 bereits beschrieben, kann der Moderator oder die Moderatorin das Nutzen von Bildern schrittweise in Retrospektiven einführen.

Wenn ihr eine Bilderidee benötigt, sucht im Web nach dem passenden Stichwort und dem Zusatz „Icon", „Illustration" oder „Sketch". Ihr werdet so schnell Ideen entwickeln, wie ihr euer Thema mit Bildern unterlegen könnt.

13.7.2 Farbe einsetzen

Um die Wirkung der Texte und der Zeichnungen auf den Flipcharts zu betonen, empfiehlt es sich, Farbe auf diesen einzusetzen. Ein einfaches Mittel zur Ergänzung durch Farben sind Pastellkreiden. Mit diesen könnt ihr die Konturen eurer Texte, Unterstreichungen beziehungsweise Visualisierungen einfach nachzeichnen. Anschließend verreibt ihr die Kreide etwas. Das Ergebnis spricht für sich.

Zur Betonung von Textinhalten genügt das Unterstreichen mit einer anderen Farbe. In vielen Moderationskoffern sind neben den schmalen Moderationsstiften auch breite Stifte enthalten.

Eine weitere Möglichkeit zur Betonung von Texten beziehungsweise Visualisierungen ist das Konturieren mit andersfarbigen Flipchart-Stiften. Wenn ihr um die anderen Farben eine dünne Linie („Outline") setzen möchtet, solltet ihr hierfür entsprechende Outline-Stifte nutzen. Diese verwischen nicht und verlaufen auch nicht in die anderen Farben.

---

4 Alle Illustrationen in diesem Buch sind Beispiele für einfache, schnell zu realisierende Grafiken. Für eine vertiefende Lektüre zum einfachen Illustrieren empfehle ich die Bücher „The Back of the Napkin" [Roam 2009] sowie „Visual Teams" [Sibbet 2010].

13.8 Struktur und Blickführung

Mit einem einfachen Trick können Flipchartinhalte leicht erfasst werden: rahmt die Inhalte ein, die zueinander gehören. Um die Überschriften auf Flipcharts zu betonen, werden diese auch eingerahmt.

Einen Rahmen könnt Ihr einfach mit einem schwarzen Flipchartstift setzen. Diese Linie könnt Ihr mit einem farbigen Stift unterlegen. Wenn Ihr in die Beispiel-Illustrationen der Flipcharts für die Methodenbausteine zurückblickt, werdet Ihr sehen, dass die meisten Flipchart-Vorschläge mit einem Rahmen versehen sind.

Neben durchgezogenen schwarzen Linen könnt Ihr die Linien auch brechen, Punkte setzen oder gestrichelte Linen nutzen. Umrahmungen dieser Art sind für die Lesbarkeit von Flipcharts und Whiteboardzeichnungen sehr hilfreich.

Bild 13.8 Mit Rahmen gibst du deiner Flipchart Struktur

14 Checkliste für Retrospektiven

Für jede Retrospektive empfiehlt sich das Ausfüllen des vorliegenden Bogens. Dieser Bogen fasst alle Fragestellungen des Buches zusammen. Ein PDF-Dokument mit diesen Daten findet ihr zum Herunterladen bei [Andresen 2013].

14.1 Überblick

Daten & Fakten	Bemerkungen
Datum	
TeilnehmerInnen	
Dauer (Minuten)	
Ort	
Material	[ ] Flipchart [ ] Whiteboard [ ] Pinnwand [ ]
Teamphase	[ ] Forming [ ] Storming [ ] Norming [ ] Performing [ ] Adjourning
Phase	[ ] Idee/Initialisierung [ ] Planung [ ] Konzept [ ] Implementierung [ ] Qualitätssicherung [ ] Auslieferung [ ] Projektkrise [ ] Projektabbruch
Themenschwerpunkt der Retrospektive	
Themenfindung	[ ] Thema setzen [ ] Thema finden lassen
Zeitpunkt der Priorisierung	[ ] Intro [ ] Set the Stage [ ] Gather Data [ ] Generate Insights [ ] Decide What to Do
Anmerkungen	

14.2 Moderationsplanung

Intro	Bemerkungen
Dauer (Minuten)	
Oberste Direktive	
Vegas-Regel	
Beschlusskontrolle	
Teamregeln	
Material	

Set the Stage	Bemerkungen
Dauer (Minuten)	
Methodenbaustein	
„Plan B“	
Material	

Gather Data	Bemerkungen
Dauer (Minuten)	
Methodenbaustein	
„Plan B“	
Material	

Generate Insights	Bemerkungen
Dauer (Minuten)	
Methodenbaustein	
„Plan B“	
Material	

Decide What to Do	Bemerkungen
Dauer (Minuten)	
Methodenbaustein	
„Plan B“	
Material	

Closing the Retrospective	Bemerkungen
Dauer (Minuten)	
Methodenbaustein	
„Plan B“	
Material	

14.3 Feedback der Teilnehmer und Teilnehmerinnen

Phase	Bemerkungen
Intro	
Set the Stage	
Gather Data	
Generate Insights	
Decide What to Do	
Closing the Retrospective	

15 Literatur

15.1 Quellenangaben

[Anderson 2010] *David Anderson:* **Kanban** Successful Evolutionary Change for Your Technology Business; Blue Hole Press, 2010

[Andresen 2012-A] *Judith Andresen:* **Das Erfolgsmodell SWBLM in Projekten**; *http://www.judithandresen.com/2012/10/07/das-erfolgsmodell-swblm-in-projekten/*; zuletzt gelesen 03/2013

[Andresen 2012-B] *Judith Andresen:* **Erfolgreiche Projekte**; *http://www.judithandresen.com/2012/04/08/erfolgreiche-projekte/*; zuletzt gelesen 07/2013

[Andresen 2013] *Judith Andresen:* **Download-Datei: Checkliste Retrospektive**; *http://www.judithandresen.com/downloads/*; zuletzt gelesen 07/2013

[Andresen 2016] *Judith Andresen, Julia Schmidt:* **Methodenbausteine für Retrospektiven:** Neue Ideen für agiles Lernen; *https://leanpub.com/MethodenbausteineFuerRetrospektiven*; zuletzt gelesen 10/2016

[Beck 2001] Kent Beck u. a.: **Agiles Manifest**; *http://agilemanifesto.org/principles.html*; zuletzt gelesen 08/2016

[Derby 2006] *Esther Derby, Diana Larsen:* **Agile Retrospectives:** Making Good Teams Great; Pragmatic Programmers, 2006

[Goodman 2012] *Elisabeth Goodmann, Lucy Loh:* **What can Lean and Six Sigma and Dilts' Logical Levels of Change bring to effective change management?**; *http://elisabethgoodman.wordpress.com/2012/03/12/what-can-lean-and-six-sigma-and-dilts-logical-levels-of-change-bring-to-effective-change-management/*; zuletzt gelesen 07/2013

[Gray 2010] *Dave Gray, Sunni Brown, James Macanufo:* **Gamestorming:** A Playbook for Innovators, Rulebreakers, and Changemaker; O'Reilly Media, 2010

[Hagen 2007] *Stefan Hagen:* **PM Studienergebnisse**; *http://de.slideshare.net/stefanhagen/pm-studienergebnisse/*; zuletzt gelesen 04/2013

[Huether 2007] *Gerald Hüther:* **Wie man sein Gehirn optimal nutzt**; Jokers Hörsaal, 2008

[Kerth 2000] *Norman L. Kerth:* **Project Retrospectives: A Handbook for Team Reviews;** Dorset House Publishing, 2000

[Klebert 2011] *Karin Klebert, Einhard Schrader, Walter G. Straub:* **KurzModeration:** Anwendung der ModerationsMethode im Betrieb, Schule, Hochschule, Kirche, Politik, Sozialbereichen und Familie, bei Besprechungen und Präsentationen; Windmühle, 2011

[Martin 2011] *Robert C. Martin:* **The Clean Coder:** A Code of Conduct for Professional Programmers; Prentice Hall International, 2011

[Lencioni 2002] *Patrick Lencioni:* **The Five Dysfunctions of a Team:** A Leadership Fable, 2002

[Löffler 2012] *Marc Löffler:* **10 Ways to Kill your Retrospective**; *http://agile.dzone.com/articles/10-ways-kill-your*; zuletzt gelesen 04/2013

[Northrop 2012] *Ben Northrop:* **Velocity and Story Points – They don't add up!**; *http://www.bennorthrop.com/Essays/2012/velocity-and-story-points-they-dont-add-up.php*; zuletzt gelesen 06/2013

[Pink 2009] *Daniel H. Pink:* **DRIVE** Was Sie wirklich motiviert; ecowin, 2009

[Panchal 2008] *Dhaval Panchal:* **What is Definition of Done (DoD)?**; *http://www.scrumalliance.org/articles/105-what-is-definition-of-done-dod*; zuletzt gelesen 06/2013

[Oesterreich 2015] *Bernd Oesterreich:* **Verbunden im Konsent, was ist Soziokratie?**; *http://intrinsify.me/Blog/items/verbunden-im-konsent-was-ist-soziokratie.html*; zuletzt gelesen 08/2016

[Roepstorff 2011] *Sven Röpstorff:* **Lieber Sprint, ich hasse Dich …**; *http://www.projekt-log.de/projektmanagement/lieber-sprint-ich-hasse-dich/*; zuletzt gelesen 07/2013

[Sandler 2011] *Seth Sandler:* **The 3 ZONES Everyone should know about**; *http://sethsandler.com/productivity/3-zones/*; zuletzt gelesen 03/2013

[Schwaber 2016] *Ken Schwaber, Jeff Sutherland:* **The Scrum Guide:** The Definitive Guide to Scrum: The Rules of the Game; *http://www.scrumguides.org/docs/scrumguide/v2016/2016-Scrum-Guide-US.pdf*; zuletzt gelesen 07/2016

[Schwartz 2013] *Tony Schwartz:* **Want Productive Employees?** Treat Them Like Adults; *http://blogs.hbr.org/schwartz/2013/03/treat-employees-with-trust.html*; zuletzt gelesen 04/2013

[Techsphere 2010] **Phasen der Gruppenbildung**; 2010; *http://www.techsphere.de/pageID=tf05.html*;

[Themann 2012] *Tim Themann:* **Guter Vorsatz: Moderationsschrift lernen und üben**; *http://die-computermaler.de/guter-vorsatz-moderationsschrift-lernen-und-ueben/*; zuletzt gelesen 05/2013

[Wikipedia A] **Teambildung**; *http://de.wikipedia.org/wiki/Teambildung*; zuletzt gelesen 03/2013

[Wikipedia B] **3 Phasen-Modell von Lewin**; *http://de.wikipedia.org/wiki/3-Phasen-Modell_von_Lewin*; zuletzt gelesen 03/2013

[Wikipedia C] **Elephant in the Room**; *http://en.wikipedia.org/wiki/Elephant_in_the_room*; zuletzt gelesen 04/2013

[Wikipedia D] **Gruppendynamik**; *http://de.wikipedia.org/wiki/Gruppendynamik*; zuletzt gelesen 04/2013

[Wikipedia E] **Emoticons**; *http://de.wikipedia.org/wiki/Emoticon*; zuletzt gelesen 04/2013

[Wikipedia F] **Themenzentrierte Interaktion**; *https://de.wikipedia.org/wiki/Themenzentrierte_Interaktion*; zuletzt gelesen 05/2013

[Wikipedia G] **Projekt**; *https://de.wikipedia.org/wiki/Projekt*; zuletzt gelesen 06/2013

[Wikipedia H] **Ursache-Wirkungs-Diagramm**; *http://de.wikipedia.org/wiki/Ursache-Wirkungs-Diagramm*; zuletzt gelesen 07/2013

15.2 Literaturempfehlungen

[Agerbeck 2013] *Brandy Agerbeck:* **Der Wegweiser für den Graphic Facilitator:** Wie Sie mit Zuhören, Denken und Zeichnen Bedeutung schaffen; Neuland GmbH & Co. KG, Eichenzell, 2013

[Cross 2008] *Jay Cross, Sharon L. Bowman:* **Training from the Back of the Room:** 65 Ways to step aside and let them learn; John Wiley & Sons Inc. Hoboken, New Jersey, 2008

[Roam 2009] *Dan Roam:* **The Back of the Napkin:** Solving Problems and Selling Ideas with Pictures; Portfolio Publisher, 2009

[Seifert 2011-A] *Josef W. Seifert:* **Besprechungen erfolgreich moderieren:** Kommunikationstechniken für Leiter und Teilnehmer; Gabal, 2011

[Seifert 2011-B] *Josef W. Seifert:* **Visualisieren Präsentieren Moderieren:** Der Klassiker; Gabal, 2011

[Sibbet 2010] *David Sibbet:* **Visual Teams:** Graphic Tool for Commitment, Innovation, & High Performance; John Wiley & Sons Inc. Hoboken, New Jersey, 2010

Danke

Zur 2. Auflage

Nach drei intensiven Jahren agiler Team- und Organisationsentwicklung ist der Wunsch gewachsen, den vorliegenden Text über Retrospektiven noch deutlicher – gerade im einleitenden Teil – zu formulieren. Gleichzeitig verspürte ich den Wunsch, einige Methodenbausteine noch mehr zu kommentieren beziehungsweise weitere Methodenbausteine zu ergänzen. Diese Methodenbausteine haben sich in den letzten Jahren des agilen Coachings als besonders wertvoll erwiesen.

Diese Methodenbausteine sind im Team der BERATUNG JUDITH ANDRESEN gewachsen. Wir haben die Durchführung und die Wirkung dieser Methodenbausteine regelmäßig im Team reflektiert.

Ich schätze diese regelmäßigen Reflektionen genauso wie die Team-Supervisionen, in denen es immer etwas zu lernen gibt.

Lieber Lukas Steurer, danke für das gewissenhafte Korrekturlesen des Texts!

Liebes BJA-Team, danke – für den täglichen Mut, die ständige Inspiration und die viele Geduld, die ihr alle aufbringt – mit uns und den anderen. Wir wollen echte Zusammenarbeit möglich machen. Es ist mir eine Ehre und ein Vergnügen, mit euch zusammen dieser Mission zu folgen.

Jeden Tag wieder.

Judith Andresen

Zur 1. Auflage

Die vielen Moderationsbeispiele sind in der täglichen Arbeit in vielen Projekten entstanden. Ich danke meinen Kollegen und Kolleginnen in Events und Projekten genauso wie meinen Klienten und Klientinnen.

Wir haben nicht immer alles gleich richtig gemacht. Nicht alles hat sofort funktioniert. Wir haben Neues entdeckt, anderes vergessen und wiederentdeckt, uns gefreut, uns gestritten, uns wieder zusammengerauft, Wege erfunden und am Ende immer wieder alles möglich gemacht. Dabei sind neue Rollen und Beschreibungen entstanden. Und was bei dem einen gut funktioniert hat, war der Ausgangspunkt für noch ein anderes Vorgehen in einem anderen Projekt.

Bei vielen Methodenbausteinen denke ich an euch und diese Momente zurück, verhalfen doch die Methodenbausteine zu Ergebnissen und neuen Erkenntnissen. Diese wiesen häufig über das aktuelle Projekt hinaus. Teamverhalten und Unternehmenskulturen haben universelle Züge.

Ich hoffe sehr, dass dieses Buch für euch eine ähnliche Inspirationsquelle darstellt. Wenn ihr Änderungen, Ergänzungen oder weitere, erfolgreiche Methodenbausteine kennt, schickt mir einfach eure entsprechenden Veränderungs- und Erweiterungsvorschläge *(http://www.judithandresen.com/kontakt/).* Ich nehme diese gerne in weitere Auflagen auf!

Ein besonderer Dank geht an meinen Ehemann Boris Erdmann. Viele Diskussionen und Reflexionen haben wir auf unserem Weg in die agile Denkweise und das inkrementelle, iterative Verbessern miteinander geteilt. Unsere Wege waren häufig sehr unterschiedlich. Die Ergebnisse sind oft ähnlich. Wir teilten viele viele Aha-Momente – danke dafür! Und vor allem danke dafür, dass du an den Stellen, wo mein Temperament zum Vorschein kommt, die Karten „Humor“ und „Weitsicht“ ziehst.

Ich danke Aleks Stielau für Inspiration, viele Chat- und etliche Kneipendiskussionen rund um Projekte, Teamverhalten und Unternehmenskulturen. Danke auch für das Erstellen aller Flipchart-Fotos in diesem Buch! Darüber hinaus danke ich dir für die Erstellung von „Little Men“-Bildern, die meine Website und Präsentationen bevölkern. Diese kleinen Männer und Frauen sind eine tolle Bereicherung – nicht nur auf dem Cover dieses Buchs – und liefern häufig fotografisch einen Anlass für Gespräche, Reflexion und Teamideen.

Judith Andresen

Index